中文版 Cinema 4D 基础与应用案例教程

主编　杨明红　刘华威　张英驰

教·学
资 源

中国建设科技出版社有限责任公司
China Construction Science and Technology Press Co., Ltd.
北　京

图书在版编目（CIP）数据
中文版Cinema 4D基础与应用案例教程 / 杨明红，刘华威，张英驰主编. -- 北京 : 中国建设科技出版社有限责任公司，2025. 1. -- ISBN 978-7-5160-4335-6
Ⅰ. TP391.414
中国国家版本馆CIP数据核字第20249YP384号

内 容 提 要

本书结合Cinema 4D的实际用途，按照易教、易学的原则，采用项目任务式结构，通过大量案例，详细地介绍了Cinema 4D的基础操作与应用技巧。全书共分为十个项目，分别为Cinema 4D入门、基本体与样条建模、生成器建模、变形器建模、多边形建模、材质与灯光、摄像机与渲染器、动画、粒子与力场、综合案例。

本书结构合理、内容全面、案例丰富、步骤明确、图文并茂、全彩印刷，并配有素材和实例文件，集实用性、指导性、操作性于一体，可作为各类院校的专用教材。

中文版Cinema 4D基础与应用案例教程
ZHONGWENBAN CINEMA 4D JICHU YU YINGYONG ANLI JIAOCHENG
杨明红　刘华威　张英驰　主编

出版发行：中国建设科技出版社有限责任公司
China Construction Science and Technology Press Co., Ltd.
地　　址：北京市西城区白纸坊东街2号院6号楼
邮　　编：100054
经　　销：全国各地新华书店
印　　刷：三河市祥达印刷包装有限公司
开　　本：889 mm×1194 mm　1/16
印　　张：15.5
字　　数：400千字
版　　次：2025年1月第1版
印　　次：2025年1月第1次
定　　价：69.80元

本社网址：www.jskjcbs.com，微信公众号：zgjskjcbs

随着数字媒体行业的快速发展，三维建模和动画技术在栏目包装、工业产品设计、电商广告设计、影视动画制作等领域应用广泛。学习三维建模和动画技术有助于提高个人的技能水平，拓宽职业道路。

Cinema 4D 是由 Maxon Computer 公司开发的一款集三维建模、动画制作等功能于一体的软件，具有操作简单、容易上手等特点，是制作三维模型和动画的常用软件之一。为了使学生掌握 Cinema 4D 三维模型与动画制作的流程和方法，我们精心编写了本书。

本书具有以下特色。

1. 启智润心，立德铸魂

为践行“立德树人、德技并修”的育人理念，本书在项目首页设置了“素质目标”，明确提出素质要求，引导学生加强品德修养，提高综合素质；在正文中设置了“科技之光”模块，将中华优秀传统文化、科技创新等恰当地融入教材，引导学生坚定文化自信、增强创新意识，为将来投身全面建成社会主义现代化强国打下坚实的基础。

2. 校企合作，职业引领

为充分发挥学校和企业在人才培养方面各自优势，帮助学生实现从校园到企业的平稳过渡，我们走访了多家设计公司，深入了解了企业在专业知识和技能方面对人才的实际要求，并将其融入本书中。

3. 体例新颖，易教易学

本书采用项目任务式结构，每个任务由“任务引入”“理论知识”“任务实施”组成。

任务引入：以趣味故事引出本任务的知识点，激发学生的学习兴趣。

理论知识：以必需、够用为原则，介绍 Cinema 4D 中常用的功能，并且在适当位置插入了“小贴士”“经验之谈”模块，在重点、难点功能后设置了“同步案例”模块，以便让学生在最短的时间内掌握软件的功能。

任务实施： 以应用为主线，通过一个或多个案例，让学生将所学的理论知识应用到实践中，加深学生对理论知识的理解，提高学生的动手能力和实践能力。为了突出本书的实用性并且方便教师教学，本书的案例均为我们精心挑选和设计的，具有操作简单、针对性强、设计精美、符合实际应用等特点。

此外，本书每个项目后均设有“学习成果检测”和“学习成果评价”模块，可以帮助学生检验学习情况。

4. 平台支撑，资源丰富

本书配有丰富的数字资源，读者既可借助手机或其他移动设备扫描二维码观看微课视频，又可登录文旌综合教育平台“文旌课堂”查看和下载本书配套资源，如素材与实例、微课、课件、教案等。读者在使用本书的过程中有任何疑问，都可以在该平台上寻求帮助。

本书由杨振华担任主审，杨明红、刘华威、张英驰担任主编，陈君、朱晔、侯宾川、张露予、闻洁、陆永标担任副主编。由于编者水平有限，书中难免存在疏漏与不当之处，诚请广大读者批评指正。

特别说明：

本书未注明资料来源的案例均为我们自编或根据真实事件改编。

本书配套资源下载网址和联系方式

网址：https://www.wenjingketang.com

电话：400-117-9835

邮箱：book@wenjingketang.com

CONTENTS
目录

项目一 Cinema 4D 入门

项目引言

Cinema 4D 是由 Maxon Computer 公司开发的一款集三维建模、动画制作等功能于一体的软件，被广泛应用于广告、工业设计、电影、游戏等领域。

本项目主要讲解 Cinema 4D 的基础知识和基本操作，如 Cinema 4D 的应用领域、创作流程、工作界面、文件的基本操作、视图和对象的基本操作等，为之后学习打下基础。

知识目标

- 了解 Cinema 4D 的应用领域和创作流程。
- 熟悉 Cinema 4D 的工作界面。
- 掌握文件的基本操作。
- 掌握视图和对象的基本操作。

能力目标

- 能够正确新建、保存和打开文件。
- 能够根据提示制作出自己的第一个 Cinema 4D 模型并将其导出为指定的格式。

素质目标

- 培养对三维设计、动画创作的兴趣。
- 增强自主学习、探究学习的意识。
- 通过了解三维建模在文物修复方面的应用，增强历史自觉，坚定文化自信。

任务一 初识 Cinema 4D

任务引入

某日，实习生小王所在的公司接到一个广告设计项目，小王被安排制作其中的一个三维模型。小王在制作模型前没有进行系统设置，导致交付的模型与其他模型大小不匹配。小王一脸尴尬，同事拍着他的肩膀说："不要紧张，熟能生巧，慢慢来。"听了同事的话，小王积极调整心态，想到在学校学习的关于 Cinema 4D 文件设置的基本操作，在仔细查看设计项目中有关工程设置的要求后，认真地修改了起来。

想一想：

（1）Cinema 4D 可以胜任哪些工作？

（2）在使用 Cinema 4D 建模之前应该进行哪些系统设置？

理论知识

一、Cinema 4D 的应用领域

Cinema 4D 简称 C4D，可被用于搭建场景并制作人物、产品、动画等，与 Autodesk Maya、Autodesk 3ds Max 等建模软件相比，Cinema 4D 不仅操作简单、容易上手，而且具有强大的运动图形模块，在制作动画方面有着非常大的优势。

Cinema 4D 被广泛应用于栏目包装、工业产品设计、电商广告设计、影视动画制作等领域。

（1）栏目包装。Cinema 4D 出色的运动图形动画表现，使它被广泛应用于栏目包装领域。图 1-1-1 为使用 Cinema 4D 制作的栏目包装动画。

（2）工业产品设计、电商广告设计。Cinema 4D 不仅可以结合其他 3D 软件（如 Zbrush、Adobe Substance 3D Painter 等）制作精细的模型、展现逼真的材质，而且其突出的渲染功能能将各种各样的产品本身的质感展现得淋漓尽致，图 1-1-2 和图 1-1-3 为其在工业产品设计和电商广告产品设计中的应用。同

时，Cinema 4D 操作便捷，大大提高了搭建场景的效率，并且 Cinema 4D 在空间和光影方面有绝佳的表现力，如图 1-1-4 所示。

图 1-1-1　栏目包装动画

图 1-1-2　工业产品设计

图 1-1-3　电商广告产品设计

图 1-1-4　电商广告场景设计

（3）影视动画制作。Cinema 4D 在影视动画制作领域也有不俗的表现，通常被应用于渲染环节。它不仅可以渲染角色、道具，也可以渲染场景，如图 1-1-5 所示。

图 1-1-5　使用 Cinema 4D 渲染的影视动画作品

二、Cinema 4D 的创作流程

Cinema 4D 的创作流程主要包括制作模型、赋予模型材质、制作动画、布置灯光与摄像机、渲染作品等步骤。

（1）制作模型。制作模型是利用电脑软件通过虚拟三维空间构建出具有三维数据模型的过程，如图 1-1-6（a）所示。Cinema 4D 包含多种建模方式，如基本体与样条建模、生成器建模、变形器建模、多边形建模等。

（2）赋予模型材质。模型制作完成后，需要对模型的颜色、纹理等属性进行设置，以获得需要的材质效果，如图 1-1-6（b）所示。

（3）制作动画。使用 Cinema 4D 不仅可以制作基础的关键帧动画，还可以制作复杂的运动图形动画、动力学动画、角色动画等，如图 1-1-6（c）所示。

（4）布置灯光与摄像机。灯光可以增强作品的质感和场景的真实感，烘托场景氛围，摄像机可以控制渲染输出画面的景深、景别等，如图 1-1-6（d）所示。灯光与摄像机在很大程度上影响着作品的最终渲染效果。

（5）渲染作品。渲染是利用渲染器对场景中的信息进行计算，并根据计算结果输出图片或视频的过程，如图 1-1-6（e）所示。Cinema 4D 渲染功能强大，除了内置渲染器，还支持 Octane 渲染器、Arnold 渲染器、Vray 渲染器等插件。

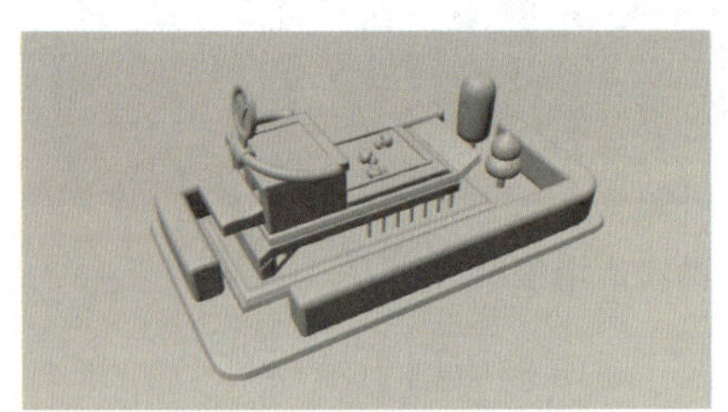

（a）制作模型

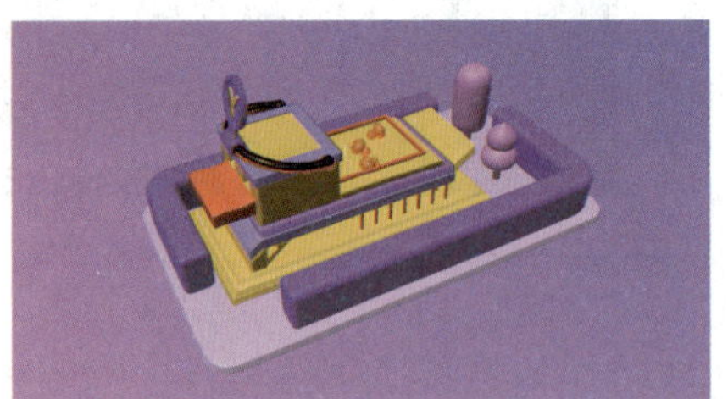

（b）赋予模型材质

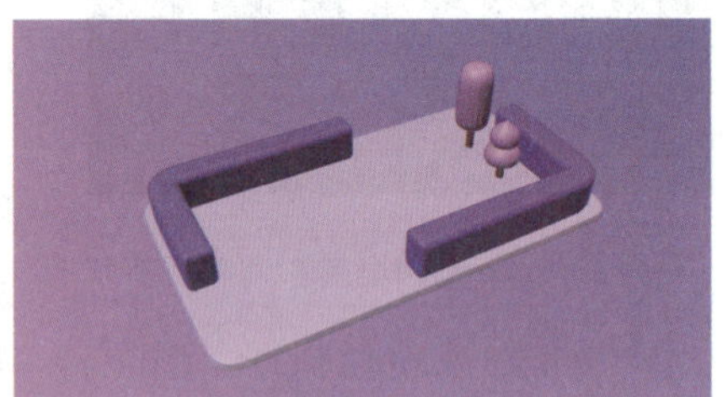

（c）制作动画

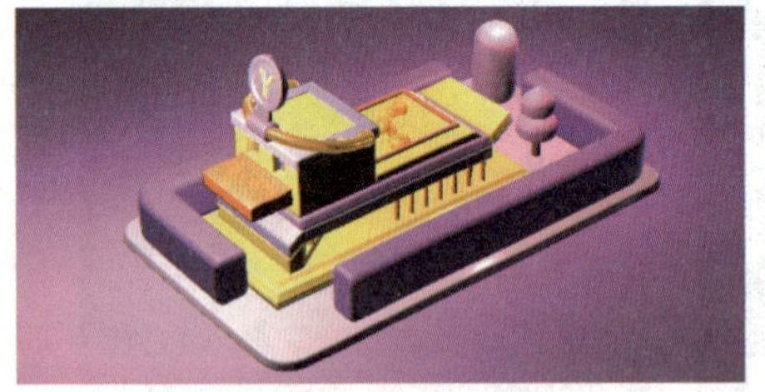

（d）布置灯光与摄像机

（e）渲染作品

图 1-1-6　Cinema 4D 的创作流程

三、Cinema 4D 的工作界面

打开 Cinema 4D，可以看到 Cinema 4D 的工作界面，如图 1-1-7 所示。

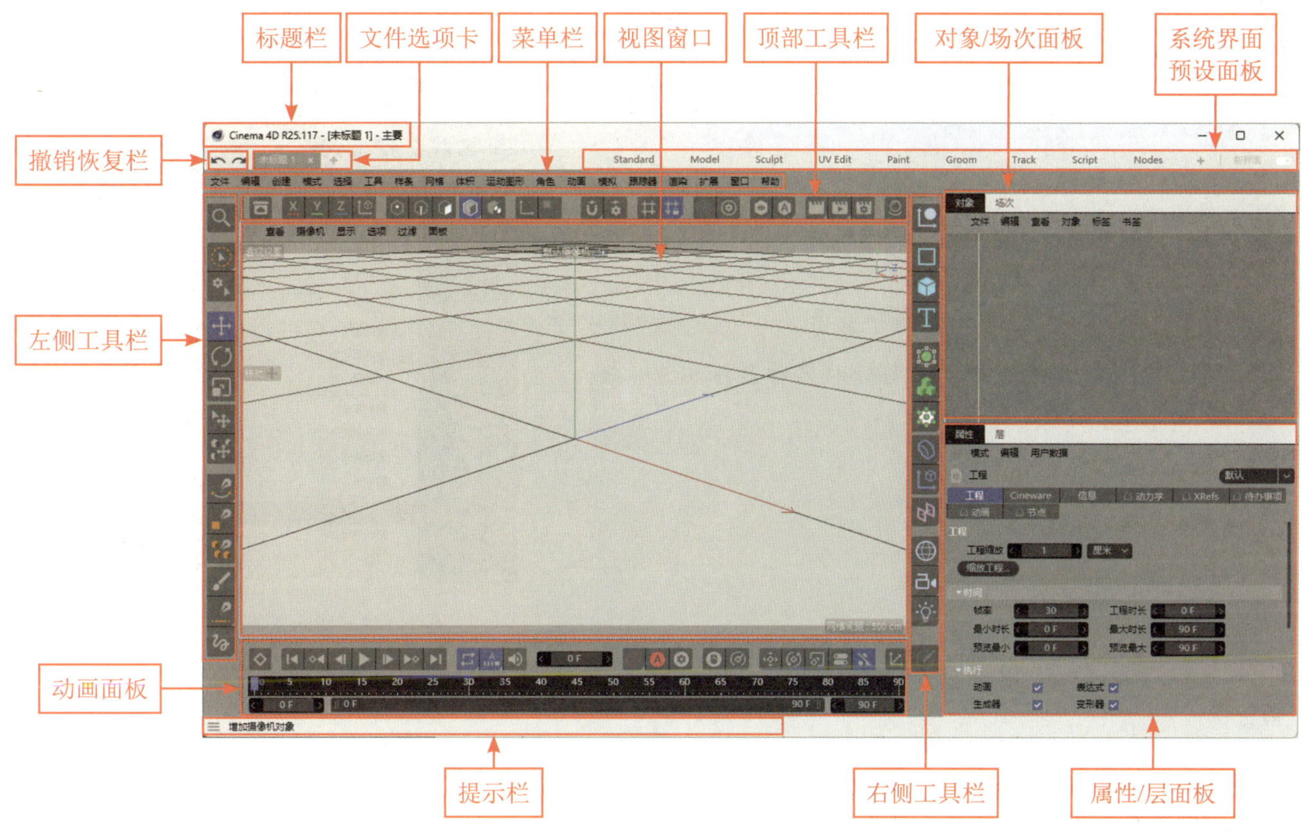

图 1-1-7 Cinema 4D 的工作界面

（1）标题栏：显示 Cinema 4D 的版本信息和当前文件的名称。

（2）文件选项卡：可以进行新建文件、关闭文件、切换文件等操作。

（3）菜单栏：集成了 Cinema 4D 的绝大部分功能，包括创建和编辑模型、制作动画、调整窗口布局等。

（4）视图窗口：用来显示和编辑对象，默认情况下，视图窗口中仅显示透视视图。

（5）顶部工具栏：包括坐标系统工具，点、边、多边形工具，材质管理器，等等。部分工具的右下角带有灰色小三角，表示该工具中隐藏着其他工具。在该工具上长按鼠标左键，即可显示隐藏的工具。

（6）对象/场次面板：对象面板主要用于管理视图窗口中的所有对象，可以查看对象的名称、标签等信息，设置对象与对象之间的层级关系。场次面板可以批量渲染和快速切换场景。

（7）系统界面预设面板：可以选择不同的布局或自定义添加布局。

（8）撤销恢复栏：可以进行撤回、恢复操作。

（9）左侧工具栏：包括选择工具、移动工具、旋转工具、缩放工具、样条画笔工具等。

（10）动画面板：包括动画编辑工具和时间线两大部分，可以对动画进行设置。

（11）提示栏：显示鼠标指针所指工具、选项等的基本信息。

（12）右侧工具栏：包括样条、基本体、生成器、变形器等常用工具，可以创建和编辑对象。

（13）属性/层面板：属性面板可以设置所选对象的属性参数，层面板可以分层管理视图窗口中的对象。

小贴士

右击工具栏，选择“显示”→“文本”选项，可以将该工具栏中图标的名称显示出来，如图 1-1-8 所示。

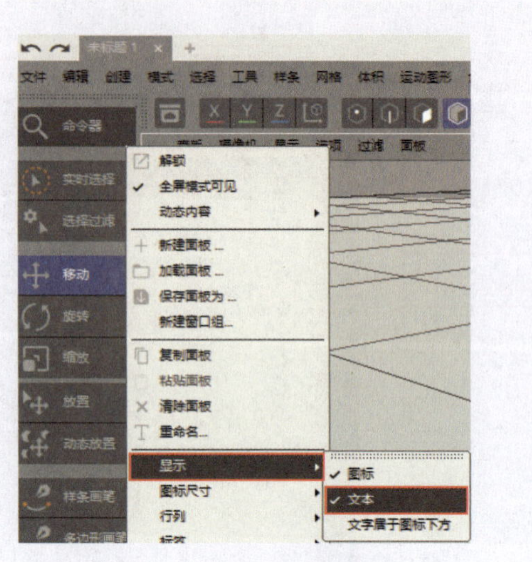

图 1-1-8　显示图标的名称

同步案例 1-1　自定义工作界面

在 Cinema 4D 中，用户可以根据个人习惯和工作需要对工作界面进行调整，调整后还可将工作界面保存起来，方便之后调用。下面介绍调出“轴对齐”工具和坐标管理器，保存和删除自定义的工作界面的方法。

步骤 1　打开“命令管理器”对话框。启动 Cinema 4D，选择“窗口”→“自定义布局”→“命令管理器”选项（或按“Shift+F12”组合键），打开“命令管理器”对话框，如图 1-1-9 所示。

步骤 2　将“轴对齐”工具的图标放在顶部工具栏中。在“名称过滤”编辑框中输入“轴对齐”，之后将“轴对齐”拖动到顶部工具栏中，如图 1-1-10 所示。

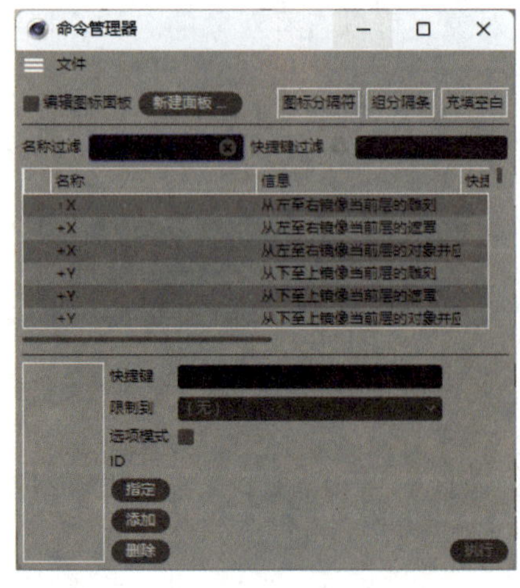

图 1-1-9　“命令管理器”对话框

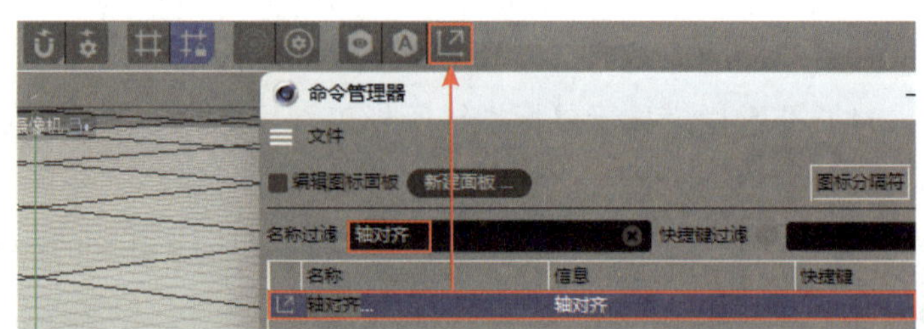

图 1-1-10　将“轴对齐”拖动到顶部工具栏中

经验之谈

要删除不需要的图标，可以选择“窗口”→“自定义布局”→“自定义面板...”选项，打开“命令管理器”对话框，然后在工具栏中双击该图标。

步骤 3　**保存自定义的工作界面。**选择“窗口”→“自定义布局”→“另存布局为...”选项，在打开的对话框中输入文件名“自定义”，单击“保存”按钮。“自定义（用户）”工作界面便出现在系统界面预设面板中，如图 1-1-11 所示。

图 1-1-11　自定义后的系统界面预设面板

步骤 4　**删除自定义的工作界面。**在系统界面预设面板中单击“+”图标，在展开的列表中选择“加载布局...”选项，打开“加载界面布局”对话框，如图 1-1-12 所示。选中“自定义.l4d”文件，按“Delete”键（或右击“自定义.l4d”，在弹出的快捷菜单中选择“删除”），即可删除“自定义.l4d”文件。使用相同的方法删除“自定义.prf”文件。重启软件，可以看到“自定义（用户）”工作界面已经从系统界面预设面板上删除。

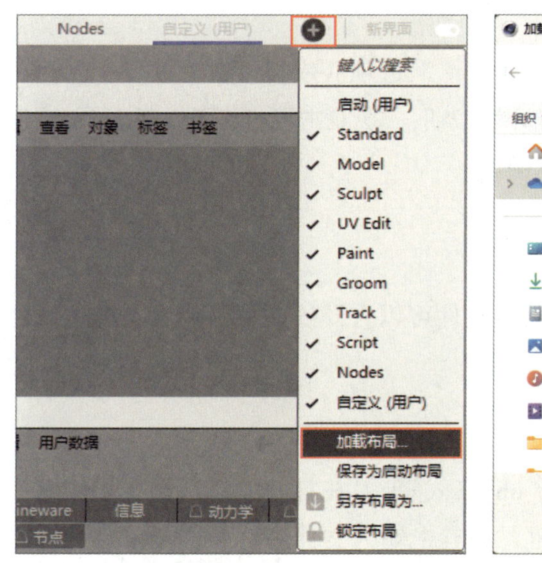

（a）选择“加载布局...”选项

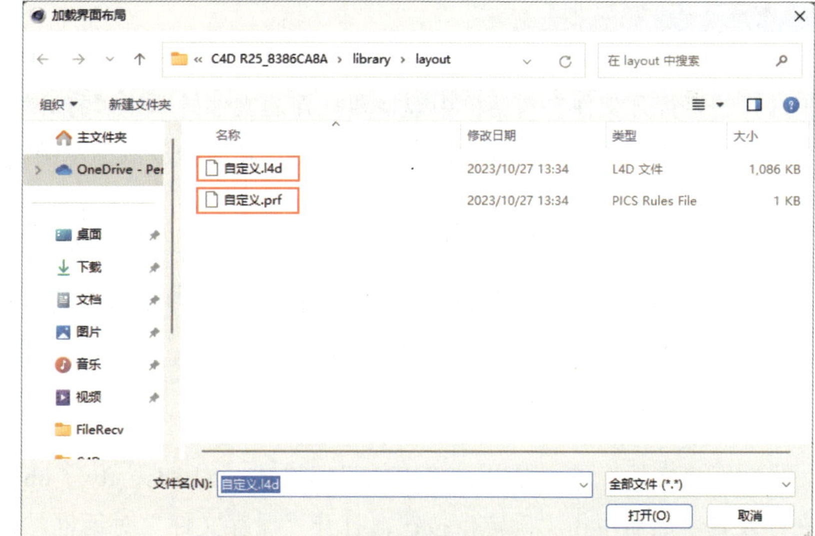

（b）“加载界面布局”对话框

图 1-1-12　打开“加载界面布局”对话框

四、文件的基本操作

（一）新建、保存和打开文件

1. 新建文件

启动 Cinema 4D 后，系统会自动新建一个名称为“未标题 1”的文件，可直接在此文件中进行操作。如果用户想新建文件，可选择“文件”→“新建项目”选项（或按“Ctrl+N”组合键）。

2. 保存文件

选择“文件”→“保存项目”选项（或按“Ctrl+S”组合键）可保存当前文件。如果是首次保存某个文件，则在执行“保存项目”命令后，软件会打开“保存文件”对话框，用户在该对话框中选择文件的存放位置并输入文件名后单击“保存”按钮即可。如果文件曾被保存，则执行“保存项目”命令后会直接保存该文件。如果希望将保存过的文件以其他名称存储，可选择“文件”→“另存项目为 ...”选项（或按“Shift+Ctrl+S”组合键）。

当文件中含有贴图等资源时，为方便整理资源和防止显示出错，可执行“保存工程（包含资源）...”命令保存文件，此时 Cinema 4D 会自动创建一个包含资源的文件夹。具体操作：选择“文件”→“保存工程（包含资源）...”选项，在打开的“保存文件”对话框中输入文件夹名称并选择文件夹的存放位置，最后单击“保存”按钮。

3. 打开文件

打开文件的常用方法有三种：① 选择“文件”→“打开项目 ...”选项（或按“Ctrl+O”组合键），在打开的“打开文件”对话框中选择要打开的文件并单击“打开”按钮；② 双击要打开的文件；③ 按住鼠标左键将文件拖至 Cinema 4D 的工作界面，然后释放鼠标左键。

（二）导出和导入文件

在实际工作中，有时需要将 Cinema 4D 中的文件导出为其他软件可以打开的文件，或者将其他软件中的文件导入 Cinema 4D 中，具体操作如下。

1. 导出文件

选择“文件”→“导出 ...”中的目标格式（如 3ds、fbx、obj 格式等），在打开的对话框中根据需要进行设置，然后单击“确定”按钮，打开“保存文件”对话框，在其中输入文件名称并选择文件的存放位置，最后单击“保存”按钮即可导出文件。

2. 导入文件

选择“文件”→“合并项目 ...”选项（或按“Ctrl+Shift+O”组合键），打开“打开文件”对话框，然后选择要导入的文件并单击“打开”按钮，在打开的对话框中根据需要进行设置，最后单击“确定”按钮即可将该文件导入 Cinema 4D 中。

经验之谈

将一个 Cinema 4D 文件中的模型导入另一个 Cinema 4D 文件中时，可以同时打开这两个文件，选中要导出的模型并按“Ctrl+C”组合键复制，再在项目选项卡中选择要导入的文件，最后按“Ctrl+V”组合键粘贴。

同步案例 1-2　自定义快捷键和更改系统设置

1. 自定义快捷键

Cinema 4D 支持自定义快捷键，下面通过设置“轴对齐”工具的快捷键来介绍自定义快捷键的方法。

步骤 1　打开“命令管理器”对话框。在菜单栏中选择“窗口”→“自定义布局”→“命令管理器 ...”选项，打开“命令管理器”对话框。

步骤 2　将“轴对齐”工具的快捷键设置为“Q”。在“名称过滤”编辑框中输入“轴对齐”，选择下方的“轴对齐”列表项，然后在“快捷键”编辑框中输入“Q”并单击“指定”按钮，即可设置快捷键，如图 1-1-13 所示。若指定的快捷键已有对应的命令，则会弹出如图 1-1-14 所示的提示框。此时，单击“是”按钮，快捷键便更换成功了。

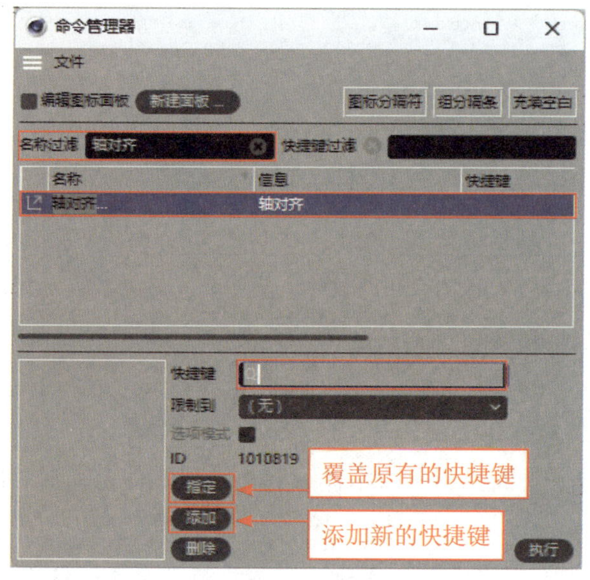

图 1-1-13　将“轴对齐”工具的快捷键设置为“Q”

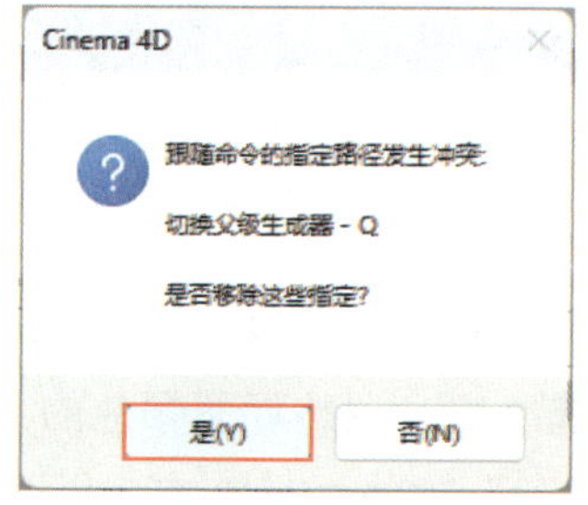

图 1-1-14　提示框

步骤 3　将快捷键恢复至默认设置。在菜单栏中选择“编辑”→“设置 ...”选项，打开“设置”对话框，单击左下角的“打开配置文件夹”按钮，然后在打开的配置文件夹选中“prefs\shortcuts”中的“Cinema 4D R25（修改的）.res”文件，如图 1-1-15 所示。退出 Cinema 4D，删除“Cinema 4D R25（修改的）.res”文件，可将快捷键恢复至默认设置。

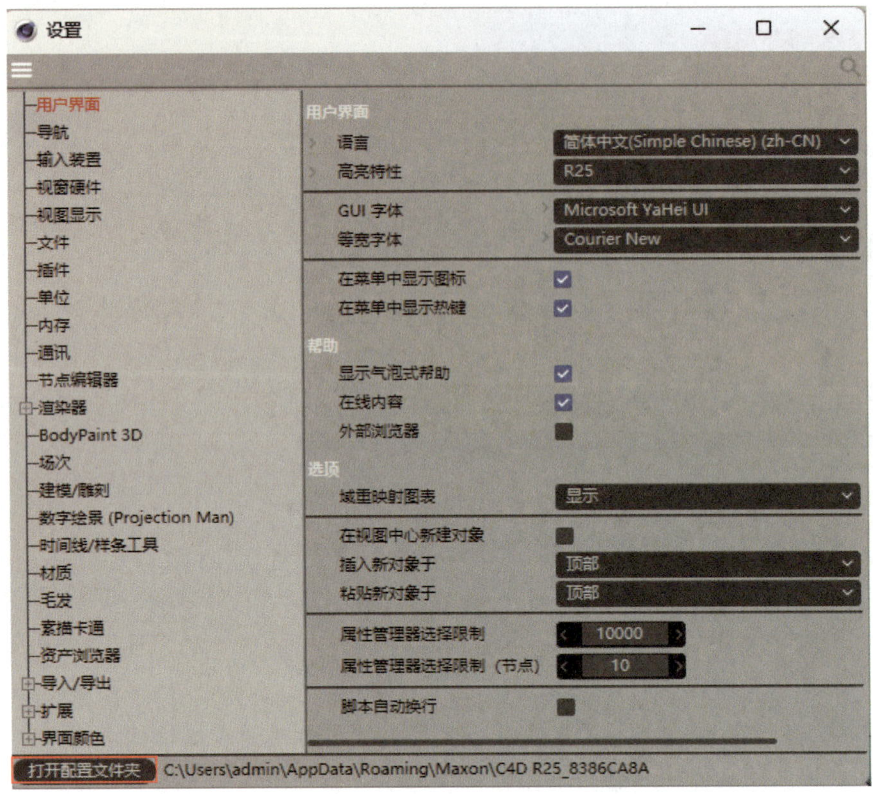

（a）“设置”对话框

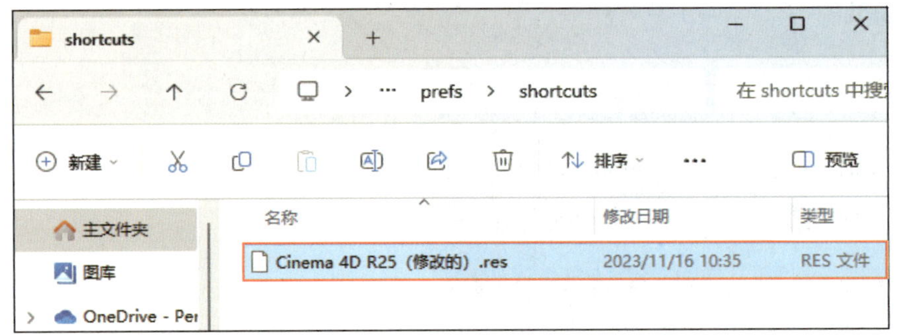

（b）选中“Cinema 4D R25（修改的）.res”文件

图 1-1-15　将快捷键恢复至默认设置

2. 更改系统设置

在系统设置中可以修改 Cinema 4D 的功能参数。下面介绍更改字体设置、设置文件自动保存的参数、更改系统单位、调整界面颜色的方法。

步骤 1　更改字体设置。 在菜单栏中选择“编辑”→“设置”选项，在打开的“设置”对话框中选择“用户界面”选项，展开“GUI 字体”的列表，可更改字体样式和字体大小，如将字体大小“11”改为“13”，如图 1-1-16 所示。重启 Cinema 4D，可发现字体大小已更改。

步骤 2　设置文件自动保存的参数。 在菜单栏中选择“编辑”→“设置”选项，在打开的“设置”对话框中选择“文件”选项，勾选“自动保存”中的“保存”复选框，可设置文件自动保存的参数，如图 1-1-17 所示。

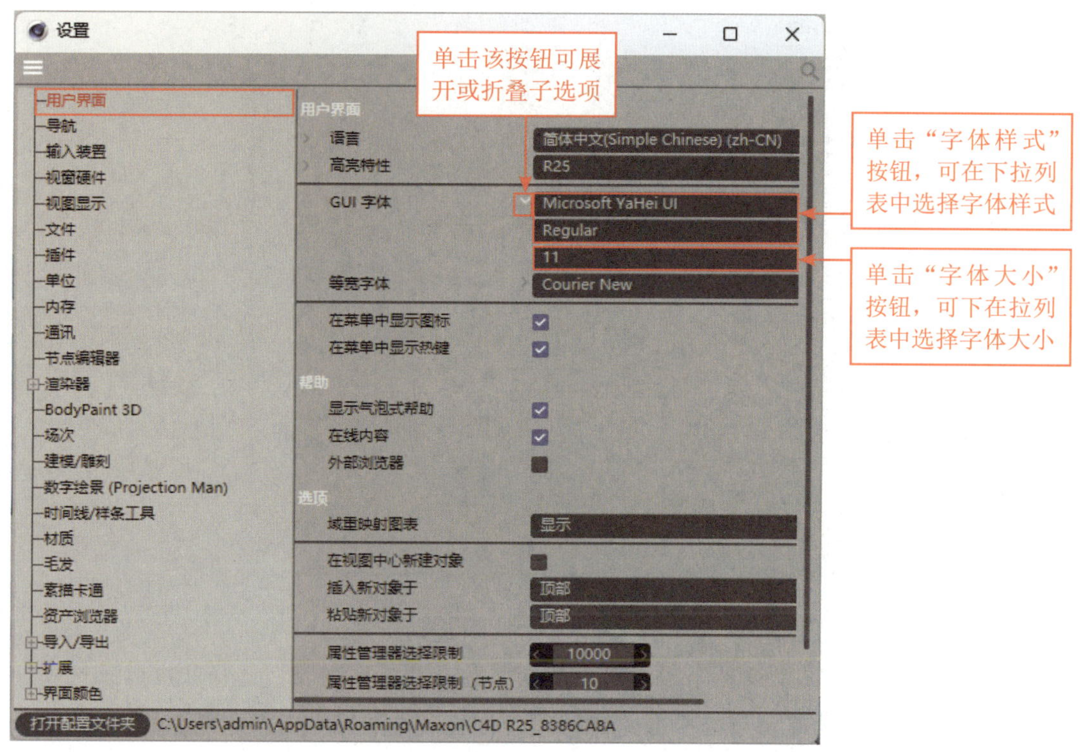

图 1-1-16　更改字体设置

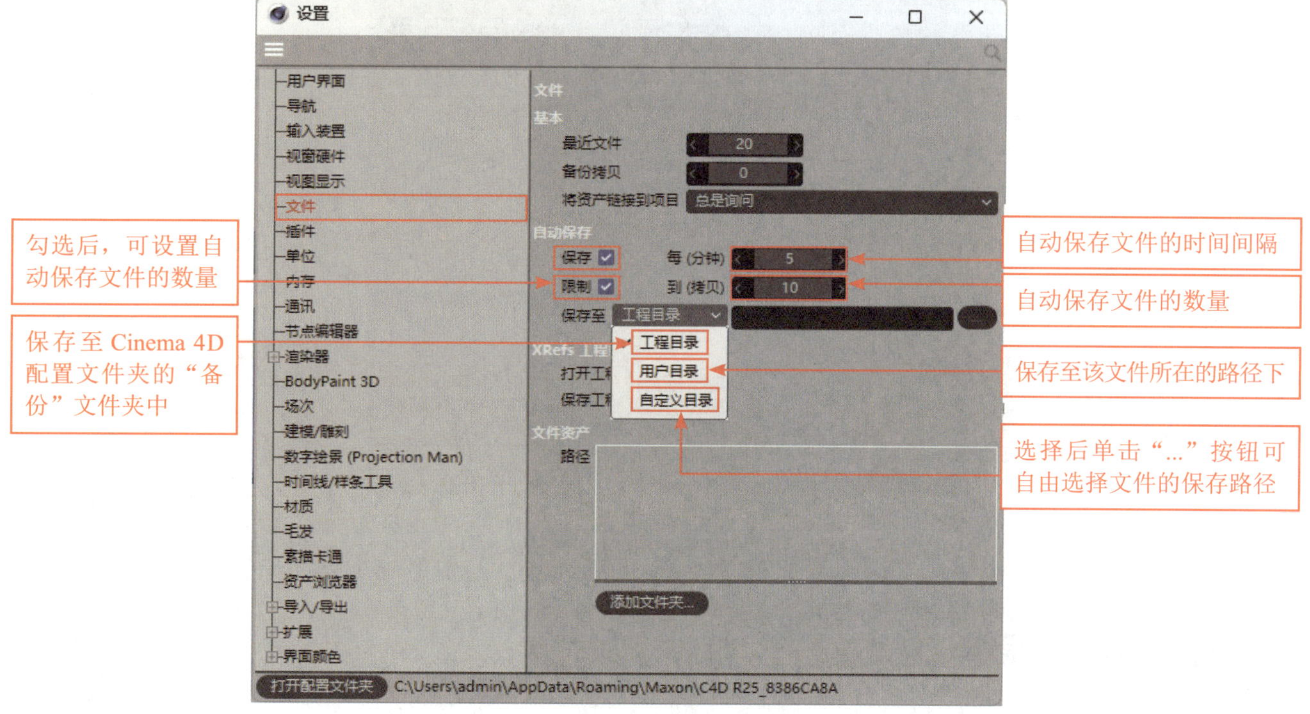

图 1-1-17　设置文件自动保存的参数

步骤 3 **更改系统单位**。在“设置”对话框中选择“单位”选项，在“单位显示”下拉列表中选择“米”选项，系统单位便变成米了，如图 1-1-18 所示。

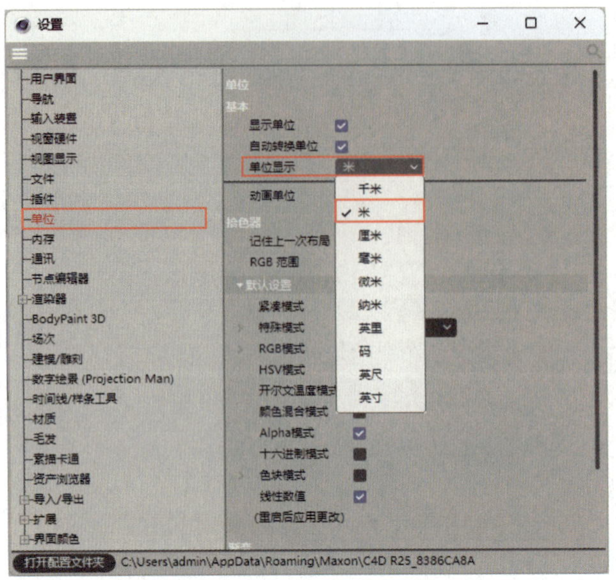

图 1-1-18　更改系统单位

步骤 4　调整界面颜色。在“设置”对话框中展开“界面颜色”列表，选择相应的子选项便可进行相关设置，如图 1-1-19 所示。为了给读者带来更好的阅读体验，本书将界面颜色调整为浅灰色。

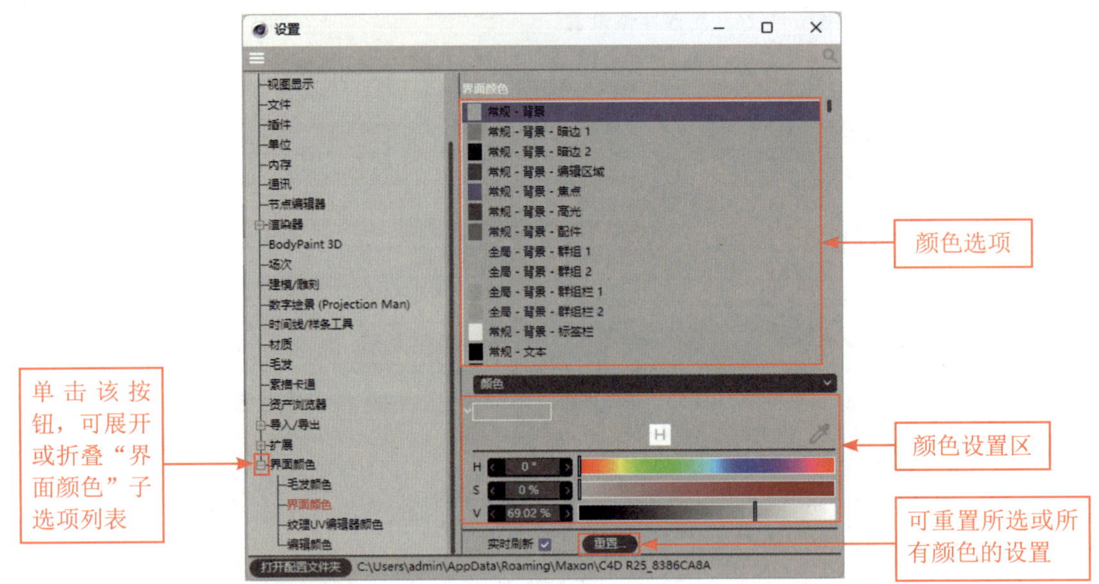

图 1-1-19　调整界面颜色

五、视图的基本操作

(一) 切换视图

Cinema 4D 默认显示的视图为透视视图。

在工作界面中按一下鼠标滚轮，即可切换为 4 个视图（透视视图、顶视图、右视图、正视图）同时

显示，如图 1-1-20（a）所示；鼠标指针停留在某一视图区域按一下鼠标滚轮，即可仅显示该视图，如图 1-1-20（b）所示。

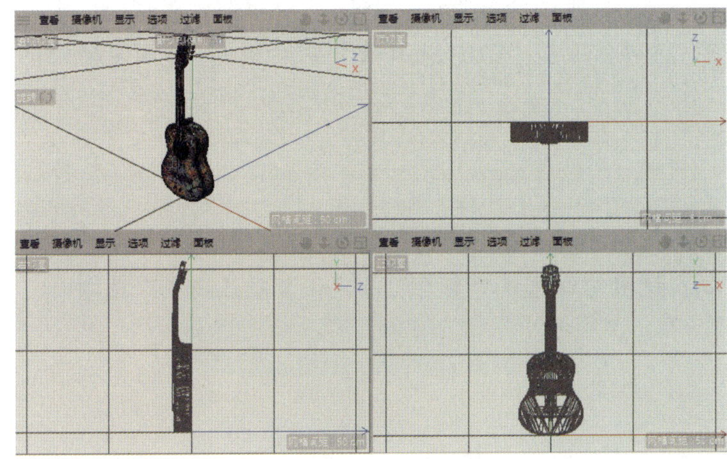

（a）4 个视图同时显示

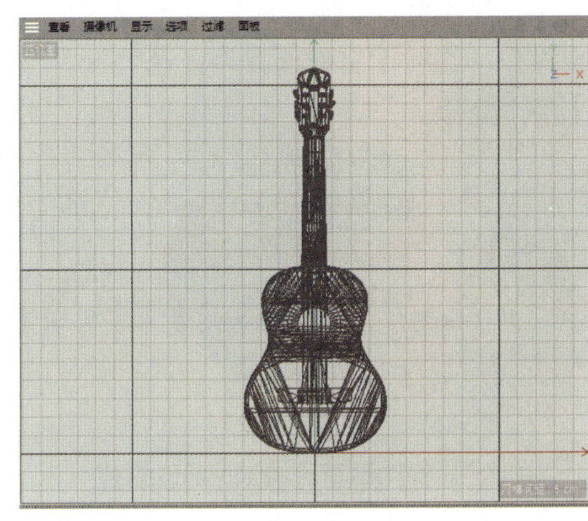

（b）仅显示正视图

图 1-1-20　切换视图

切换为透视视图的快捷键为“F1”，切换为顶视图的快捷键为“F2”，切换为右视图的快捷键为“F3”，切换为正视图的快捷键为“F4”，同时显示 4 个视图的快捷键为“F5”；也可单击相应视图右上角的“切换活动视图”图标切换视图。

（二）缩放视图

在视图中滚动鼠标滚轮，或按住“Alt”键和鼠标右键拖动鼠标，即可以鼠标指针为中心缩放视图。缩放视图时按住“Ctrl”键可以视图窗口的中心为中心缩放视图；将鼠标指针移动至视图窗口右上角的“缩放摄像机”图标上，按住鼠标左键并拖动鼠标，也可以视图窗口的中心为中心缩放视图。

（三）平移视图

按住“Alt”键和鼠标滚轮并拖动鼠标，或将鼠标指针移动至视图窗口右上角的“移动摄像机”图标上，按住鼠标左键并拖动鼠标，均可平移视图。

（四）旋转视图

按住“Alt”键和鼠标左键并拖动鼠标，或将鼠标指针移动至“轨道摄像机”图标上，按住鼠标左键并拖动鼠标，即可旋转视图。

小贴士

通过视图窗口中的“摄像机”菜单可以选择上述 4 个视图之外的其他视图，如平行视图、左视图、背视图、底视图、轴测图等。

（五）撤销和重做视图

在视图窗口选择“查看”→“撤销视图”选项（或按“Ctrl+Shift+Z”组合键），可撤销对视图的上一步操作；在视图窗口选择“查看”→“重做视图”选项（或按“Ctrl+Shift+Y”组合键），可恢复撤销的上一步操作。

经验之谈

如果想使当前场景恢复为默认场景，可以在视图窗口选择“查看”→“恢复默认场景”选项。

（六）切换模型的显示样式

通过视图窗口中的“显示”菜单可以设置视图窗口中模型的显示样式，如图 1-1-21 所示。常用的显示样式有以下几种。

（1）**光影着色**：默认的显示样式，会显示光源和阴影，如图 1-1-22（a）所示。

（2）**光影着色（线条）**：同光影着色，同时显示模型的线框，如图 1-1-22（b）所示。

（3）**常量着色**：仅显示材质的颜色，没有明暗变化，通常在制作材质贴图时使用，如图 1-1-22（c）所示。

（4）**线条**：仅显示模型的线框，如图 1-1-22（d）所示。

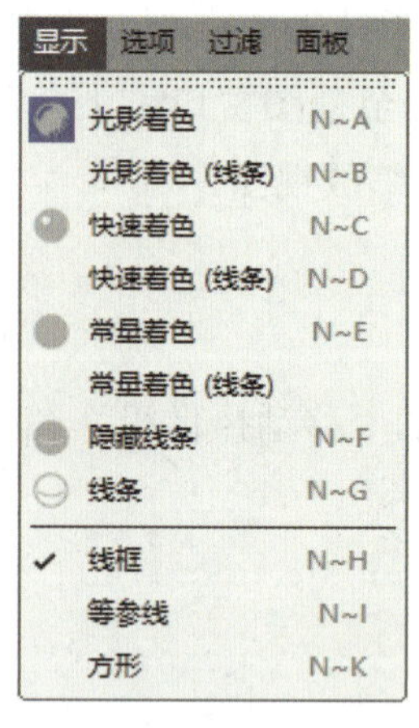

图 1-1-21 “显示”菜单

（a）光影着色

（b）光影着色（线条）

（c）常量着色

（d）线条

图 1-1-22 常用的显示样式

小贴士

为了更好地观察模型，可在视图窗口中取消选择“过滤”→“工作平面”选项，关掉栅格。

任务实施　调整模型的视图并导出文件

下面通过调整吉他视图（图 1-1-23）并导出文件来练习视图的切换、平移、缩放、旋转，以及文件的打开、导出等操作。

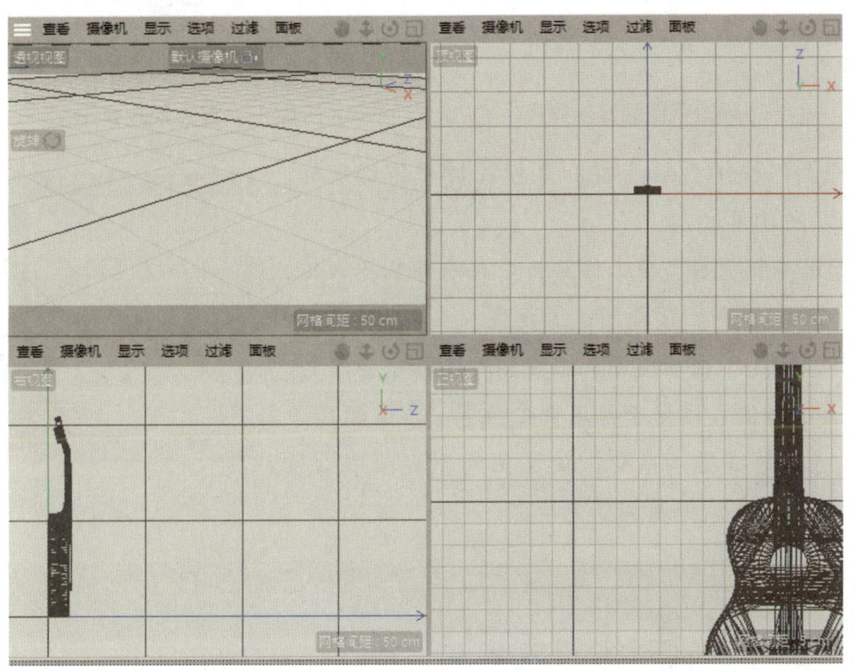

图 1-1-23　吉他视图

步骤 1 打开素材文件。打开本书配套素材“素材与实例\项目一\吉他”中的“吉他.c4d”文件。

步骤 2 仅显示透视视图。将鼠标指针移动到透视视图中并按一下鼠标滚轮，仅显示该视图（或按“F1”键）。

步骤 3 恢复为默认场景。在视图窗口选择“查看”→“恢复默认场景”选项，如图 1-1-24 所示。

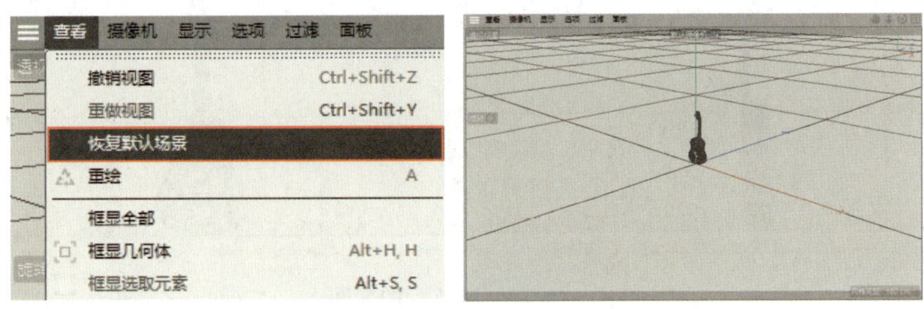

图 1-1-24　恢复为默认场景

步骤 4 将视图的显示样式修改为光影着色。在视图窗口选择“显示”→“光影着色”选项，如图 1-1-25 所示。

步骤 5 放大视图。在视图窗口中滚动鼠标滚轮放大视图至适宜大小，并使吉他处于视图中心位置，如图 1-1-26 所示。

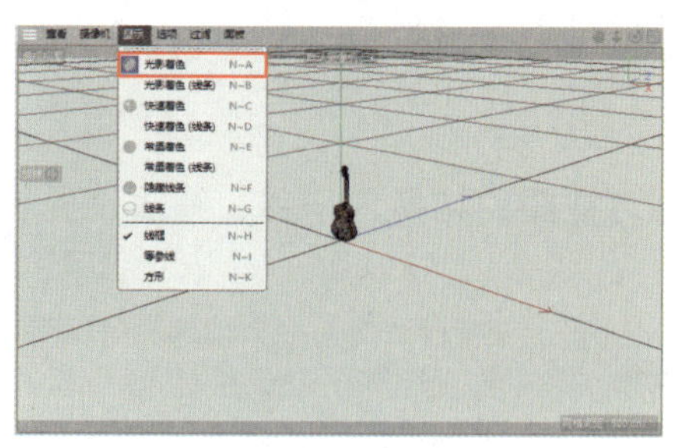

图 1-1-25　修改视图的显示样式

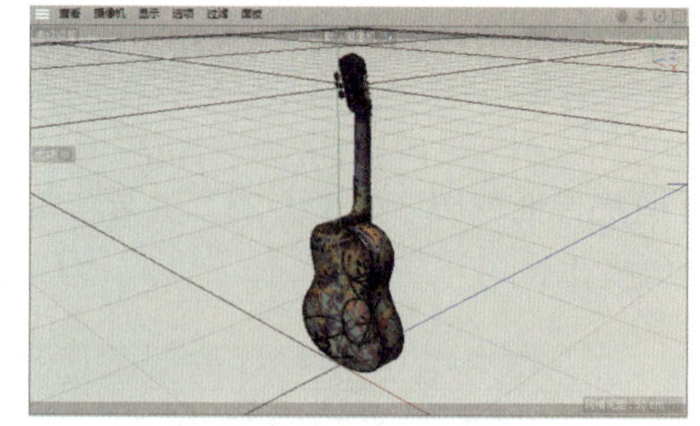

图 1-1-26　放大视图

步骤 6 旋转视图。按住“Alt”键和鼠标左键并拖动鼠标，旋转视图至图 1-1-27 所示角度。

图 1-1-27　旋转视图

步骤 7 同时显示 4 个视图。在工作界面中按一下鼠标滚轮，同时显示 4 个视图（透视视图、顶视图、右视图、正视图）。

步骤 8 调整其他视图。在顶视图和正视图中滚动鼠标滚轮，将视图调整至合适大小并使吉他处于视图中心位置；在右视图中按住“Alt”键和鼠标滚轮并拖动鼠标，使吉他处于视图中心位置，如图 1-1-28 所示。至此，视图调整完毕。

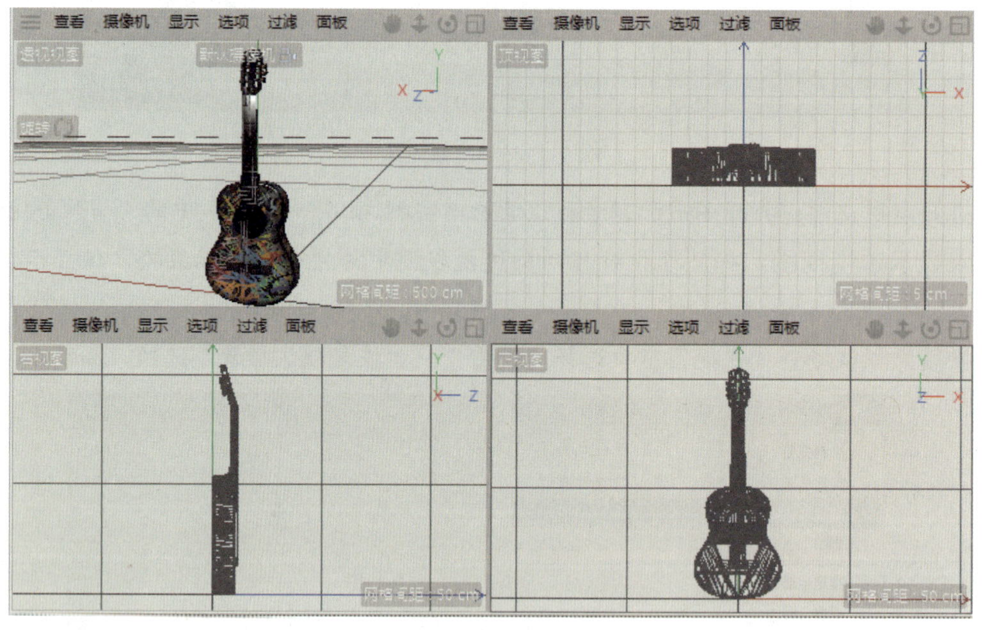

图 1-1-28　调整后的视图

步骤 9 导出文件。选择“文件”→“导出 ...”→“FBX(*.fbx)”选项，打开“FBX 2020.1 导出设置”对话框，单击“确定”按钮，在打开的“保存文件”对话框中设置文件的保存路径，输入文件名“吉他”，单击“保存”按钮。

任务二 掌握对象的基本操作

任务引入

小李特别喜欢飞机，于是决定使用 Cinema 4D 制作一个小飞机模型。但是在制作小飞机模型时，他复制的机翼总是不对称，这使得小飞机看起来歪歪扭扭的。于是他向同学请教，同学说："使用'启用轴心'工具，将机翼的轴心调整到机身的左右对称平面上再旋转复制就可以了。"小李恍然大悟，很快，他的小飞机模型便制作完成了。

想一想：

（1）什么情况下需要使用"启用轴心"工具？

（2）除了旋转、复制对象，还可以对对象进行哪些基本操作？

理论知识

一、选择对象

利用左侧工具栏中的选择工具或对象面板可以选择对象。

（一）利用选择工具选择对象

单击"实时选择"图标，鼠标指针处会出现一个圆圈，在视图窗口中单击，即可选中圆圈内的对象及与圆圈相交的对象。单击"实时选择"图标后，在属性面板的"选项"选项卡中可以设置具体的参数，如图 1-2-1 所示。

长按"实时选择"图标，在展开的列表中可以选择"框选""套索选择""多边形选择"，如图 1-2-2 所示。单击"框选"图标或"套索选择"图标，在视图窗口中按住鼠标左键拖动，可创建一个区域，释放鼠标左键后，该区域内的对象及与区域边界相交的对象都会被选中；单击"多边形选择"图标，在视图窗口中单击绘制一个多边形，绘制结束后右击，该多边形内的对象及与该多边形相交的对象都会被选中。

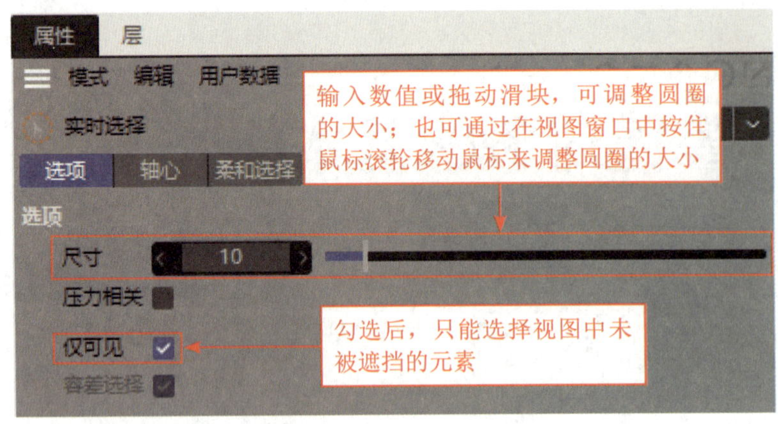

图 1-2-1 “实时选择”参数设置

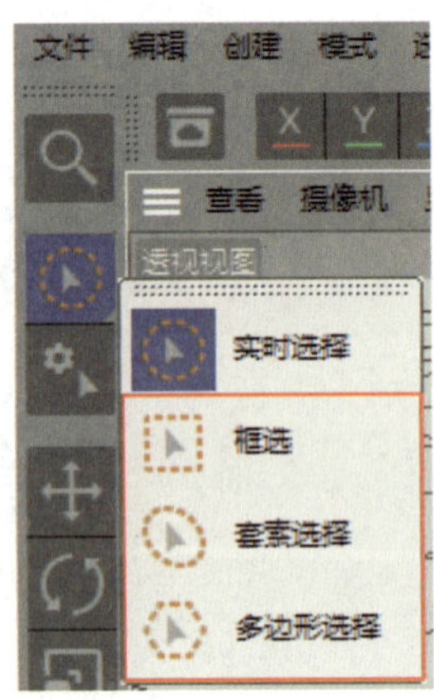

图 1-2-2 选择工具列表

小贴士

执行“框选”和“套索选择”命令后也可以单击选择对象。

利用选择工具选择对象时，按住“Shift”键后选择其他对象，可以选择多个对象，即加选对象；按住“Ctrl”键后选择已选中的对象，可以从已选中的对象中减去该对象，即减选对象。

（二）利用对象面板选择对象

在对象面板中单击对象的名称即可选中该对象，按住“Ctrl”键单击，可加选或减选单个对象；按住“Shift”键单击，可加选或减选多个连续的对象。

二、移动、旋转、缩放对象

（一）移动对象

单击左侧工具栏中的“移动”图标（或按“E”键）并选中要移动的对象后，会出现移动 Gizmo（图 1-2-3），将鼠标指针移至移动 Gizmo 的坐标轴、坐标平面或视图窗口中的其他位置，按住鼠标左键拖动鼠标，便可使对象沿坐标轴、坐标平面移动或自由移动。

要想精确移动对象，可以使用“启用捕捉”工具、在属性面板中调整位置参数、在坐标管理器中调整参数等方法。

（1）使用“启用捕捉”工具。“启用捕捉”工具须配合“移动”工具使用，单击顶部工具栏中的“启用捕捉”图标，可激活捕捉功能。激活捕捉功能后移动对象，可将该对象与目标对象的某个特征点对齐。单击顶部工具栏中的“建模设置”图标，可在打开的“捕捉”选项卡（图 1-2-4）中勾选需要的复选框。

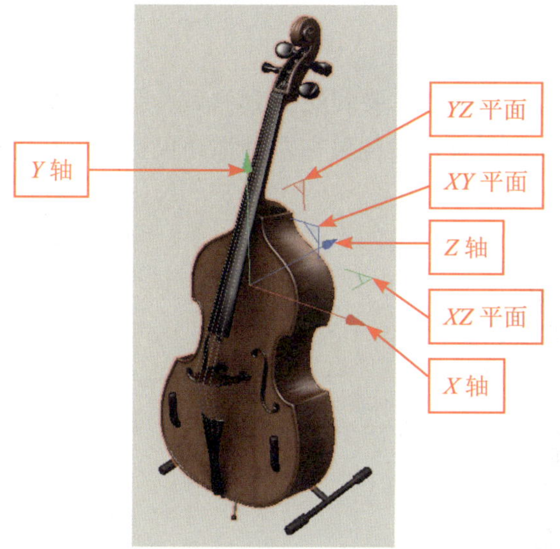

图 1-2-3　移动 Gizmo

图 1-2-4　“捕捉”选项卡

（2）在属性面板中调整参数。选中对象后在属性面板中单击“坐标”选项卡，在编辑框中输入数值即可进行相应的调整，如图 1-2-5 所示。

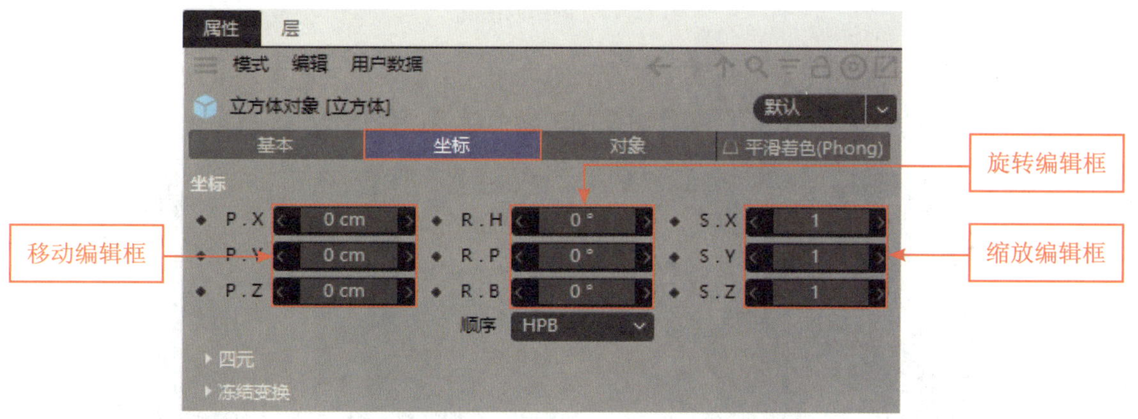

图 1-2-5　在属性面板中调整参数

（3）在坐标管理器中调整参数。在坐标管理器中可以设置多个对象同时按参数移动、旋转、缩放，也可以在使用“启用轴心”工具后调整轴心的位置。在菜单栏中选择“窗口”→“坐标管理器 ...”选项，或单击动画面板右上角的“坐标管理器 ...”图标，可在工作界面右下角打开坐标管理器（图 1-2-6），在编辑框中输入数值即可进行相应的调整。

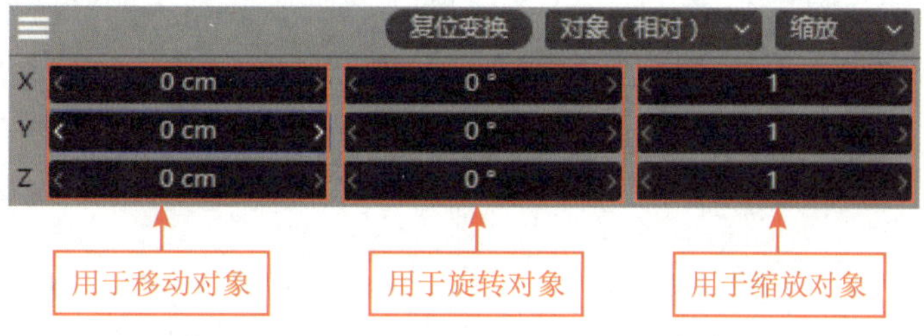

图 1-2-6　在坐标管理器中调整参数

（二）旋转对象

单击左侧工具栏中的“旋转”图标（或按“R”键）并选中要旋转的对象后，会出现旋转 Gizmo（图 1-2-7）。将光标移至旋转 Gizmo 的某个线圈上或其他位置，按住鼠标左键拖动鼠标，可使对象沿着该线圈所代表的坐标轴旋转或自由旋转。

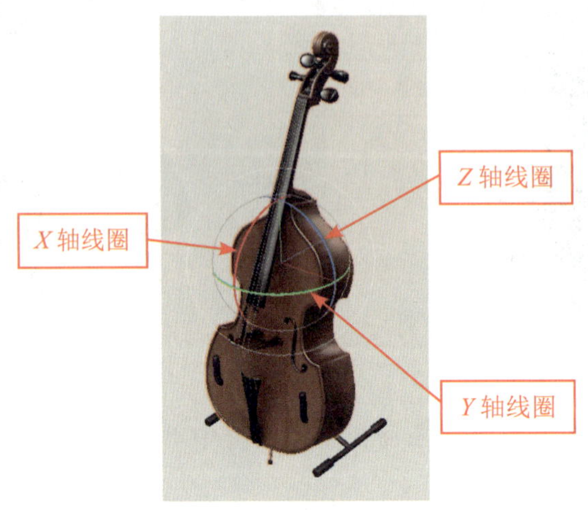

图 1-2-7　旋转 Gizmo

Cinema 4D 中有两种坐标系统，即对象坐标系统和世界（全局）坐标系统。其中，对象坐标系统会随着对象的旋转而旋转，世界坐标系统不会随着对象的旋转而旋转，如图 1-2-8 所示。

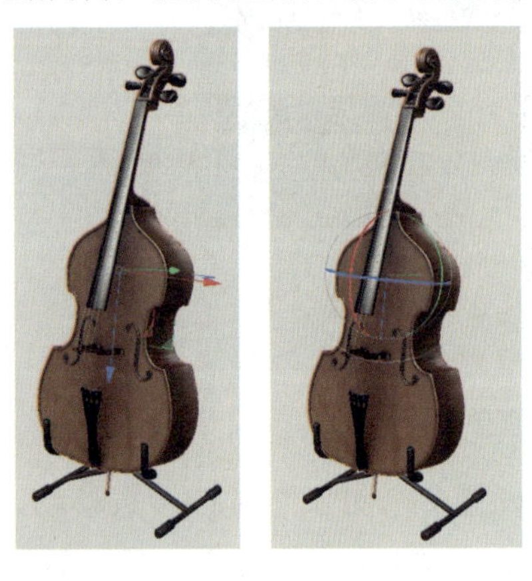

（a）对象坐标系统

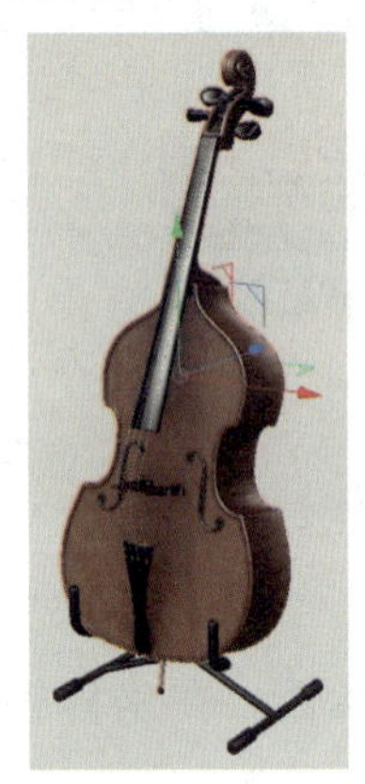
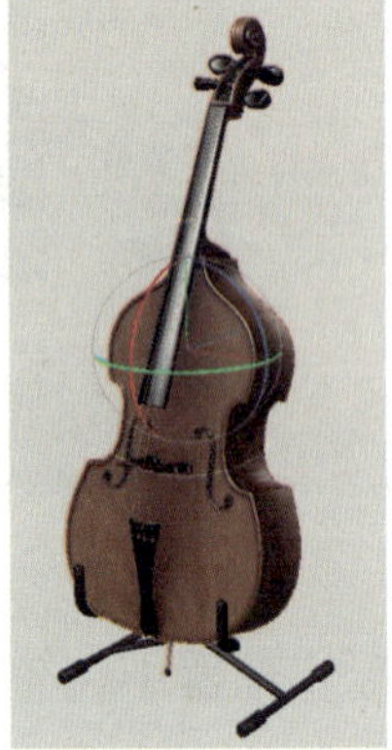

（b）世界坐标系统

图 1-2-8　坐标系统

利用坐标系统工具可切换对象坐标与世界坐标。单击顶部工具栏中的“对象坐标系统”图标，可将对象坐标系统切换为世界坐标系统；单击“世界坐标系统”图标，可将世界坐标系统切换为对象坐标系统。

（三）缩放对象

单击左侧工具栏中的“缩放”图标（或按“T”键）并选中要缩放的对象，会出现缩放 Gizmo，将鼠标指针移至缩放 Gizmo 的坐标轴、坐标平面或视图窗口中的其他位置，按住鼠标左键拖动鼠标，便可

使对象沿坐标轴、坐标平面缩放或均匀缩放，如图 1-2-9 所示。

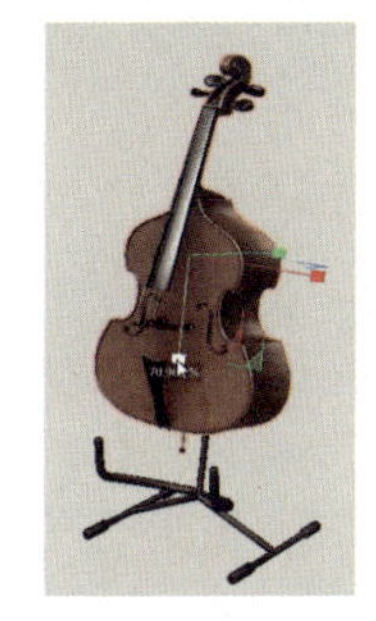

（a）沿坐标轴缩放

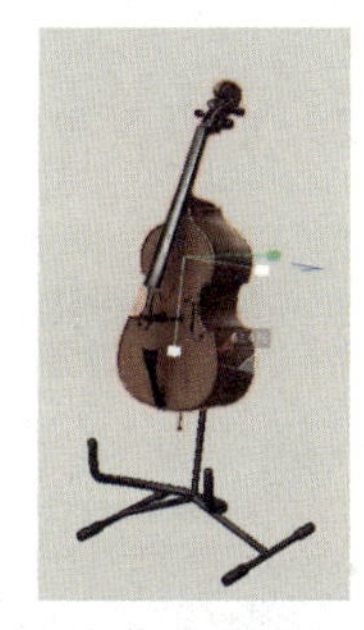

（b）沿坐标平面缩放

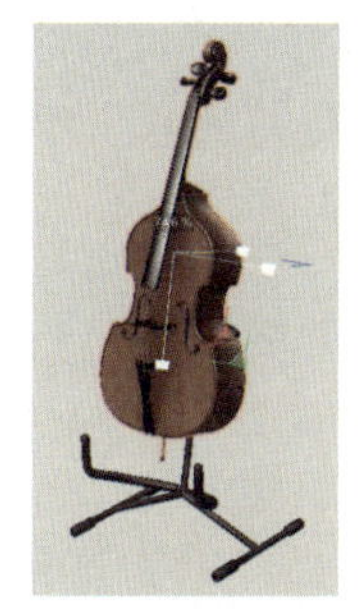

（c）均匀缩放

图 1-2-9　缩放对象

需要注意的是，只能均匀缩放参数化对象，若要沿坐标轴或坐标平面缩放，需要将参数化对象转化为可编辑对象（按“C”键）。

小贴士

激活量化功能后，在执行“移动”“旋转”“缩放”命令时可以使对象按照指定的参数移动、旋转、缩放。激活量化功能的方法有两种：① 长按顶部工具栏中的“启动捕捉”图标，在展开的列表中选择“启用量化”工具（图 1-2-10）；② 在拖动对象“移动”“旋转”“缩放”时按住“Shift”键。单击“建模设置”图标，在“量化”选项卡（图 1-2-11）中可指定参数。

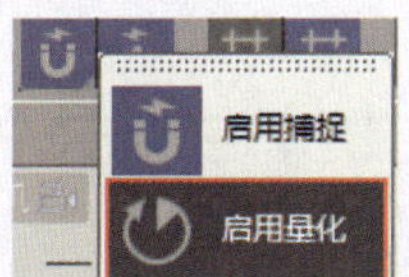

图 1-2-10　“启用量化”工具

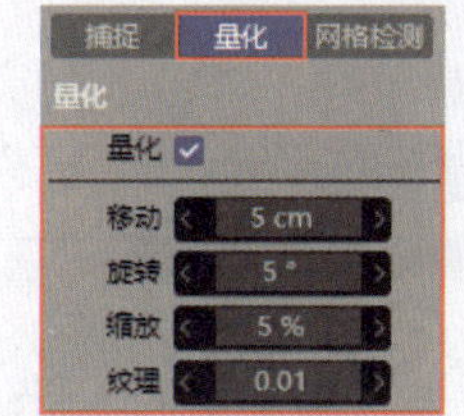

图 1-2-11　“量化”选项卡

三、复制和删除对象

（一）复制对象

Cinema 4D 中有多种复制对象的方法：① 选中对象，按住“Ctrl”键在视图窗口内拖动对象进行移动复制、旋转复制、缩放复制；② 选中对象，在菜单栏中选择“编辑”→“复制”选项（或按“Ctrl+C”组合键）进行复制，然后在菜单栏中选择“编辑”→“粘贴”选项（或按“Ctrl+V”组合键）进行原位粘贴；③ 选中对象，在菜单栏中选择“工具”→“复制”选项，在属性面板中设置具体参数后，单击“应用”按钮进行复制。

小贴士

“复制模式”下拉列表（图 1-2-12）中的各功能如下。

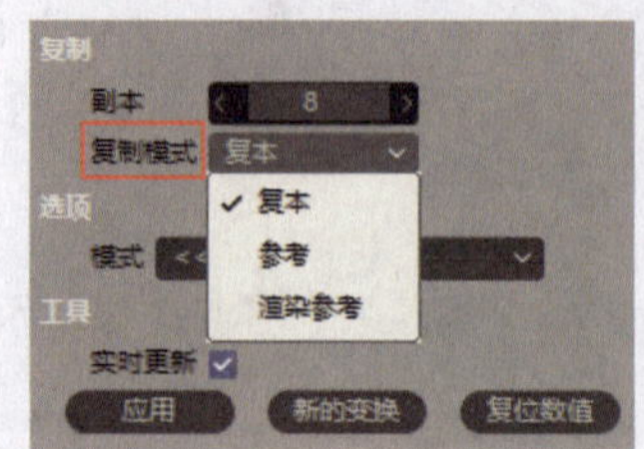

图 1-2-12 “复制模式”下拉列表

（1）**复本**：原始对象与其副本是相互独立的，修改其中任一对象的属性（如长、宽、高）均不会影响其他对象。

（2）**参考**：原始对象与其副本有主次关系，修改原始对象会影响其副本，但修改副本不会影响原始对象。

（3）**渲染参考**：原始对象与其副本的主次关系与“参考”相同，只是渲染时所有副本会直接复制原始对象的渲染数据。

（二）删除对象

在视图窗口或对象面板中选中对象，按“Delete”键即可删除该对象。

同步案例 1-3　复制罐头

下面将通过复制罐头（图 1-2-13）来学习复制命令的具体操作。

（a）复制前

（b）复制后

图 1-2-13　复制罐头

步骤 1　**打开素材文件**。打开本书配套素材“素材与实例\项目一\罐头”中的“罐头.c4d”文件。

步骤 2　**复制第一排罐头**。选中“罐头”模型，在菜单栏中选择“工具”→“复制”选项。在属性面板中按照图 1-2-14 设置参数。单击“应用”按钮，第一排罐头复制完成，如图 1-2-15 所示。

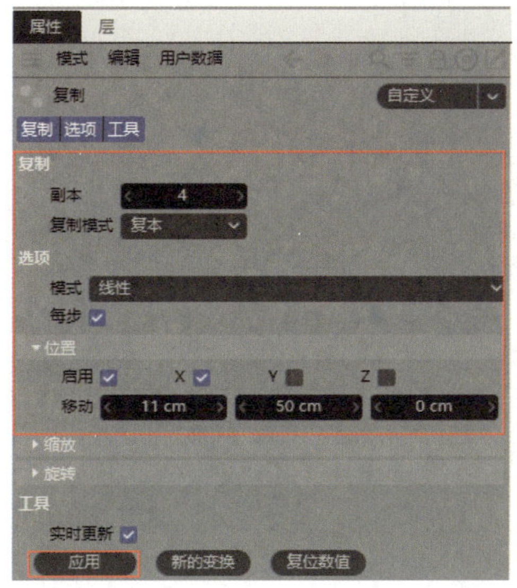

图 1-2-14 “复制”命令参数设置

图 1-2-15 复制第一排罐头

步骤 3 复制第二、三排罐头。按“E”键切换为“移动”工具，单击选择左边第一个罐头，然后按住“Shift”键单击加选其余罐头。按住“Ctrl”键和鼠标左键并拖动 Z 轴，使复制出的罐头移动到箱子中部后释放鼠标左键，如图 1-2-16 所示。以同样的操作复制第三排罐头。

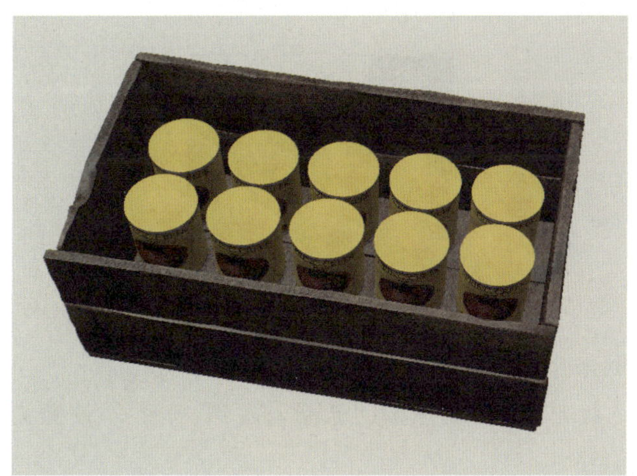
图 1-2-16 复制第二排罐头

四、隐藏和显示对象

隐藏和显示对象有在对象面板中进行设置和使用“视窗独显”工具进行设置两种方法。

（一）在对象面板中进行设置

在对象面板中单击对象名称后的第一个圆形按钮，该按钮变为绿色，对象在视图窗口中显示；第二次单击该按钮后，该按钮变为红色，对象在视图窗口中隐藏；第三次单击该按钮后，该按钮变为灰色，对象又在视图窗口中显示，如图 1-2-17 所示。

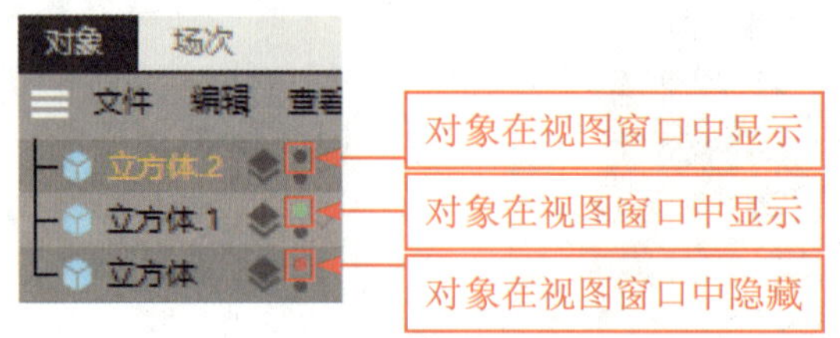

图 1-2-17　隐藏和显示对象

（二）使用“视窗独显”工具进行设置

在视图窗口中选中对象后，单击顶部工具栏中的“视窗独显”图标，可将其他对象隐藏，单独显示该对象；再次单击“视窗独显”图标，可重新显示其他对象（在对象面板中隐藏的对象除外）。

五、调整对象的层级关系

在 Cinema 4D 中，对象与对象之间有三种层级关系，分别为父级、子级、平级。父级对象可以影响其子级对象，子级对象不会影响其父级对象，平级对象之间互不影响。对象的层级关系可在对象面板中查看和设置。例如，图 1-2-18 中对象的层级关系如下：“立方体”为“球体”的父级，“球体”为“立方体”的子级，“立方体”和“圆柱体”互为平级。

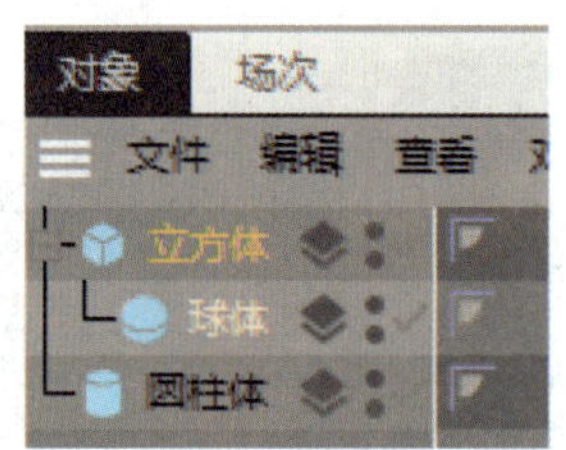

图 1-2-18　对象的层级关系

下面以球体、立方体为例来介绍对象层级关系的设置方法。

步骤 1　**打开素材文件。**打开本书配套素材“素材与实例\项目一\设置父子级关系”中的“设置父子级关系.c4d”文件。

步骤 2　**将“立方体”设置为“球体”的子级。**在对象面板中将“立方体”拖动至“球体”上，在出现向下箭头时松开鼠标，即可实现父子级关系的设置，如图 1-2-19 所示。

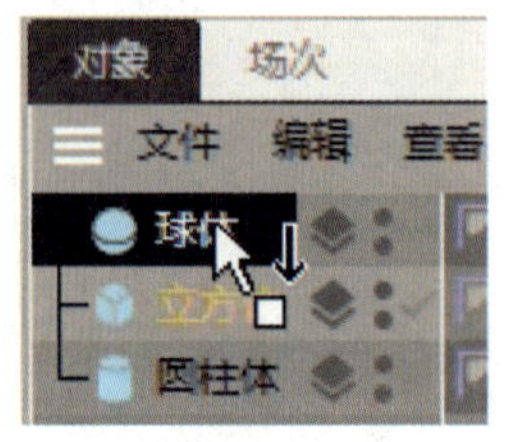

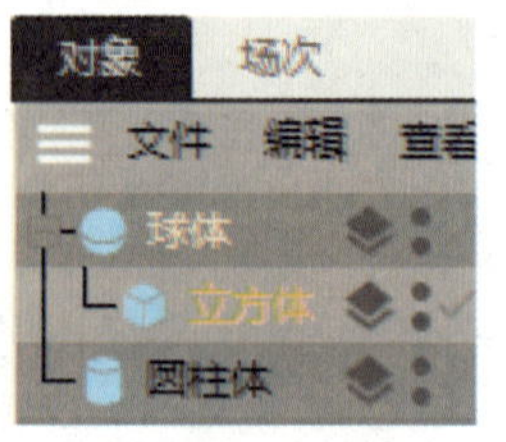

图 1-2-19　将“立方体”设置为“球体”的子级

步骤 3　**将“立方体”设置为“球体”的平级。**在对象面板中将“立方体”拖动至“球体”的上方，在出现向左箭头时松开鼠标，即可将两者设置为平级关系，如图 1-2-20 所示。

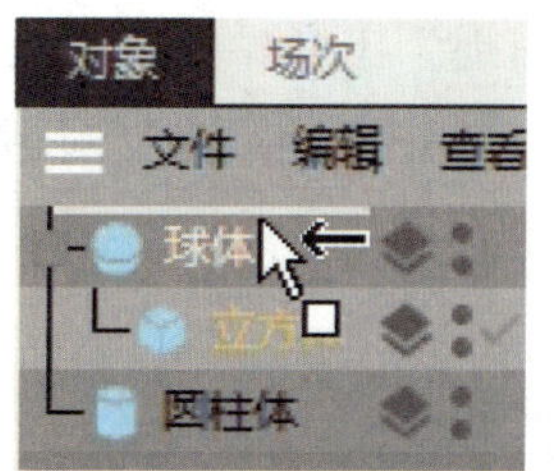

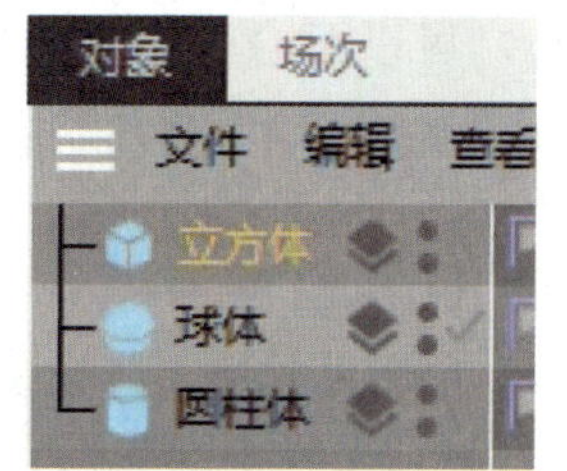

图 1-2-20　将“立方体”设置为“球体”的平级

经验之谈

当视图窗口中有多个对象时，将对象编组可以更方便地操作对象，具体操作如下：选中要编组的对象，然后在视图窗口中右击，在弹出的快捷菜单中选择“群组对象”选项（或按“Alt+G”组合键）。将对象编组后，对象面板中会自动生成一个空白对象（图 1-2-21），编组的对象均为空白对象的子级。

如果要将对象解组，可右击该对象，在弹出的快捷菜单中选择“解组对象”选项（或单击组的名称后按“Shift+G”组合键）。

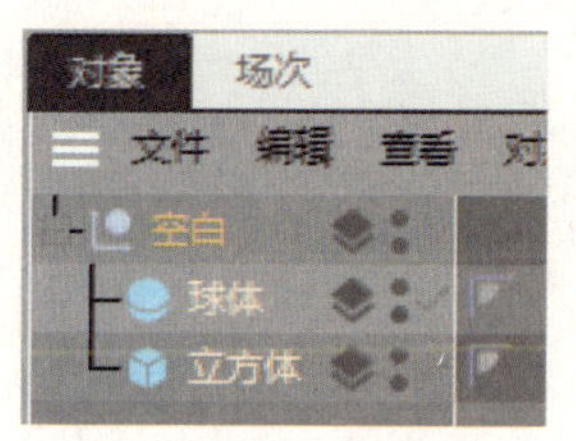

图 1-2-21　空白对象

六、调整对象的轴心

利用顶部工具栏中的“启用轴心”工具可以调整对象的轴心位置及旋转方向。“启用轴心”工具默认为关闭状态，单击“启用轴心”图标启用此工具，然后配合“移动”“旋转”工具使用，如图 1-2-22 所示。需要注意的是，调整轴心的对象必须为可编辑对象，参数化对象的轴心无法调整。

（a）调整前

（b）调整后

图 1-2-22　调整对象的轴心

要想精确调整对象的轴心，可以配合使用“启用捕捉”工具、坐标管理器、“轴对齐”工具。在菜单栏中选择“工具”→“轴心”→“轴对齐…”选项，可打开“轴对齐”对话框，如图 1-2-23 所示。

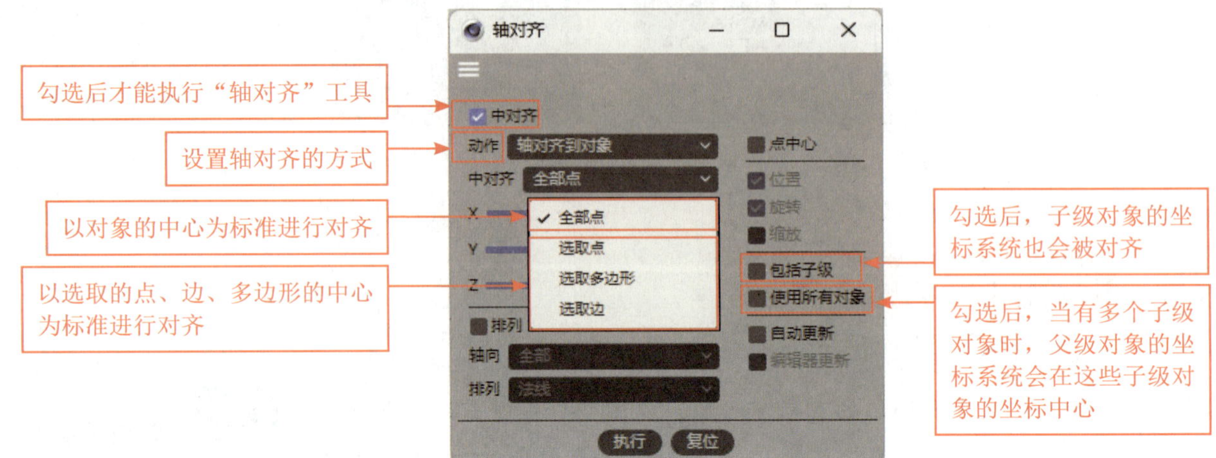

图 1-2-23 “轴对齐”对话框

下面以将立方体的轴心对齐到选取点为例，介绍调整对象轴心的操作步骤。

步骤 1 单击右侧工具栏中的“立方体”图标，创建一个立方体，按“C”键将其转换为可编辑对象。此时，该立方体的轴心在坐标原点上，如图 1-2-24（a）所示。

步骤 2 单击顶部工具栏中的“点”图标，执行“实时选择”命令，选中“立方体”的一个点，如图 1-2-24（b）所示。

步骤 3 在菜单栏中选择“工具”→“轴心”→“轴对齐…”选项，打开“轴对齐”对话框。在“动作”下拉列表中选择“轴对齐到对象”选项，在“中对齐”下拉列表中选择“选取点”选项，单击“执行”按钮。单击顶部工具栏中的“模型”图标，切换为模型模式，可以看到立方体的轴心已对齐到选取点，如图 1-2-24（c）所示。

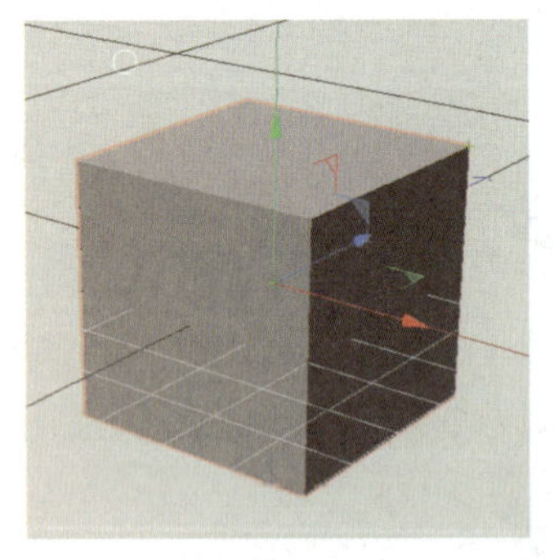

（a）立方体的轴心

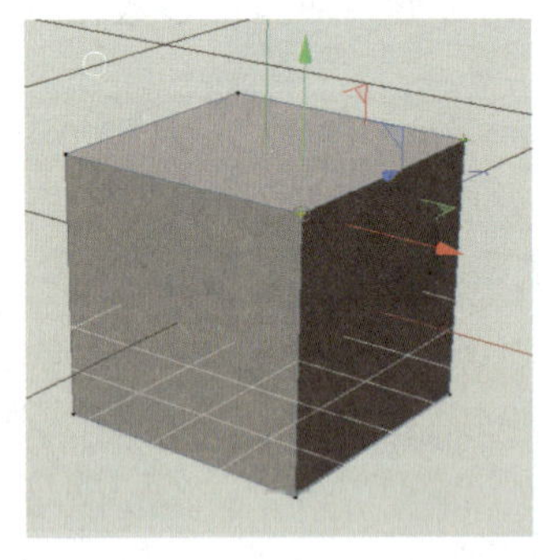

（b）选中“立方体”的一个点

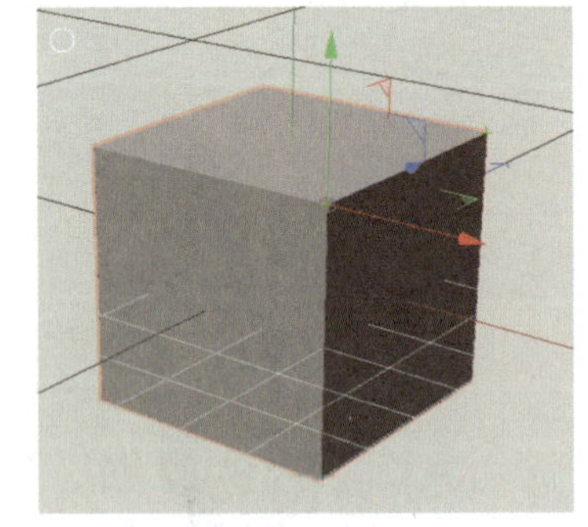

（c）轴对齐

图 1-2-24 调整对象的轴心

任务实施 组装小飞机

下面通过组装小飞机（图 1-2-25）来巩固所学知识。

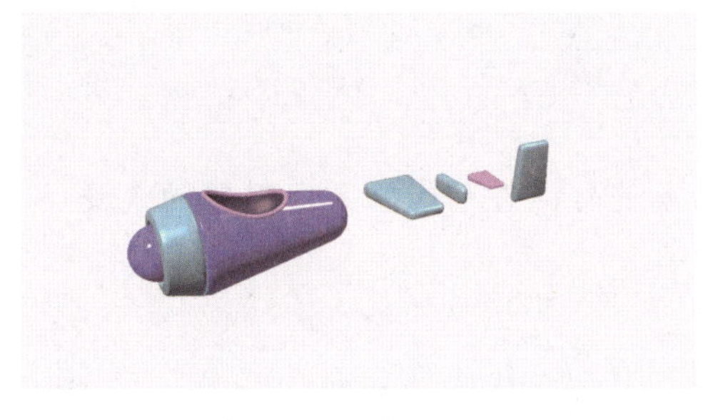

（a）组装前

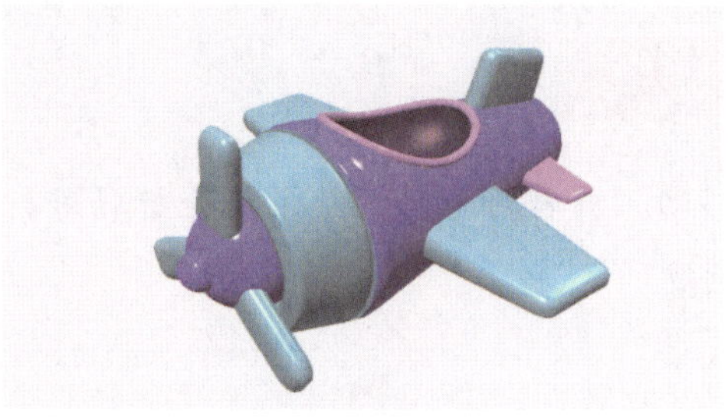

（b）组装后

图 1-2-25　组装小飞机

制作思路

小飞机由机头、机身、机头前的小球、垂直尾翼、机翼、水平尾翼、螺旋桨叶组成。复制机头，将其作为机头前的小球，并将小球调整至合适大小和位置。移动垂直尾翼到合适的位置，并将其旋转一定角度。机翼为左右对称的两个，并且对称轴在 X 轴上，所以先移动机翼到合适的位置，再移动机翼的轴心到 X 轴上，然后旋转复制出另一侧的机翼。用同样的操作组装水平尾翼。螺旋桨叶共有 3 片，并围绕机头中心位置均匀分布，所以先移动旋转螺旋桨叶至合适的位置，再移动螺旋桨叶的轴心到机头的中间位置，最后旋转螺旋桨叶到合适的位置并旋转复制出其他两片螺旋桨叶，小飞机便组装完成了。

制作步骤

步骤 1　**打开素材文件**。打开本书配套素材“素材与实例\项目一\小飞机”中的“小飞机.c4d”文件。

步骤 2　**复制出机头前的小球并调整其大小和位置**。单击左侧工具栏中的“移动”图标，然后在视图窗口中单击“机头”，按住“Ctrl”键和鼠标左键拖动 X 轴到机头前面后松开鼠标，复制一个对象。在对象面板中双击“机头.1”，将“机头.1”重命名为“小球”，如图 1-2-26（a）所示。按“T”键切换为“缩放”工具，在视图窗口中单击小球，然后在视图窗口中按住鼠标左键并向下移动，缩放至如图 1-2-26（b）所示的大小。按“E”键切换为“移动”工具，拖动 X 轴移动小球到如图 1-2-26（c）所示的位置。

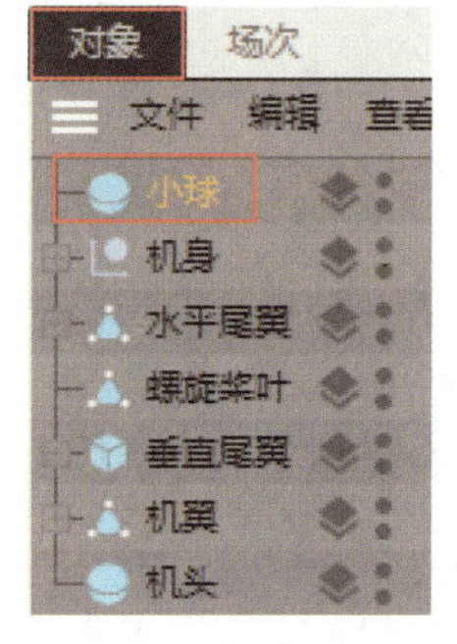

（a）重命名

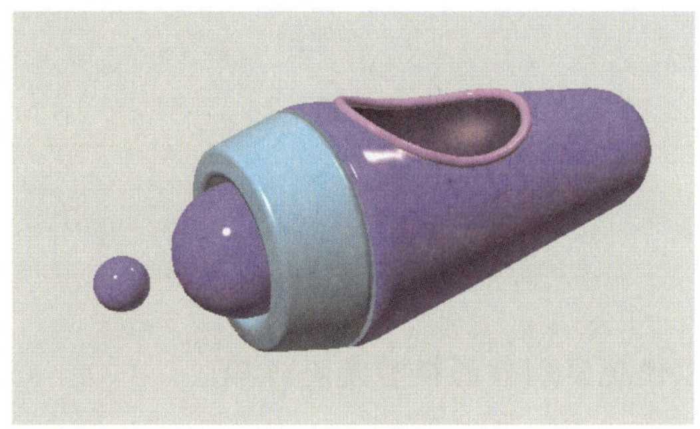

（b）缩放小球

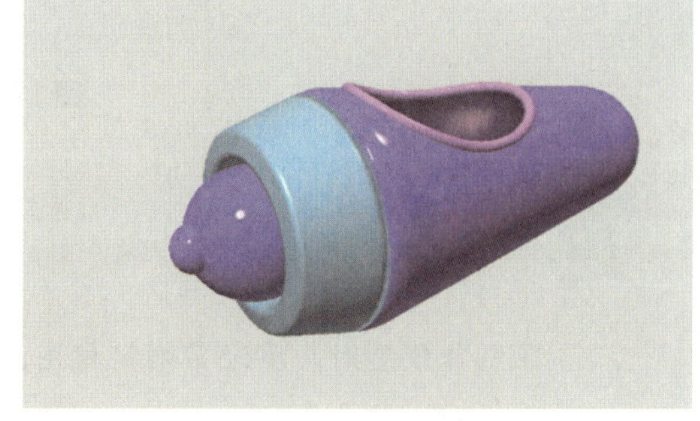

（c）移动小球

图 1-2-26　制作机头前的小球

经验之谈

在透视视图中移动、旋转对象时，尽量沿坐标轴进行移动或旋转，否则很容易出现移动或旋转不精确、错位的问题。

步骤 3 **调整垂直尾翼到合适的位置。** 在对象面板中单击“垂直尾翼”，按“E”键切换为“移动”工具，将垂直尾翼拖动至如图 1-2-27（a）所示的位置。按“R”键切换为“旋转”工具，按住“Shift”键和鼠标左键拖动 Z 轴线圈按顺时针方向旋转 20° 后松开鼠标左键，如图 1-2-27（b）所示。按“E”键切换为“移动”工具，将垂直尾翼移动至如图 1-2-27（c）所示的位置。

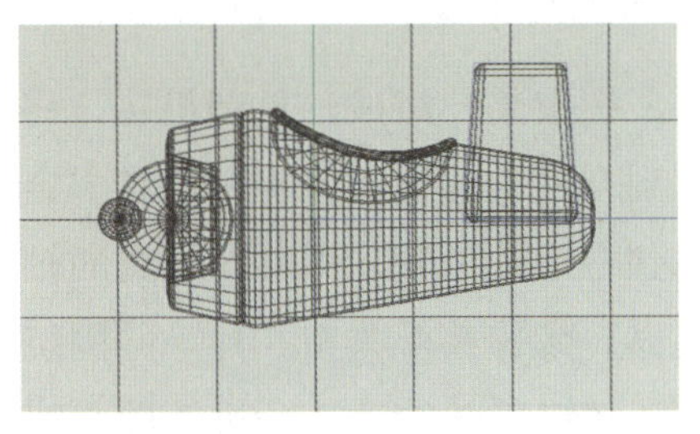
（a）移动尾翼

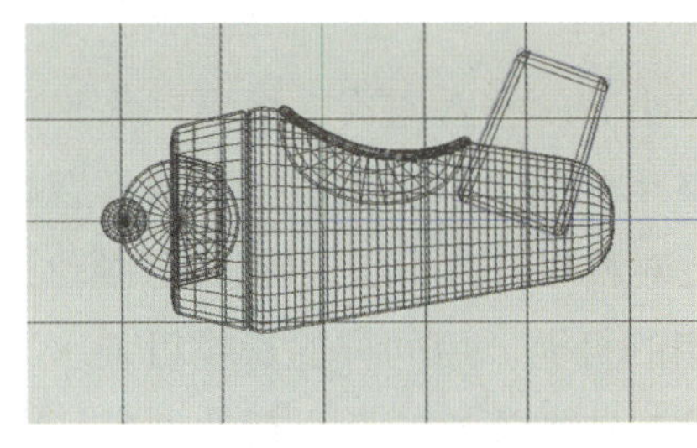
（b）旋转尾翼

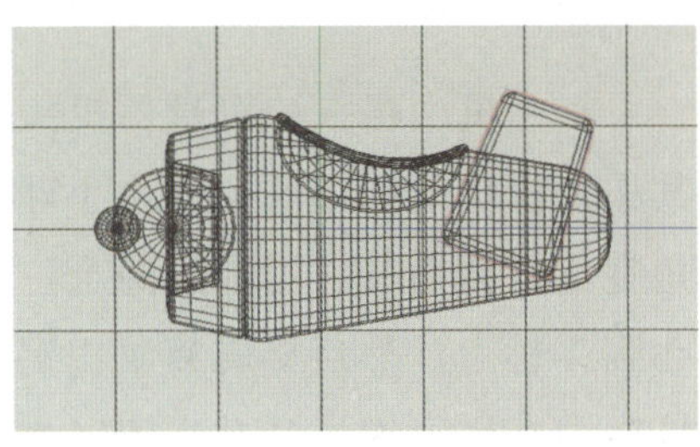
（c）再次移动尾翼

图 1-2-27　调整垂直尾翼到合适的位置

步骤 4 **调整机翼到合适的位置。** 在对象面板中单击“机翼”，按“E”键切换为“移动”工具，然后将机翼移动至如图 1-2-28 所示的位置。

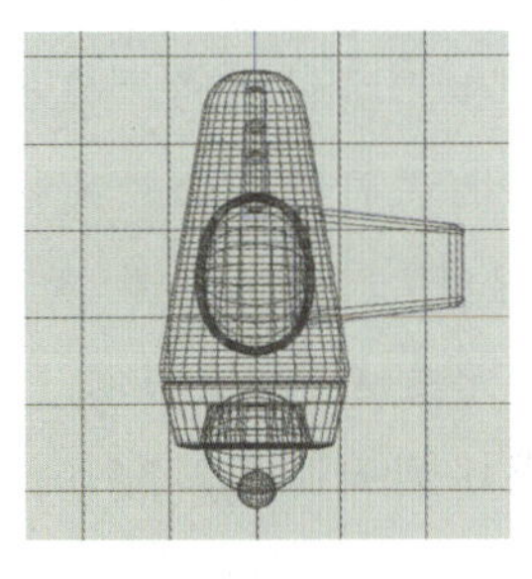
（a）俯视图

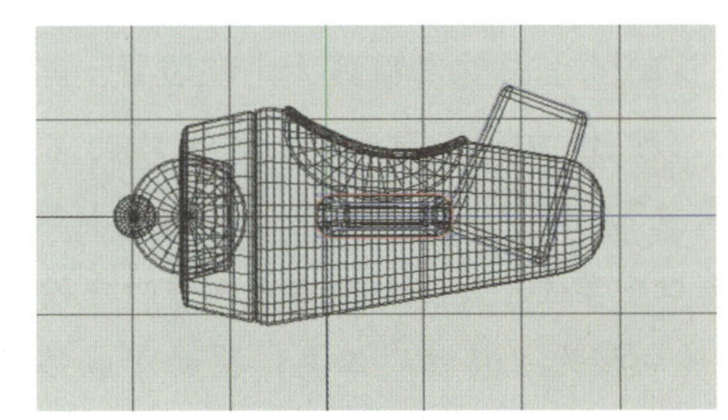
（b）侧视图

图 1-2-28　调整机翼到合适的位置

经验之谈

在制作模型时，要经常切换视图，以便观察制作的模型是否正确。

步骤 5 **调整机翼的轴心位置。** 先在视图窗口中单击“机翼”，然后单击顶部工具栏中的“启用轴心”图标，在坐标管理器中“X”的第一个编辑框中输入“0”，调整轴心到 X 轴上，如图 1-2-29（a）所示。

再次单击“启用轴心”图标▇，退出调整轴心模式。调整后的轴心如图 1-2-29（b）所示。

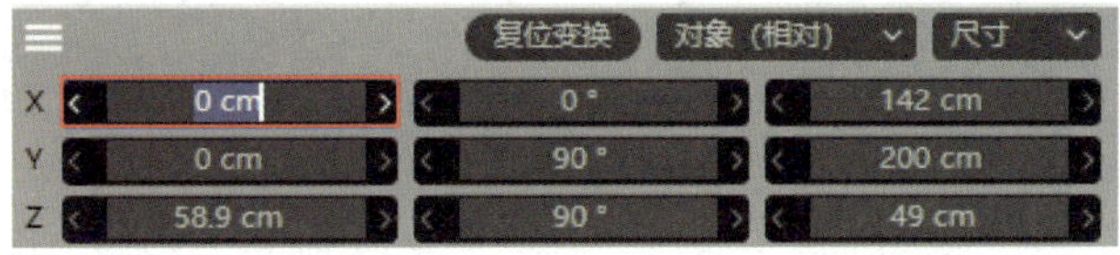

（a）调整轴心位置

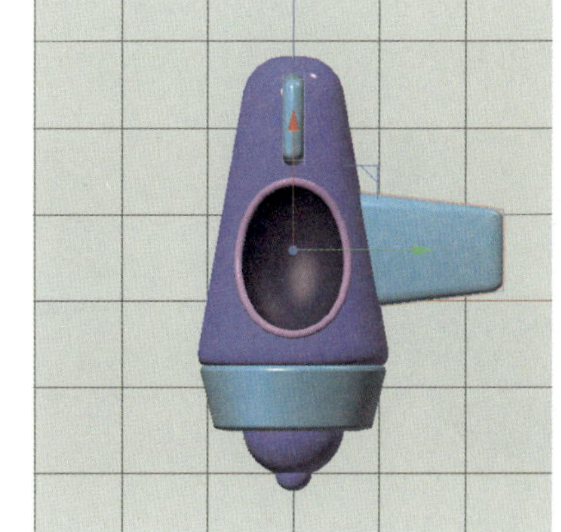

（b）调整结果

图 1-2-29　调整机翼的轴心位置

小贴士

在之前的操作中，机翼移动的数值并不是固定的，所以图 1-2-29（a）中的部分数值会有所不同。

步骤 6 **复制机翼**。按“R”键切换为“旋转”工具，在视图窗口中单击“机翼”，按住“Ctrl”键、“Shift”键和鼠标左键拖动 Z 轴线圈旋转 180° 后松开鼠标左键，如图 1-2-30 所示。

步骤 7 **组装水平尾翼**。按照组装机翼的方法组装水平尾翼，结果如图 1-2-31 所示。

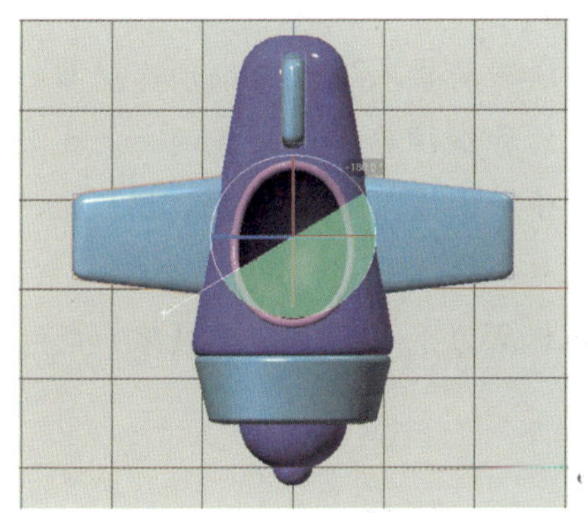

图 1-2-30　复制机翼

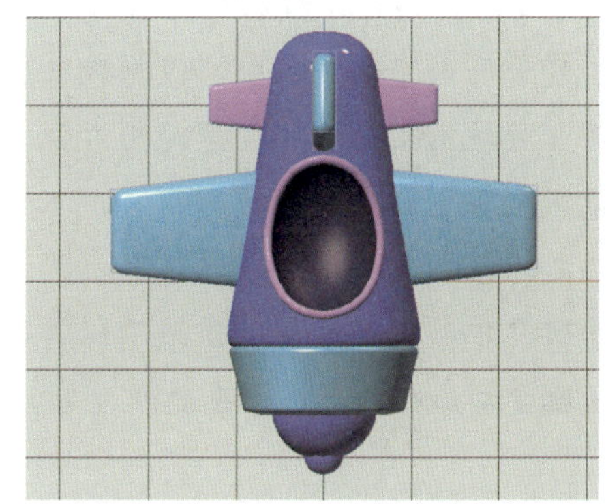

图 1-2-31　组装水平尾翼

步骤 8 **调整螺旋桨叶的位置和轴心**。按“E”键切换为“移动”工具，将螺旋桨叶移动至如图 1-2-32 所示的位置。单击顶部工具栏中的“启用轴心”图标▇，在坐标管理器中“X”的第一个编辑框中输入“0”。再次单击“启用轴心”图标▇退出调整轴心模式。

步骤 9 **调整螺旋桨叶的角度并复制螺旋桨叶**。选中螺旋桨叶，按“R”键切换为“旋转”工具，按住“Shift”键和鼠标左键拖动 Y 轴线圈按逆时针方向旋转 90° 后松开鼠标左键，调整螺旋桨叶的角度，如

图 1-2-33 所示；接着按住“Ctrl”键、“Shift”键和鼠标左键拖动 Y 轴线圈按逆时针方向旋转 120° 后松开鼠标左键，复制出第二片螺旋桨叶。以同样的方法复制出第三片螺旋桨叶，如图 1-2-34 所示。至此，小飞机便组装完毕了。

图 1-2-32　调整螺旋桨叶的位置

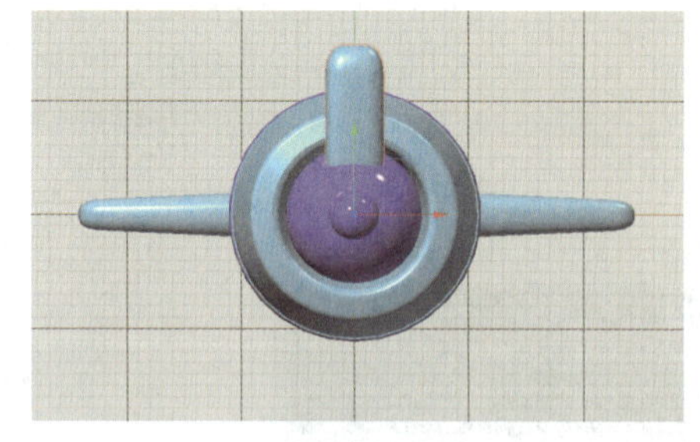
图 1-2-33　调整螺旋桨叶的角度

图 1-2-34　复制螺旋桨叶

科技之光

数字技术助力文物修复

三星堆遗址是中国新石器时代至商周时期早期蜀文化遗址，位于四川省广汉市三星堆镇三星村和真武村。三星堆遗址出土了许多璀璨夺目的文物，如青铜立人像、人头像、龙形器、虎形器、跪坐人像和金杖、金虎形饰等。这些文物是人类宝贵的文化遗产。

然而，考古发掘出来的很多文物都是破损或者变形非常严重的，并且重点文物的修复要反复论证，整个修复过程会经历较长时间，甚至可能会持续几年。那么，如何让三星堆发掘出的这些精美的文物既能快速与观众见面，又能在保留原有出土器物形态不变的基础上，呈现出它最初的整体面貌呢？文物专家决定用数字技术对文物的形态进行数字复原。

在这些复原的数字化文物中，最有代表性的便是青铜顶尊骑兽人像。青铜顶尊骑兽人像是利用数字技术将 3 号坑出土的青铜顶尊跪坐人像和 8 号坑出土的青铜神兽拼接而成的。对文物进行扫描后利用三维模型在电脑上进行虚拟拼接，不仅让研究更加便捷，而且能够保证数据精准，同时避免了现场挪动文物可能造成的损伤。

发掘并研究中华文明的巨大宝藏不仅需要理性思维和想象力，也需要数字技术。数字技术能让人们更清晰地看到历史的足迹，感受到古老的中华文明。

学习成果检测

习题 1 制作雪花

如图 1-2-35（a）所示，打开本书配套素材“素材与实例\项目一\雪花”中的“雪花.c4d”文件，利用本项目所学知识完成如下操作：

（1）调整雪花花瓣的轴心位置。

（2）使用“复制”工具复制剩余 5 个雪花花瓣。

操作完成后的效果如图 1-2-35（b）所示。

（a）打开“雪花.c4d”文件

（b）雪花图

图 1-2-35 制作雪花

习题 2 整理餐厅场景

如图 1-2-36（a）所示，打开本书配套素材“素材与实例\项目一\餐厅场景”中的“餐厅场景.c4d”文件，利用本项目所学知识完成如下操作：

（1）将椅子 1 放大 2 倍。

（2）将椅子 2 绕 Z 轴按顺时针方向旋转 90°。

（3）将木箱隐藏。

（4）将地毯移动到合适的位置。

（5）将所有椅子编为一组，并将该组命名为“椅子”。

操作完成后的效果如图 1-2-36（b）所示。

（a）打开“餐厅场景.c4d”文件

（b）效果图

图 1-2-36 整理餐厅场景

学习成果评价

请进行学习成果评价，并将评价结果填入表 1-2-1 中。

表 1-2-1　学习成果评价表

<table>
<tr><th rowspan="2">评价项目</th><th rowspan="2">评价内容</th><th rowspan="2">分值</th><th colspan="3">评价分数</th></tr>
<tr><th>自评</th><th>他评</th><th>师评</th></tr>
<tr><td rowspan="2">知识
（20%）</td><td>了解 Cinema 4D 的应用领域和创作流程</td><td>10</td><td></td><td></td><td></td></tr>
<tr><td>熟悉 Cinema 4D 的工作界面</td><td>10</td><td></td><td></td><td></td></tr>
<tr><td rowspan="6">技能
（60%）</td><td>能够新建、保存和打开文件</td><td>10</td><td></td><td></td><td></td></tr>
<tr><td>能够切换、缩放、平移、旋转视图</td><td>10</td><td></td><td></td><td></td></tr>
<tr><td>能够选择、移动、旋转、缩放对象</td><td>10</td><td></td><td></td><td></td></tr>
<tr><td>能够复制、删除、隐藏、显示对象</td><td>10</td><td></td><td></td><td></td></tr>
<tr><td>能够调整对象的层级关系</td><td>10</td><td></td><td></td><td></td></tr>
<tr><td>能够调整对象的轴心</td><td>10</td><td></td><td></td><td></td></tr>
<tr><td rowspan="2">素养
（20%）</td><td>积极参加教学活动，按时完成学习任务</td><td>10</td><td></td><td></td><td></td></tr>
<tr><td>有正确的职业认知和明确的职业规划，并制订相应的学习计划</td><td>10</td><td></td><td></td><td></td></tr>
<tr><td colspan="2">合计</td><td>100</td><td></td><td></td><td></td></tr>
<tr><td>总评</td><td>自评（20%）+他评（20%）+师评（60%）=____________</td><td colspan="4">指导教师（签名）：____________</td></tr>
<tr><td>自我评价</td><td colspan="5"></td></tr>
<tr><td>教师评价</td><td colspan="5"></td></tr>
</table>

项目二 基本体与样条建模

项目引言

基本体建模是对软件提供的网格参数对象进行调整和组合来创建三维模型的建模方法；样条建模是先创建样条，然后利用样条生成器生成三维模型的建模方法。基本体与样条建模是 Cinema 4D 中最简单的建模方式，也是学习生成器建模、变形器建模、多边形建模的基础。本项目主要讲解基本体与样条建模的基础知识、基本操作。

知识目标

- 了解常用的基本体与样条。
- 掌握基本体与样条属性面板中的基本参数设置。
- 了解参数化对象和可编辑对象的区别。

能力目标

- 能够创建基本体与样条，并根据需要调整参数。
- 能够熟练使用样条画笔工具绘制样条。
- 能够使用样条生成器生成三维模型。
- 能够综合利用基本体与样条建模制作简单的三维模型。

素质目标

- 加强实践练习，提升专业技能。
- 发扬精益求精的工匠精神，养成认真严谨的工作态度。

任务一　创建基本体

任务引入

小何在一家文化传播公司的平面广告设计岗位实习，公司习惯使用 Photoshop、Illustrator 等软件进行设计工作。某日，公司领导让他制作一个台灯的广告效果图，但厂家提供的照片拍摄得不尽如人意，使用 Photoshop 修饰将花费大量时间，且效果难以保证。就在他犯难之际，他突然想到该台灯的结构非常简单，使用 Cinema 4D 的基本体建模就可以很快制作出一个一模一样的模型，并且可以随意地调整灯光和场景。很快，他便完成了台灯的广告效果图，并且得到了领导和客户的一致好评。实习结束后，他凭借良好的工作表现，拿到了该公司的录用通知书。

想一想：

（1）在 Cinema 4D 中，常用的基本体有哪些？

（2）基本体建模适合制作什么样的模型？

理论知识

一、常用的基本体

在 Cinema 4D 中，常用的基本体被制作成了网格参数对象，节省了用户创建模型的时间。网格参数对象是使用预设的参数（如长、宽、高、半径等）生成的对象。这意味着可以通过修改参数来调整对象的大小，但无法对对象的点、边、面进行编辑。Cinema 4D 中的网格参数对象包括立方体、圆柱体、平面、圆盘、多边形、球体、胶囊、圆锥体、人形素体、地形、油桶、金字塔、宝石体、管道、圆环面、贝塞尔、空白多边形等，如图 2-1-1 所示。

创建网格参数对象的方法如下：① 长按右侧工具栏中的“立方体”图标或“文本样条”图标，在展开的列表中选择相应的网格参数对象；② 选择菜单栏“创建”→“网格参数对象”中相应的网格参数对象。创建网格参数对象后，可在属性面板中设置其参数。网格参数对象的参数设置相似，下面主要介绍立方体和圆锥体的参数设置。立方体的属性面板如图 2-1-2 所示。

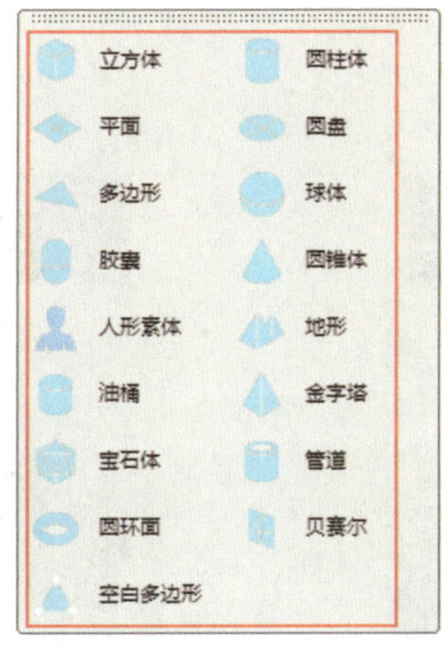

图 2-1-1　网格参数对象

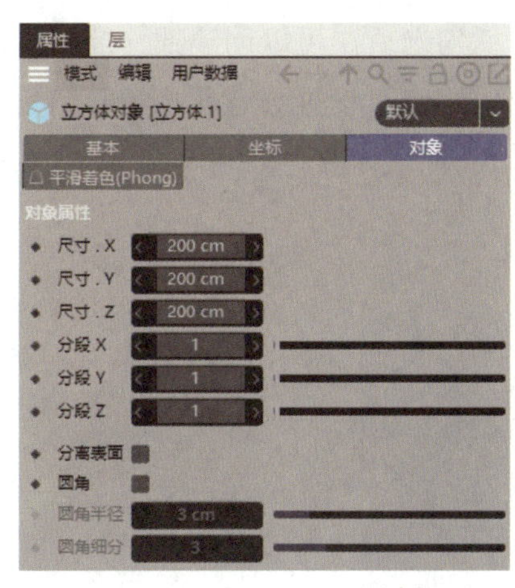

图 2-1-2　立方体的属性面板

- 尺寸 . X、尺寸 . Y、尺寸 . Z：设置立方体对象的尺寸。
- 分段 X、分段 Y、分段 Z：设置立方体的分段数。
- 分离表面：勾选后，当立方体转换为可编辑对象时，该立方体的每一个面都会被独立分离出来。
- 圆角：勾选后，立方体的边会产生倒角，倒角的大小和平滑度可分别通过“圆角半径”和“圆角细分”来调整。

圆锥体的属性面板如图 2-1-3 所示。

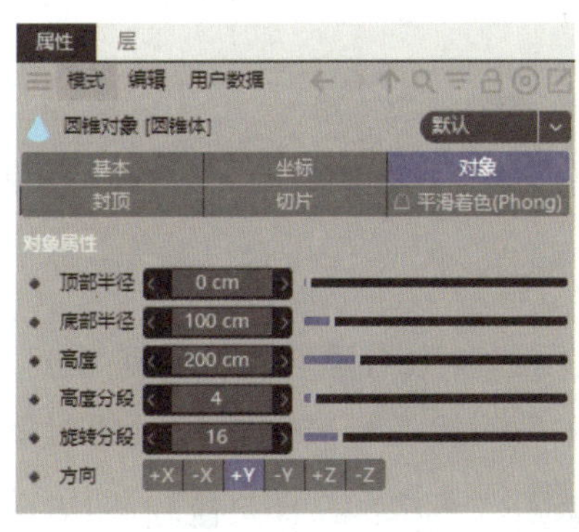

（a）“对象”选项卡

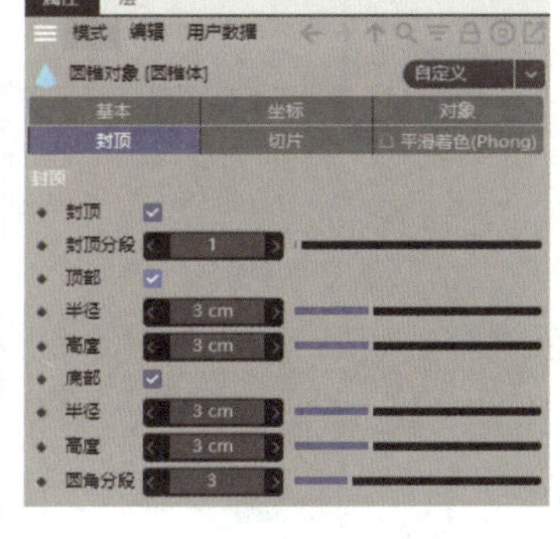

（b）“封顶”选项卡

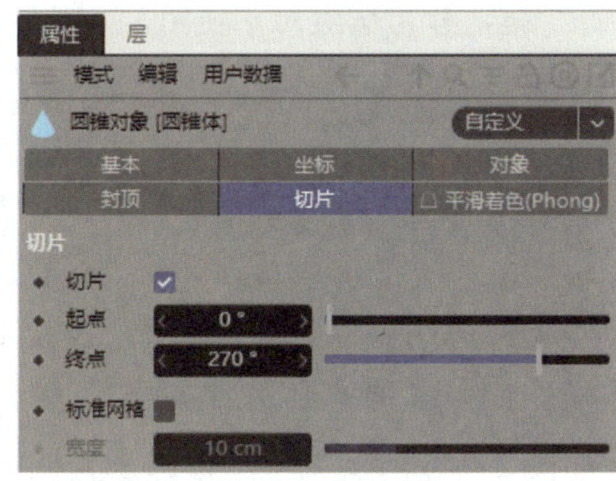

（c）“切片”选项卡

图 2-1-3　圆锥体的属性面板

- 顶部半径、底部半径：设置圆锥体两端的半径，数值为 0 时端部为一个点。
- 高度、高度分段：设置圆锥的高度及高度上的分段数。
- 旋转分段：设置圆锥旋转方向的分段数，分段数越多圆锥越光滑，如图 2-1-4 所示。
- 方向：设置圆锥体的朝向。
- 封顶：勾选后，圆锥的顶部和底部会封闭。
- 封顶分段：设置圆锥顶部和底部的分段数。
- 顶部：勾选后，可设置圆锥顶部边缘圆角的半径和高度。
- 底部：勾选后，可设置圆锥底部边缘圆角的半径和高度。
- 圆角分段：分段数越多，圆角越光滑。

◆ 切片：勾选后，可以创建部分圆锥体，如图 2-1-5 所示。

◆ 起点、终点：设置圆锥切片的开始角度、结束角度。

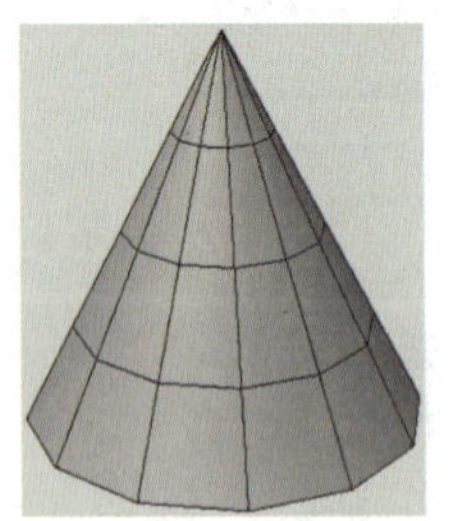

（a）旋转分段为 12

（b）旋转分段为 30

图 2-1-4　不同旋转分段的圆锥体

（a）未勾选“切片”复选框

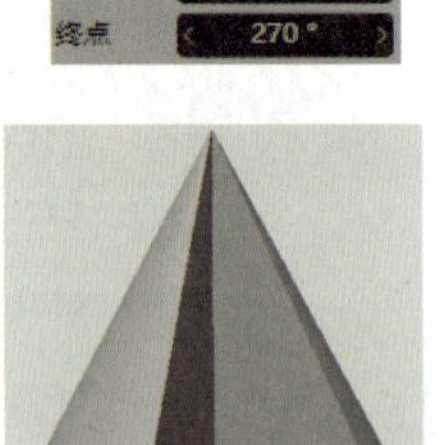

（b）勾选“切片”复选框

图 2-1-5　未勾选与勾选“切片”复选框的效果对比

小贴士

长按右侧工具栏中的“立方体”图标，在展开的列表中选择“空白多边形”选项，即可创建一个空白多边形。空白多边形由一个原点和坐标轴构成，可以将几个模型组合在一起，作为父级对象使用。

二、转换为可编辑对象

如果要对网格参数对象的点、边、面或轴心进行编辑，则须将该网格参数对象转换为可编辑对象。具体操作如下：选中对象后按“C”键。此时，在对象面板中，网格参数对象图标转变为可编辑对象图标，如图 2-1-6 所示。单击顶部工具栏中的“点”图标、“线”图标、“多边形”图标，即可对可编辑对象的点、边、面进行编辑。需要注意的是，可编辑对象不能再转换回网格参数对象。

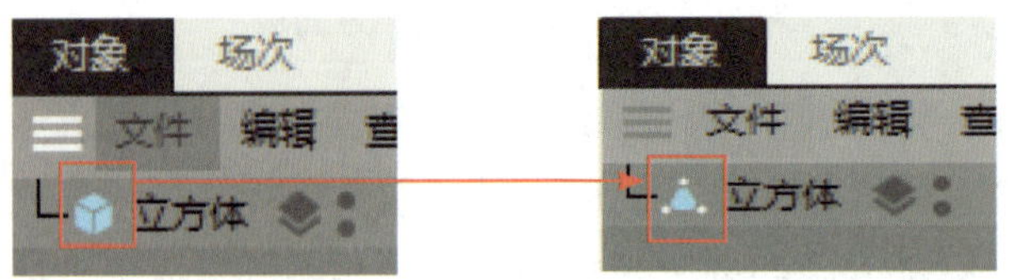

图 2-1-6　图标转变为可编辑对象图标

任务实施　制作台灯

下面通过制作台灯（图 2-1-7）来巩固所学知识。

图 2-1-7　台灯

台灯由灯罩、灯泡、灯架、灯杆、灯座 5 部分组成。其中，灯罩由外壳、顶部的遮挡板、底部的包边条组成，这 3 部分分别由圆锥体、圆柱体、管道调整参数得到；灯泡和灯架由本书配套素材导入；灯杆和灯座由圆柱体调整参数得到。

步骤 1　**制作灯罩外壳**。启动 Cinema 4D，长按右侧工具栏中的“立方体”图标，在展开的列表中选择“圆锥体”选项，在视图窗口中创建一个圆锥体。在属性面板的“对象”选项卡中将“顶部半径”设为 60 cm、“底部半径”设为 75 cm、“高度”设为 120 cm、“高度分段”设为 1、“旋转分段”设为 36，如图 2-1-8（a）所示；在“封顶”选项卡中取消“封顶”复选框。设置完成后的模型如图 2-1-8（b）所示。

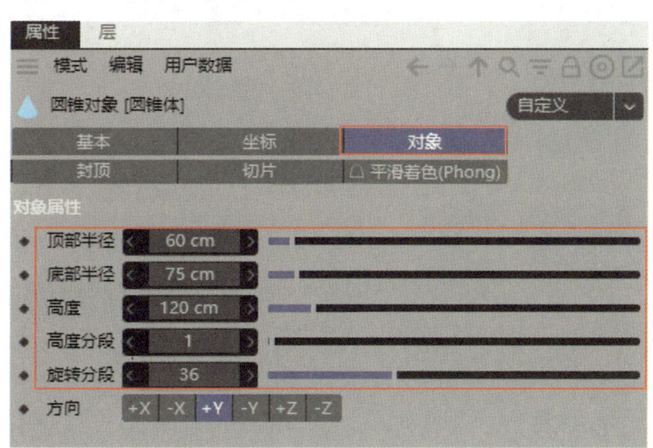

（a）参数设置

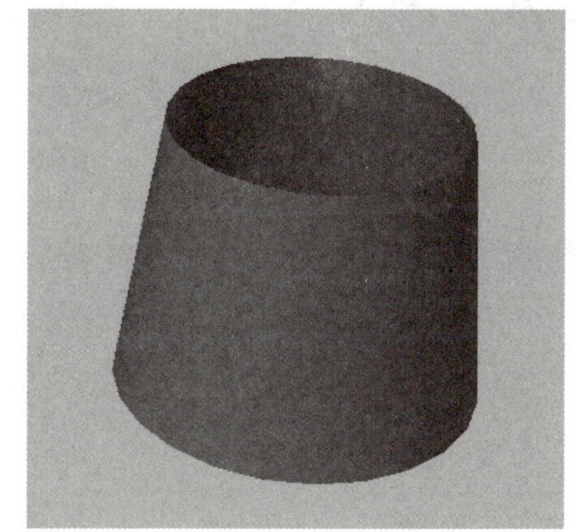

（b）模型图

图 2-1-8　制作灯罩外壳

小贴士

将“高度分段”设为 1 的原因是减少模型的面数（图 2-1-9），从而节省计算机资源。当模型比较简单时可不减少模型的面数。

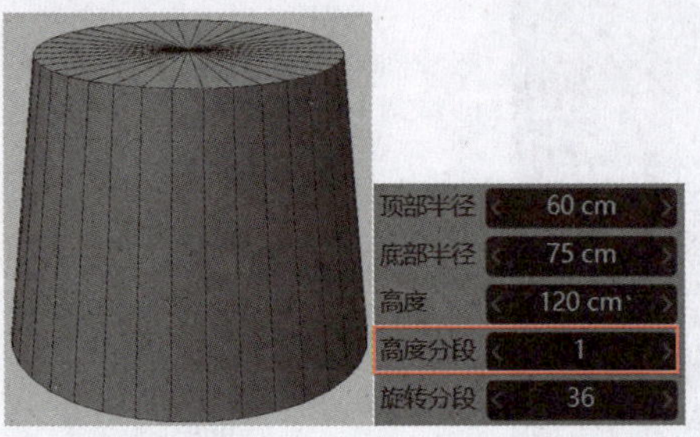

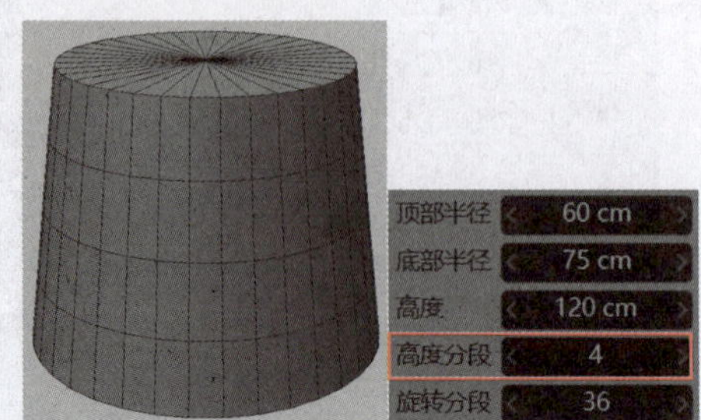

图 2-1-9　不同“高度分段”的对比

步骤 2　为灯罩外壳添加厚度。在右侧工具栏长按“细分曲面”图标，在展开的列表中选择“布料曲面”选项，在对象面板中创建一个布料曲面生成器。在对象面板中将“圆锥体”拖到“布料曲面”上，出现向下箭头时释放鼠标左键，如图 2-1-10（a）所示。在对象面板中单击“布料曲面”，在属性面板的“对象”选项卡中将“厚度”设为 2 cm，如图 2-1-10（b）所示。设置完成后的模型如图 2-1-10（c）所示。

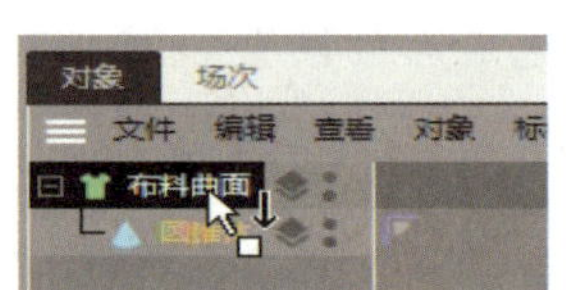

（a）布料曲面选项

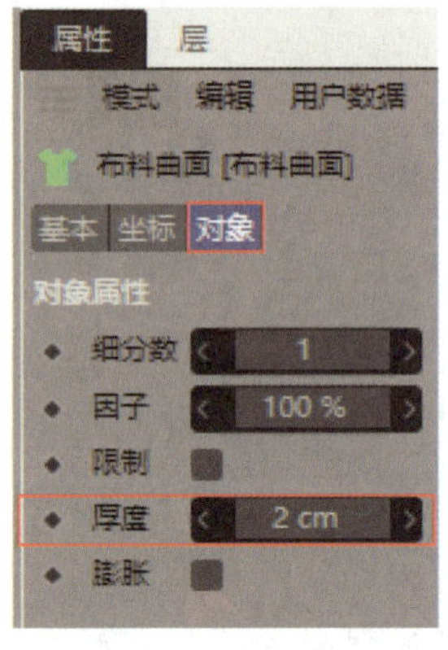

（b）设置厚度

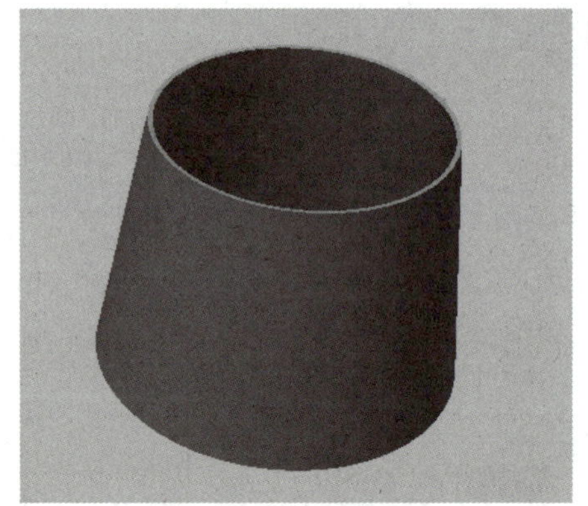

（c）完成效果图

图 2-1-10　为灯罩外壳添加厚度

小贴士

布料曲面是生成器的一种，通常用来为面片增加厚度，作为父级对象使用。本书将在项目三中详细介绍生成器的功能和用法。

步骤 3　制作灯罩顶部的遮挡板。长按右侧工具栏中的“立方体”图标，在展开的列表中选择“圆柱体”选项，在视图窗口中创建一个圆柱体，并单击顶部工具栏中的“视窗独显”图标，使圆柱体单

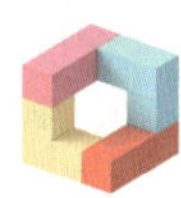

独显示。在属性面板的“对象”选项卡中将“半径”设为 65 cm、“高度”设为 10 cm、“高度分段”设为 1、“旋转分段”设为 36，如图 2-1-11（a）所示；在“封顶”选项卡中勾选“封顶”“圆角”复选框，将“圆角”中的“分段”设为 3、“半径”设为 2 cm，如图 2-1-11（b）所示。再次单击“视窗独显”图标，退出独显状态，然后执行“移动”命令，在正视图中将该圆柱体移动到圆锥体顶部。

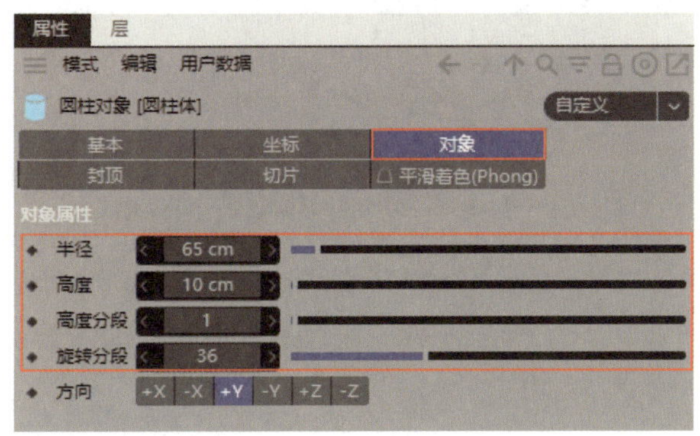

（a）“对象”选项卡参数设置

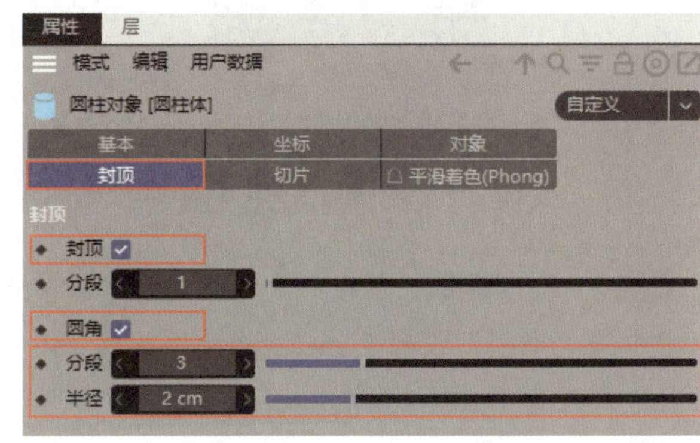

（b）“封顶”选项卡参数设置

图 2-1-11　制作灯罩顶部的遮挡板

步骤 4　**制作灯罩底部的包边条**。长按右侧工具栏中的“立方体”图标，在展开的列表中选择“管道”选项，在视图窗口中创建一个管道。在属性面板的“对象”选项卡中将“外部半径”设为 80 cm、“内部半径”设为 75 cm、“旋转分段”设为 36、“封顶分段”设为 1、“高度”设为 10 cm；勾选“圆角”复选框，将“分段”设为 3、“半径”设为 2 cm。执行“移动”命令，在正视图中将该管道移动到圆锥体底部，如图 2-1-12 所示。

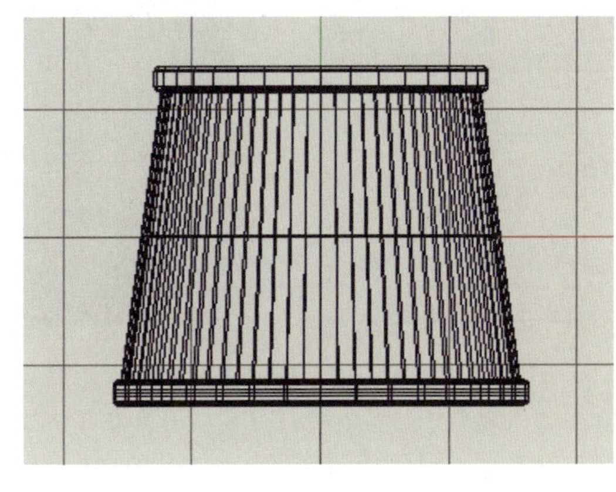

（a）正视图

（b）透视视图

图 2-1-12　制作灯罩底部的包边条

步骤 5　**将灯罩模型编组**。同时选中“布料曲面”“圆柱体”“管道”，按“Alt+G”组合键组合对象，得到“空白”对象。在对象面板中双击“空白”对象，输入“灯罩”，然后按“Enter”键，便可将“空白”对象重命名为“灯罩”，如图 2-1-13 所示。

步骤 6　**导入、移动灯泡与灯架**。执行“文件”→“合并项目”命令，将本书配套素材“素材与实例\项目二\台灯”中的“灯泡和灯架.c4d”文件导入当前场景内。将灯泡与灯架移动到合适的位置，如图 2-1-14 所示。

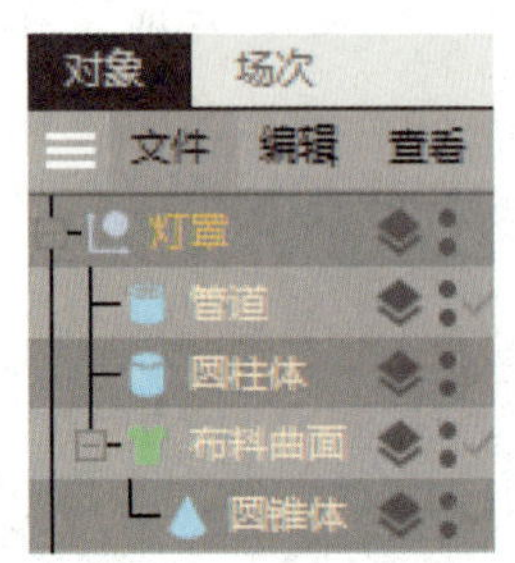

图 2-1-13 将灯罩模型编组

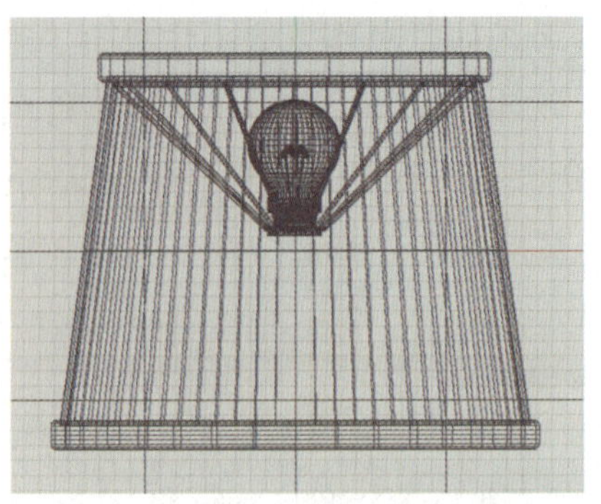

图 2-1-14 调整灯泡和灯架位置

步骤 7 **制作灯杆。** 创建一个圆柱体，在对象面板中将其命名为“灯杆”，然后在属性面板的“对象”选项卡中将“半径”设为 5 cm、“高度”设为 190 cm、“旋转分段”设为 16。切换为正视图，将灯杆移动到灯泡底部，如图 2-1-15 所示。

步骤 8 **制作灯座。** 创建一个圆柱体，在对象面板中将其命名为“灯座”，然后在属性面板的“对象”选项卡中将“半径”设为 50 cm、“高度”设为 20 cm、“旋转分段”设为 36；在“封顶”选项卡中勾选“圆角”复选框，将“分段”设为 3、“半径”设为 2 cm。将灯座移动到灯杆底部，如图 2-1-16 所示。至此，台灯制作完成。

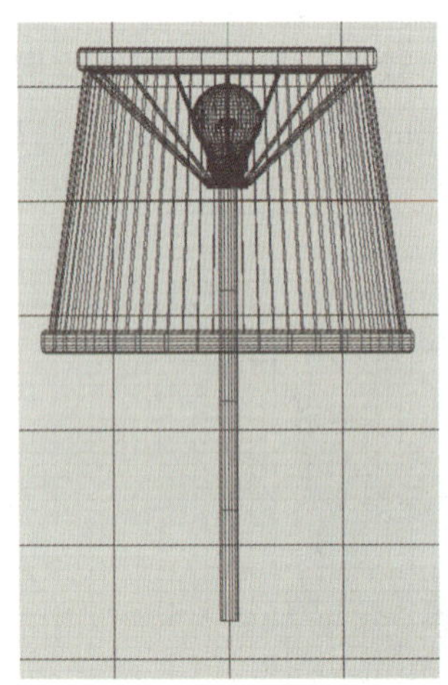

图 2-1-15 制作灯杆

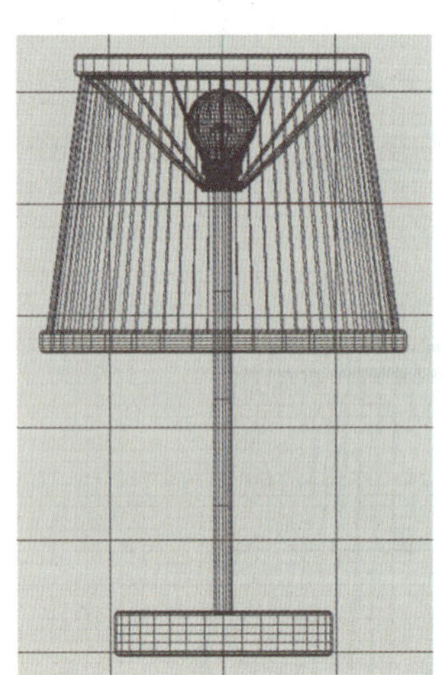

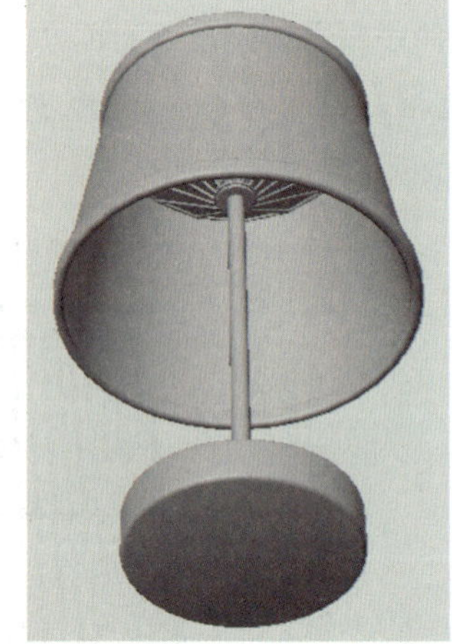

图 2-1-16 制作灯座

任务二　创建样条

任务引入

武汉某学校与一家广告设计公司达成了校企合作意向，该学校安排数字媒体艺术设计专业的小汪等优秀学生参观该广告设计公司。设计总监带领他们参观了公司优秀的设计案例，并给他们讲解了设计师一天的工作内容。小汪一边听，一边认真地记录。在看到一个艺术字广告作品时，他不禁惊叹道："这幅字太炫酷了。"设计总监听到后说，这是使用3D软件制作的三维模型。回到学校后，小汪重新复习了Cinema 4D样条建模的知识，临摹制作了一个优秀的艺术字设计作品。

想一想：

（1）常用的样条有哪些？

（2）样条建模适合制作什么样的模型？

理论知识

一、常用的样条

样条是用来辅助生成三维模型的二维图形。它是一条由锚点组成的线，可以是开放的，也可以是封闭的。在Cinema 4D中，常用的样条被制作成样条参数对象，省去了用户绘制样条的时间。Cinema 4D中的样条参数对象包括弧线、圆环、螺旋线、多边、矩形、四边、蔓叶线、齿轮、摆线、花瓣形、轮廓、星形、公式、空白样条等，如图2-2-1所示。

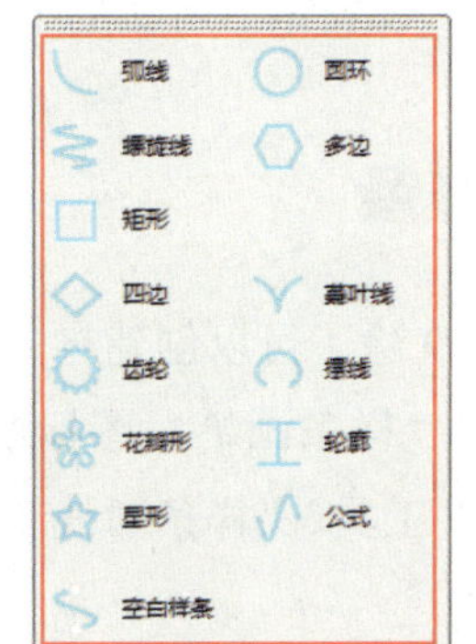

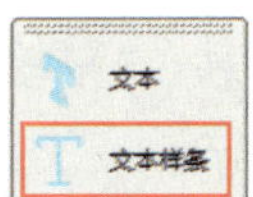

图2-2-1　样条参数对象

创建样条参数对象的方法如下：① 长按右侧工具栏中的"矩形"图标□或"文本样条"图标T，在展开的列表中选择相应的样条参数对象；② 选择菜单栏"创建"→"样条参数对象"中相应的样条参数对象。创建样条参数对象后，可在属性面板中设置其参数。样条参数对象的参数设置相似，下面主要介绍螺旋线和矩形的参数设置。螺旋线的属性面板如图 2-2-2 所示。

- **起始半径、终点半径：** 设置螺旋线起始和终点的半径。
- **开始角度、结束角度：** 设置螺旋线开始和结束的角度。结束角度与开始角度的差值除以 360 所得的商即为螺旋线的圈数。
- **高度：** 设置螺旋线的总高度。
- **高度偏移：** 设置螺旋线的高度变化，数值越小螺旋线底部越紧凑，数值越大螺旋线顶部越紧凑。
- **细分数：** 数值越大，螺旋线越光滑。
- **平面：** 设置螺旋线的朝向。

矩形的属性面板如图 2-2-3 所示。

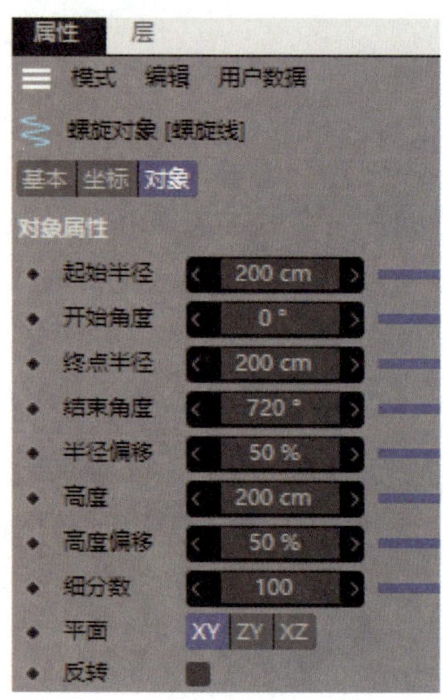

图 2-2-2　螺旋线的属性面板

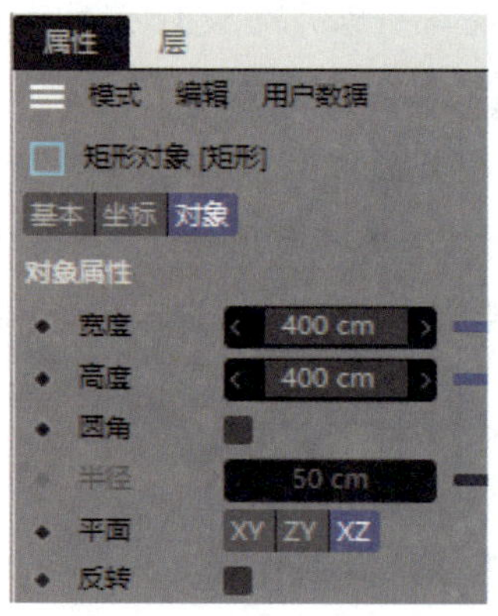

图 2-2-3　矩形的属性面板

- **宽度、高度：** 设置矩形的宽度和高度。
- **圆角：** 勾选后，矩形的 4 个直角变为 4 个圆角。
- **半径：** 设置圆角的半径。
- **平面：** 设置矩形所在的平面。

二、绘制样条

Cinema 4D 除了可以创建样条参数对象，还可以自由绘制样条。长按左侧工具栏中的“样条画笔”图标，在展开的列表中可以选择“样条画笔”工具、“草绘”工具、“样条弧线工具”工具、“平滑样条”工具，如图 2-2-4 所示。

样条画笔
草绘
样条弧线工具
平滑样条

图 2-2-4　绘制样条的工具

（一）“样条画笔”工具

使用“样条画笔”工具绘制样条是 Cinema 4D 中最常用的绘制样条的方式。

单击“样条画笔”图标，在视图窗口中单击可创建直线锚点，按住鼠标左键拖动可创建曲线锚点。连续绘制的两个直线锚点之间会自动生成直线，直线锚点与曲线锚点、曲线锚点与曲线锚点之间会自动生成曲线，按“Esc”键可结束绘制。

小贴士

使用样条画笔绘制样条时，Cinema 4D 会自动进入点模式，在此模式下，用户只能对点进行操作。若要对模型进行操作（如选择、移动等），应单击顶部工具栏中的“模型”图标 ，进入模型模式。

（二）“草绘”工具

使用“草绘”工具可以自由绘制样条，类似现实生活中的徒手绘画，具体操作如下：选择“草绘”工具，按住鼠标左键不放并拖动鼠标，光标经过的路径就是绘制的样条的路径。

（三）“样条弧线工具”工具

使用“样条弧线工具”可以绘制出一段带有圆形弧度的样条。具体操作如下：选择“样条弧线工具”，按住鼠标左键不放并拖动鼠标，释放鼠标左键后便可得到样条，按“Esc”键可结束绘制。绘制出的第一段样条为直线，此后绘制的样条均为弧线。

（四）“平滑样条”工具

完成样条的绘制后，可以使用“平滑样条”工具，在样条上按住鼠标左键不放并拖动鼠标，使该样条变得更加平滑。

经验之谈

绘制样条时，应尽量在平面视图中绘制，在透视视图中绘制容易出现点错位的问题。

三、编辑样条

（一）使用“样条画笔”工具编辑样条

如果要对样条参数对象的点进行编辑，则须将其转换为可编辑对象（选中对象后按“C”键）。“样条画笔”工具可用来编辑样条，在属性面板中可设置“样条画笔”工具的参数，如图 2-2-5 所示。

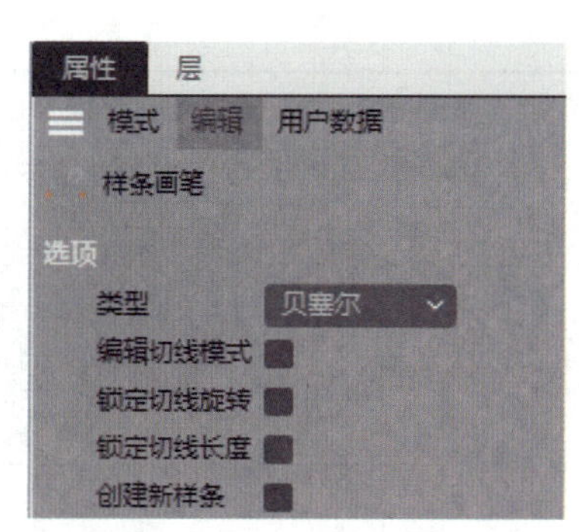

图 2-2-5　“样条画笔”工具的属性面板

- **编辑切线模式：**勾选后不能创建新的样条且只能编辑现有的曲线锚点的手柄。

◆ **锁定切线旋转：**勾选后不能编辑已创建的曲线锚点手柄的旋转角度。

◆ **锁定切线长度：**勾选后不能编辑已创建的曲线锚点手柄的长度。

◆ **创建新样条：**勾选后创建的每一段样条都是一个新的对象。

单击左侧工具栏中的“样条画笔”图标，可进行如下操作来编辑样条。

1. 移动锚点

将光标移动到锚点上时，锚点高亮显示，且光标处出现移动图标，此时拖动锚点便可调整锚点位置。

2. 增加锚点与删除锚点

按住“Ctrl”键，在样条上单击可以创建一个新的锚点，在锚点上单击则可以删除该锚点。

3. 设置直线锚点与曲线锚点

将光标移动至锚点上，当该锚点高亮显示时右击，在弹出的快捷菜单中选择“硬相切”选项可以将该锚点设置为直线锚点，选择“软相切”选项则可以将该锚点设置为曲线锚点。此外，在一个锚点上双击，可以使该锚点在直线锚点和曲线锚点之间快速切换。

4. 调整曲线的弧度

调整曲线的弧度有以下两种方法。

（1）单击一个曲线锚点，此时锚点两侧出现两个手柄，拖动一侧手柄可以调整手柄的长短和方向，从而改变样条的弧度。

（2）当光标移动到一段样条上时，该段样条高亮显示，此时按住鼠标左键不放并拖动，可以修改该段样条的弧度。

（二）样条布尔命令

样条布尔命令是对两个或两个以上的样条进行布尔运算，从而产生新的样条。样条布尔命令包括样条差集、样条并集、样条合集、样条或集、样条交集 5 种，其功能见表 2-2-1。执行样条布尔命令的具体操作如下：依次选中对象，选择菜单栏“样条”→“布尔命令”中的样条布尔选项。样条布尔命令受最后选择的样条影响，最后选择的样条始终作为目标样条。执行样条布尔命令后的样条自动转换为可编辑样条。

表 2-2-1　样条布尔命令功能

原对象	三维模型	说明	样条差集	三维模型	说明
		先选择的“圆环”为 A，后选择的“花瓣形”为 B			B 减去被 A 覆盖部分之后剩余的样条

续表

样条并集	三维模型	说明	样条合集	三维模型	说明
		A 与 B 共同构成的样条，重叠表面的样条被删除			A 与 B 交叉部分构成的样条
样条或集	三维模型	说明	样条交集	三维模型	说明
		减去 A 与 B 交叉部分构成的样条			A 与 B 共同构成的样条，重叠表面的样条被保留

四、样条生成器

在创建、编辑样条后，可以利用 Cinema 4D 中的样条生成器生成三维模型，它们分别是挤压生成器、旋转生成器、扫描生成器和放样生成器。长按右侧工具栏中的“细分曲面”图标，可以打开样条生成器。在 Cinema 4D 中，生成器作为样条的父级对象使用。

（一）挤压生成器

使用挤压生成器可以将样条作为横截面挤压出厚度来生成三维模型。挤压生成器的参数可在属性面板中设置，如图 2-2-6 所示。

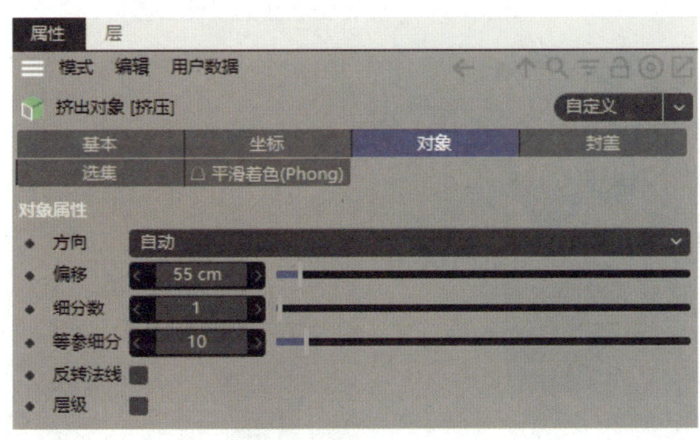

（a）“对象”选项卡

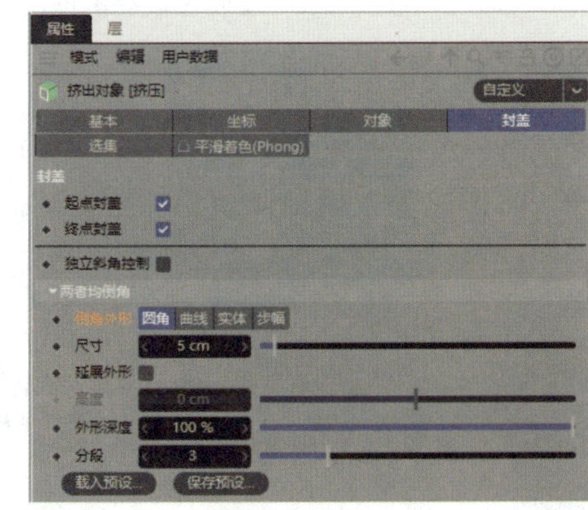

（b）“封盖”选项卡

图 2-2-6　挤压生成器的属性面板

- 偏移：设置挤压的距离。
- 细分数：设置三维模型的细分数量，数值越大，挤压方向上的细分线越多。
- 起点封盖、终点封盖：勾选后，模型的起点和终点处会封闭，如图 2-2-7 所示。

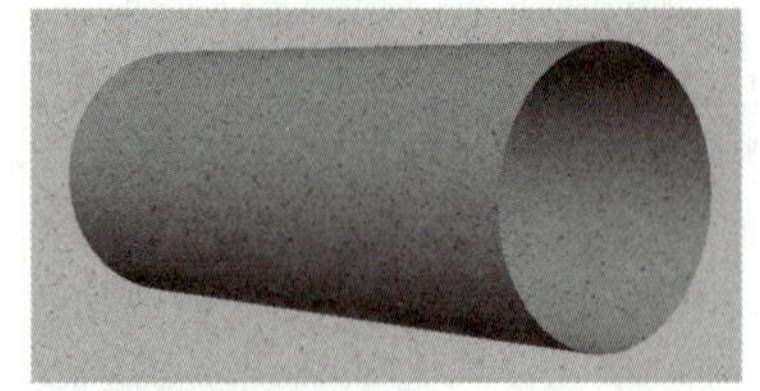
（a）未勾选

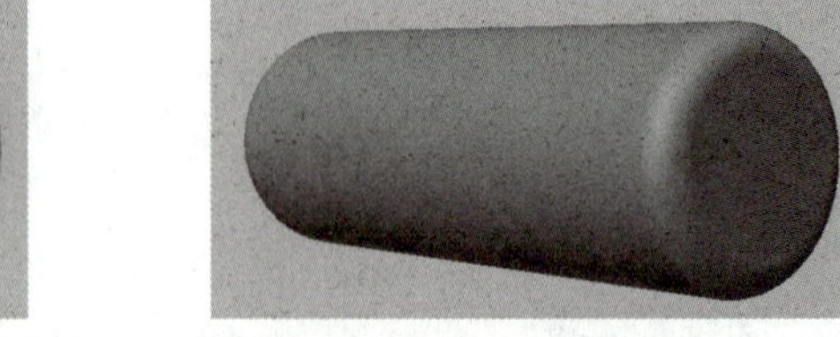
（b）勾选后

图 2-2-7　未勾选和勾选“起点封盖”“终点封盖”的效果对比

- **独立斜角控制**：勾选后，可分别设置起点和终点处的倒角参数。
- **倒角外形**：设置模型倒角的形状，包括圆角、曲线、实体、步幅 4 种。
- **尺寸**：设置倒角向外延伸的长度。当尺寸为 0 cm 时不创建倒角。
- **分段**：分段数越多，倒角越精细。

（二）旋转生成器

使用旋转生成器可以使样条绕轴旋转来生成三维模型，如图 2-2-8 所示。旋转生成器的参数可在属性面板中设置，如图 2-2-9 所示。

（a）原对象

（b）旋转效果

图 2-2-8　旋转生成器的使用效果

图 2-2-9　旋转生成器的属性面板

- **角度**：设置旋转后模型的完整度，如图 2-2-10（a）所示。
- **移动**：设置模型结束位置与起始位置的距离，如图 2-2-10（b）所示。
- **比例**：设置模型在结束位置处的比例，如图 2-2-10（c）所示。

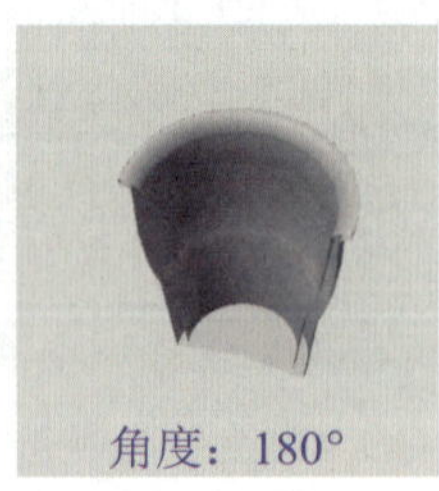

（a）角度

（b）移动

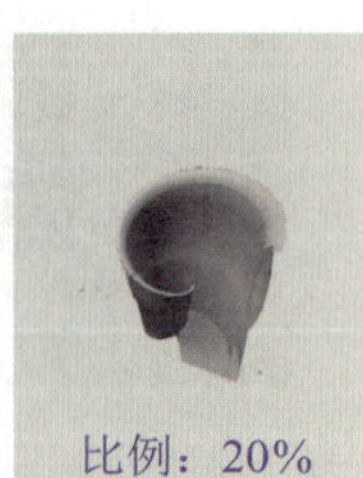

（c）比例

图 2-2-10　旋转生成器不同参数的效果对比

（三）扫描生成器

使用扫描生成器可以使一条作为横截面的样条沿着另一条作为路径的样条运动来生成三维模型。其中，第一个子级样条作为横截面，第二个子级样条作为路径。例如，在图 2-2-11 中，“矩形”和“小房子”同为“扫描”的子级，第一个子级“矩形”样条作为横截面，第二个子级“小房子”样条作为路径。

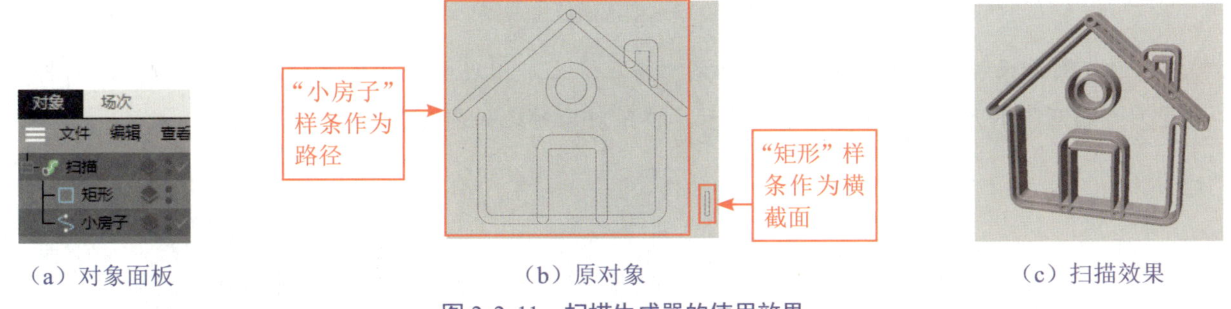

（a）对象面板　（b）原对象　（c）扫描效果

图 2-2-11　扫描生成器的使用效果

（四）放样生成器

使用放样生成器可以连接两条或两条以上的样条来生成三维模型。放样生成器是按照其子级顺序依次连接的，如图 2-2-12 所示。

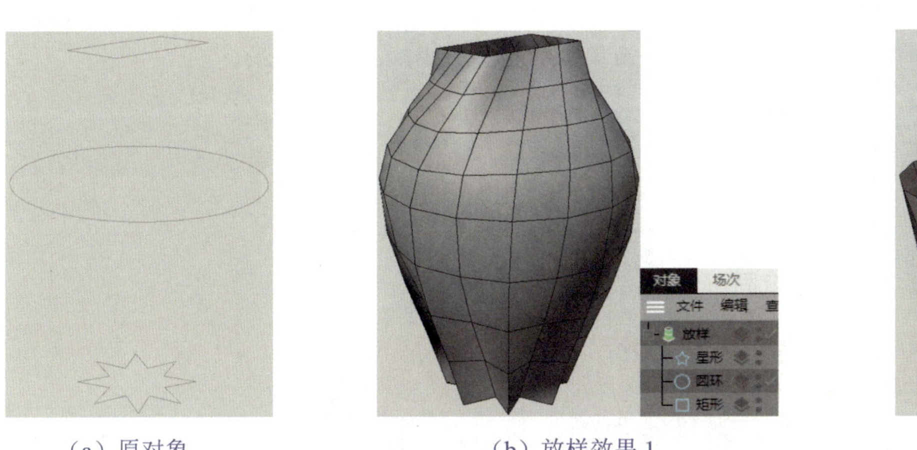

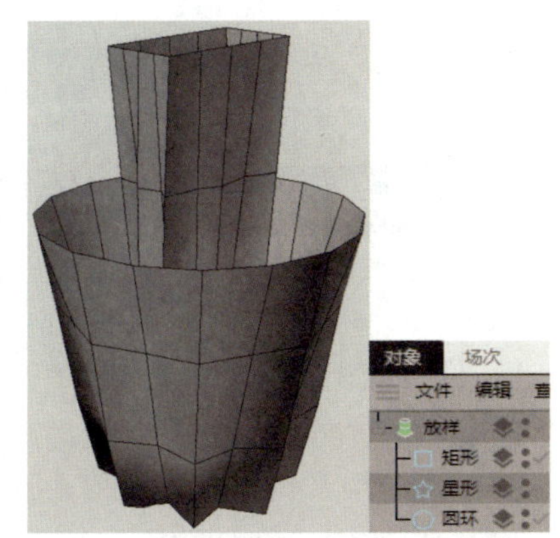

（a）原对象　（b）放样效果 1　（c）放样效果 2

图 2-2-12　放样生成器的使用效果

同步案例 2-1　挤压星形样条

下面通过挤压星形样条来介绍挤压生成器的使用方法。

步骤 1　启动 Cinema 4D，长按右侧工具栏中的“矩形”图标，在展开的列表中选择“星形”选项，创建一个星形样条。长按右侧工具栏中的“细分曲面”图标，在展开的列表中选择“挤压”选项，在对象面板中创建一个挤压生成器，如图 2-2-13 所示。

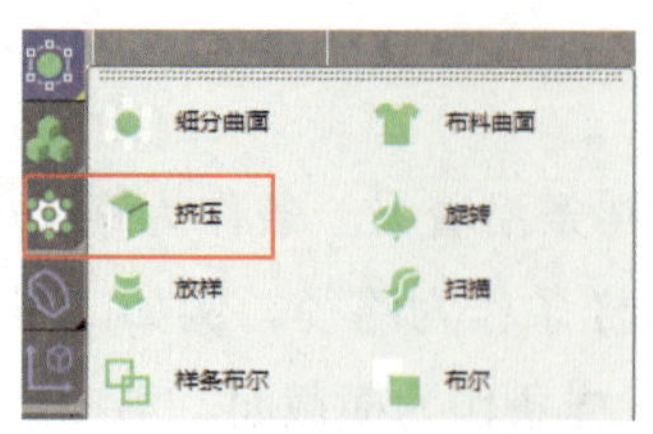

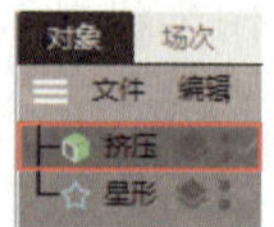

图 2-2-13　创建挤压生成器

步骤 2　在对象面板中，将“星形”拖动到“挤压”上，出现向下箭头时释放鼠标左键，从而将“星形”设置为“挤压”的子级，如图 2-2-14 所示。挤压前后对比如图 2-2-15 所示。

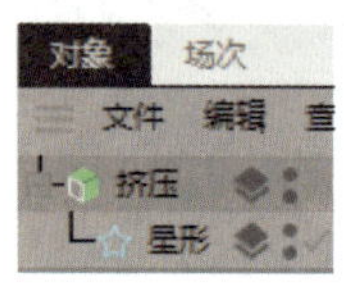

图 2-2-14　将“星形”设置为“挤压”的子级

（a）挤压前

（b）挤压后

图 2-2-15　挤压前后的效果对比

步骤 3　在对象面板中单击“挤压”，然后在属性面板中调整参数以改变挤压效果。

任务实施一　制作艺术字

下面通过制作艺术字（图 2-2-16）来巩固所学知识。

图 2-2-16　艺术字

制作思路

首先在正视图中导入参考图，然后使用“样条画笔”工具绘制样条，绘制完成后在透视视图中编辑样条在空间中的前后关系，最后利用扫描生成器将样条转换为三维模型。

制作步骤

步骤 1 **导入参考图**。启动 Cinema 4D，切换为正视图，将本书配套素材“素材与实例\项目二\艺术字”中的“艺术字.png”文件拖到工作界面后释放鼠标左键。按“Shift+V”组合键，或在属性面板中选择“模式”→“视图设置”选项，打开视窗设置的属性面板。在属性面板中选择“背景”选项卡，将“透明度”设为 35%。导入完成后，正视图如图 2-2-17 所示。

图 2-2-17　导入参考图

步骤 2 **绘制样条**。单击左侧工具栏中的“样条画笔”图标，在参考图的第一个字母的起点处单击，创建第一个锚点；将光标移动至参考图字母的转折处，按住鼠标左键不放并拖动鼠标，调整曲线弧度与参考图一致后释放鼠标左键，创建第二个锚点。重复此操作将第一个字母绘制完成，然后按“Esc”键结束绘制。用同样的方法绘制其余三个字母。绘制结果如图 2-2-18 所示。

图 2-2-18　绘制样条

步骤 3 **调整样条的空间关系**。切换为透视视图，使用“样条画笔”工具或“移动”工具在透视视图中编辑样条，依据参考图调整锚点、线段（通过编辑曲线锚点手柄的旋转角度修改）在 Z 轴上的空间关系，尤其是在大的转折处，前后的空间要拉开，如图 2-2-19 所示。

（a）透视视图

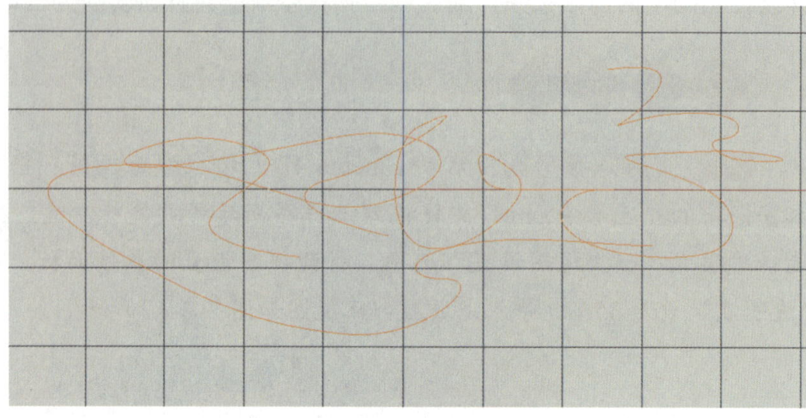

（b）顶视图

图 2-2-19　调整样条的空间关系

步骤 4 **将样条转换为三维模型**。长按右侧工具栏中的“矩形”图标，在展开的列表中选择“圆环”选项，创建一个圆环样条。在“圆环”属性面板的“对象”选项卡中，将“半径”设为 20 cm。长按右侧工具栏中的“细分曲面”图标，在展开的列表中选择“扫描”选项，在对象面板中创建一个扫描生成器。在对象面板中将“样条”拖动至“扫描”上，出现向下箭头时释放鼠标左键，将“样条”设置为“扫描”的子级。使用同样的操作将“圆环”设置为“扫描”的第一个子级，如图 2-2-20 所示。

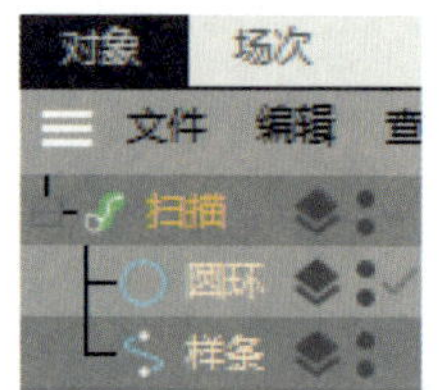

图 2-2-20　设置子级

步骤 5 **再次调整模型的空间关系**。将样条转换为模型后，部分位置可能有穿模现象，需要根据模型再次调整样条。在对象面板中单击“扫描”，在“扫描”属性面板的“基本”选项卡中勾选“透显”复选框，可以看到模型在视图窗口中半透明显示。在对象面板中单击“样条”，使用“移动”工具或“样条画笔”工具再次编辑样条，如图 2-2-21 所示。调整完毕后，在对象面板中单击“扫描”，在“扫描”属性面板的“基本”选项卡中取消勾选“透显”复选框。

（a）正视图

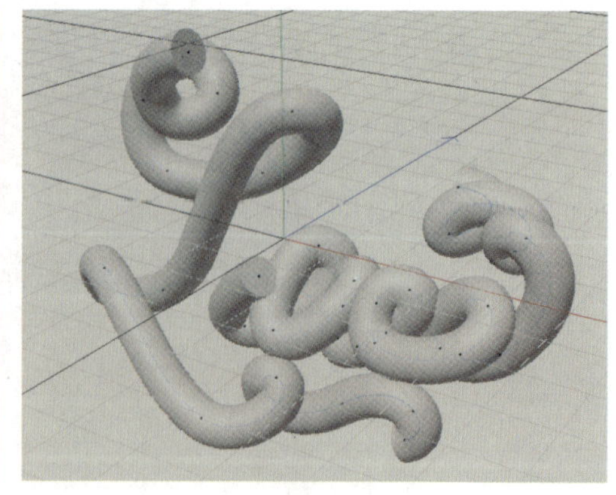

（b）透视视图

图 2-2-21　在透显状态下调整样条

步骤6 调整模型细节。在属性面板中选择“封盖”选项卡，按照图 2-2-22 设置“扫描”的“起点封盖”“终点封盖”“倒角外形”“延展外形”等参数；选择“对象”选项卡，单击“细节”前的三角图标，展开“细节”列表，在“缩放”中对照图 2-2-23（a）调整缩放曲线，调整完成后的模型如图 2-2-23（b）所示。调整缩放曲线的方法如下：按住“Ctrl”键单击可创建一个锚点，拖动锚点手柄可以调整曲线；单击选择一个锚点按“Delete”键可删除该锚点。

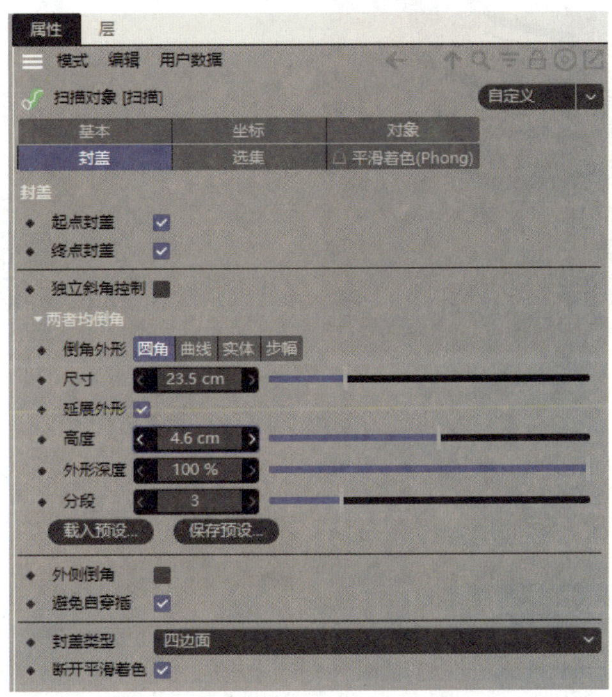

图 2-2-22 “扫描”属性面板的“封盖”选项卡

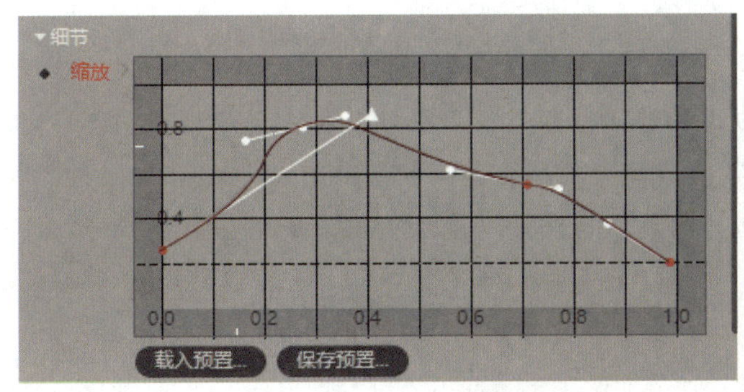

（a）缩放曲线

（b）正视图

图 2-2-23 调整字母的粗细变化

小贴士

在“缩放”中，横轴代表路径，纵轴代表横截面大小，通过调整缩放曲线可以更精细地调整模型不同路径上横截面的大小。

任务实施二 制作冰淇淋

下面通过制作冰淇淋（图 2-2-24）来巩固所学知识。

图 2-2-24　冰淇淋

可以看出，冰淇淋由脆筒、奶油层、巧克力层、星形巧克力片等构成。首先制作冰淇淋脆筒，导入参考图后，使用“样条画笔”工具在正视图中画出脆筒一半的横截面，然后使用旋转生成器生成三维模型；接着制作冰淇淋奶油层，在视图窗口中创建一个螺旋线样条和一个花瓣形样条，使用扫描生成器生成三维模型，即奶油层；然后复制该三维模型作为巧克力层；最后制作星形巧克力片，在视图窗口中创建一个星形样条，使用挤压生成器生成三维模型，即星形巧克力片，制作完成后复制 3 片，并布置摆放。

步骤 1　**导入参考图**。启动 Cinema 4D，切换为正视图，将本书配套素材“素材与实例\项目二\冰淇淋”中的“冰淇淋脆筒参考图.png”文件拖到工作界面后释放鼠标左键。按“Shift+V”组合键，打开视窗设置的属性面板。在属性面板中选择“背景”选项卡，将“透明度”设为 35%，如图 2-2-25 所示。

图 2-2-25　导入参考图

步骤 2 **绘制脆筒横截面样条。**单击左侧工具栏中的“样条画笔”图标，切换为“样条画笔”工具。单击顶部工具栏中的“启用捕捉”图标激活捕捉功能，再单击“建模设置”图标打开“捕捉”选项卡，然后勾选“点”“边”“引导线”复选框，单击“引导线”左侧三角箭头，展开隐藏选项，勾选“动态引导线”“垂直”复选框，如图 2-2-26（a）所示。在视图窗口中靠近冰淇淋底部中心位置创建第一个锚点，接着参考脆筒边缘绘制出脆筒边缘的厚度，按“Esc”键结束绘制，如图 2-2-26（b）所示。按“Shift+F7”组合键，打开坐标管理器，选中样条的第一个锚点，在坐标管理器中“X”的第一个编辑框中输入“0”，将该锚点调整到中心位置。使用同样的方法将最后一个锚点也调整到中心位置。在对象面板中双击“样条”，将“样条”重命名为“脆筒”。

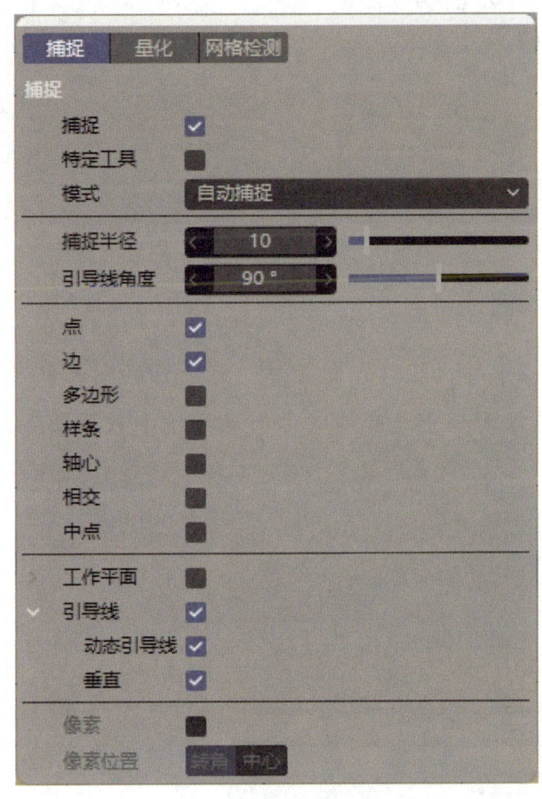

（a）“捕捉”选项卡

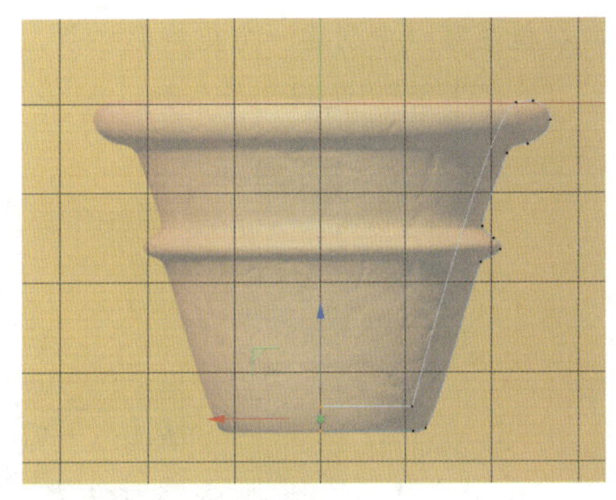

（b）绘制样条

图 2-2-26　绘制脆筒横截面样条

步骤 3 **利用脆筒样条生成三维模型。**长按右侧工具栏中的“细分曲面”图标，在展开的列表中选择“旋转”选项，在对象面板中创建一个旋转生成器。在对象面板中将“脆筒”设置为“旋转”的子级，脆筒便创建完成了，如图 2-2-27 所示。

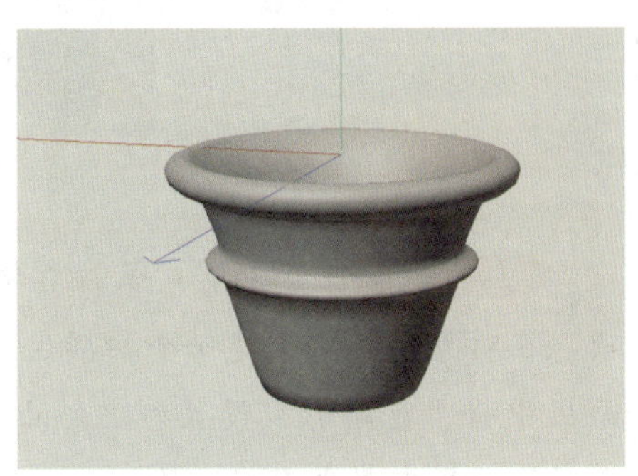

图 2-2-27　脆筒

步骤 4 **创建奶油层路径样条。**长按右侧工具栏中的“矩形”图标，在展开列表中单击“螺旋线”选项，在视图窗口中创建一条螺旋线。在属性面板中选择“对象”选项卡，按照图 2-2-28（a）设置“起始半径”“开始角度”“终点半径”等参数；选择“坐标”选项卡，将“P.Y”设为 150 cm、“R.P”设为 180°，如图 2-2-28（b）所示。

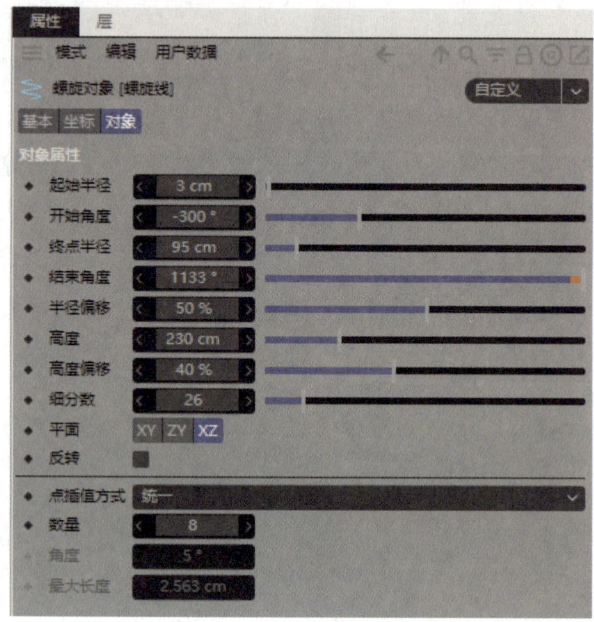

（a）“对象”选项卡

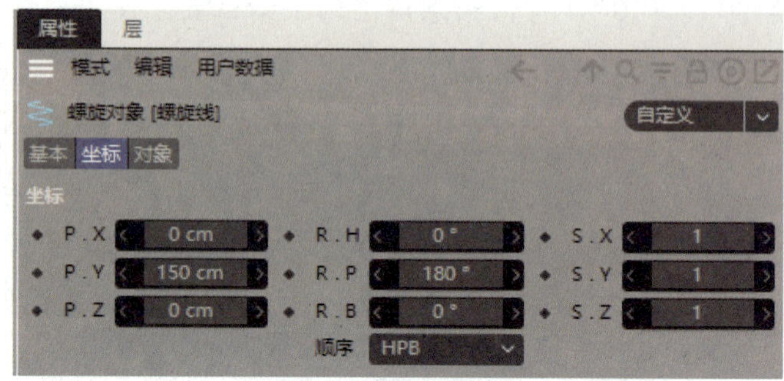

（b）“坐标”选项卡

图 2-2-28　螺旋线的属性面板

步骤 5　**创建奶油层横截面样条**。长按右侧工具栏中的“矩形”图标，在展开的列表中选择“花瓣形”选项，在视图窗口中创建一个花瓣形样条。在属性面板中选择“对象”选项卡，按照图 2-2-29 设置“内部半径”“外部半径”“花瓣”等参数。

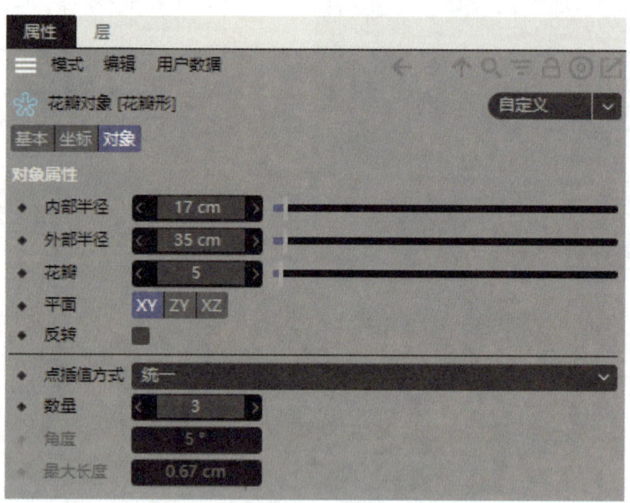

图 2-2-29　花瓣形样条的属性面板

步骤 6　**制作奶油层**。长按右侧工具栏中的“细分曲面”图标，在展开的列表中选择“扫描”选项，在对象面板中创建一个扫描生成器。在对象面板中双击“扫描”，将其重命名为“奶油层”。在对象面板中将“花瓣形”设置为“奶油层”的第一个子级，将“螺旋线”设置为“奶油层”的第二个子级。在对象面板中单击“奶油层”，在“奶油层”属性面板的“对象”选项卡中，将“网格细分”设为 3、“终点缩放”设为 200%，单击“细节”前的三角图标，展开“细节”列表，将“缩放”中的缩放曲线调整为图 2-2-30（a）所示。调整完成后的模型如图 2-2-30（b）所示。

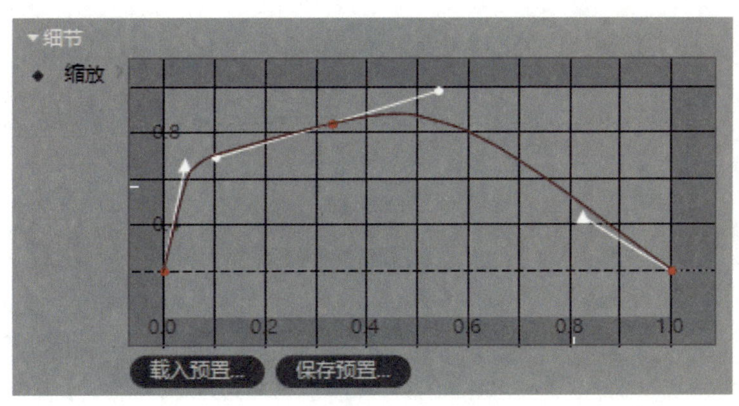

(a)“缩放”曲线

(b)透视视图

图 2-2-30　制作奶油层

步骤 7　调整奶油层细节。在对象面板中单击“奶油层”，在属性面板中选择“基本”选项卡，勾选“透显”复选框，将奶油层半透明显示。在对象面板中单击“螺旋线”，按“C”键将其转换为可编辑对象，单击顶部工具栏中的“点”图标，切换为点模式。执行“移动”命令移动锚点，使奶油层完全覆盖脆筒底部并且没有和脆筒穿模，如图 2-2-31 所示。调整完成后，在“奶油层”属性面板的“基本”选项卡中取消勾选“透显”复选框。

步骤 8　制作巧克力层。单击顶部工具栏中的“模型”图标，按“E”键切换为“移动”工具，在视图窗口中单击“奶油层”，按住“Ctrl”键并拖动 *Y* 轴向下移动，复制一个新对象。在对象面板中双击“奶油层.1”，将其重命名为“巧克力层”。按“T”键切换为“缩放”工具，将“巧克力层”适当缩小，如图 2-2-32 所示。

图 2-2-31　调整奶油层细节

图 2-2-32　制作巧克力层

步骤 9　制作星形巧克力片。在视图窗口中创建一个“星形”样条，在属性面板中选择“对象”选项卡，将“内部半径”设为 10 cm、“外部半径”设为 20 cm、“点”设为 5。在对象面板中创建一个挤压生成器，将“挤压”重命名为“星形巧克力片”，将“星形”设置为“星形巧克力片”的子级。在“星形巧克力片”属性面板的“对象”选项卡中，将“偏移”设为 4 cm；在“封盖”选项卡中，勾选“起点封盖”“终点封盖”复选框，将“尺寸”设为 1.5 cm、“分段”设为 3，设置完成后的模型如图 2-2-33 所示。

步骤 10　布置星形巧克力片。选中星形巧克力片执行“复制”命令，将“星形巧克力片”复制 3 片。执行“移动”“旋转”“缩放”命令，将星形巧克力片摆放至冰淇淋上，如图 2-2-34 所示。至此，冰淇淋便制作完成了。

图 2-2-33　制作星形巧克力片

图 2-2-34　布置星形巧克力片

学习成果检测

习题 1　制作床头柜

利用本项目所学知识，结合本书配套素材“素材与实例\项目二\床头柜”中的“正视图.png”和“透视视图.png”文件，制作如图 2-2-35 所示的床头柜。

图 2-2-35　床头柜

提示：

（1）将本书配套素材“正视图.png”文件导入正视图，并将透明度调整至“35%”。

（2）创建一个立方体作为床头柜的主体，参考本书配套素材“透视视图.png”文件和“正视图.png”文件调整尺寸。

（3）复制两个立方体，一个作为床头柜桌面，另一个作为床头柜底座，根据参考图调整尺寸，并将其移动到合适的位置。

（4）创建一个立方体作为柜门，将其尺寸调整至合适大小，接着创建一个圆柱体作为门把手，将其尺寸调整至合适大小，并将柜门和门把手编组，命名为“柜门组”。将柜门组移至合适的位置并复制出另外两个。再移动复制一个柜门，调整尺寸作为桌面的装饰条。

习题 2 制作字母饼干

利用本项目所学知识制作如图 2-2-36 所示的字母饼干。

图 2-2-36　字母饼干

提示：

（1）创建一个椭圆形样条，半径分别为 65 cm、30 cm。

（2）创建一个文本样条，内容为“Cool”，将“字体”设为 Verdana、“高度”设为 40 cm，并将其移动至椭圆形样条中心。

（3）利用“样条差集”命令，将两个样条组合起来；然后单击顶部工具栏中的“点”图标，切换为点模式，并将两个字母“o”中间的点删除，如图 2-2-37 所示。

（4）使用挤压生成器将“样条”转换为三维模型，并将圆角尺寸设为 1.5 cm，制作完成后如图 2-2-38 所示。

图 2-2-37　编辑样条

图 2-2-38　将“圆环”转换为三维模型

学习成果评价

请进行学习成果评价，并将评价结果填入表 2-2-2 中。

表 2-2-2　学习成果评价表

评价项目	评价内容	分值	评价分数		
			自评	他评	师评
知识（20%）	了解 Cinema 4D 中常用的基本体与样条	10			
	了解可编辑对象与参数化对象的区别	10			
技能（60%）	能够创建网格参数对象并修改参数	10			
	能够熟练地绘制和编辑样条	10			
	能够使用挤压生成器、旋转生成器、扫描生成器、放样生成器制作三维模型	20			
	能够综合使用基本体与样条制作简单的三维模型	20			
素养（20%）	积极参加教学活动，按时完成学习任务	10			
	明白“基础不牢，地动山摇”的道理，重视基本体与样条建模，打好基础	10			
合计		100			
总评	自评（20%）+他评（20%）+师评（60%）=____________	指导教师（签名）：____________			
自我评价					
教师评价					

项目三 生成器建模

项目引言

Cinema 4D 的生成器为用户提供了丰富的建模工具和功能，能够帮助用户快速创建出复杂的三维模型，大大提高了建模效率。常用的生成器有对称生成器、阵列生成器、布尔生成器、连接生成器、融球生成器、细分曲面生成器、布料曲面生成器、减面生成器、晶格生成器等。本项目主要讲解生成器建模的基础知识和基本操作。

知识目标

- 了解常用的生成器类型。
- 掌握常用生成器的使用方法。

能力目标

- 能够根据需要使用生成器复制模型。
- 能够根据需要使用生成器编辑模型。
- 能够掌握常用生成器的参数设置。

素质目标

- 加强建模基础知识的学习，为之后的建模学习打下基础，实现从量变到质变的过程。
- 培养多角度思考问题的能力和意识，能够充分发挥想象力和创造力，灵活使用多种方法制作模型。

任务一　使用生成器复制对象

任务引入

小刘是一位艺术专业的学生。某日，教师布置了一个制作小恐龙模型的作业。小刘制作出完整的模型后，发现左右两边的模型并不对称。由于调整起来非常麻烦，因此小刘非常苦恼。这时，室友走过来询问小刘遇到了什么困难，小刘描述了他的问题，室友笑了笑说："先制作出左半边或右半边的模型，然后使用对称生成器复制出另一半边的模型，这样就不存在不对称的问题了。"在室友的帮助下，小刘很快便完成了课程作业。

想一想：

（1）使用对称生成器建模有哪些优势？

（2）除了对称生成器，还有哪些生成器可以复制对象？

理论知识

在 Cinema 4D 中，使用生成器可以复制、编辑对象。具体操作如下：长按右侧工具栏中的"细分曲面"图标，在展开的列表中选择相应的生成器，然后在对象面板中将生成器设置为对象的父级。

一、对称生成器

使用对称生成器可以使模型按镜像平面进行对称，如图 3-1-1 所示。对称生成器的参数可在属性面板中设置，如图 3-1-2 所示。

- **镜像平面**：设置对称的平面。
- **焊接点**：勾选后，镜像平面两侧距离小于或等于公差值的点将被合并。
- **公差**：设置镜像平面两侧需要合并的点之间的最大距离。

（a）原对象

（b）对称效果

图 3-1-1　对称生成器的使用效果

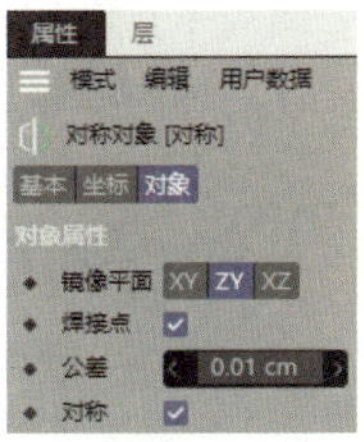

图 3-1-2　对称生成器的属性面板

对称生成器仅适用于几何体，不适用于灯光、相机、渲染实例等，且只能对称第一个子级对象。如果需要同时对称两个或两个以上对象，需要将对象编组后再进行对称，如图 3-1-3 所示。

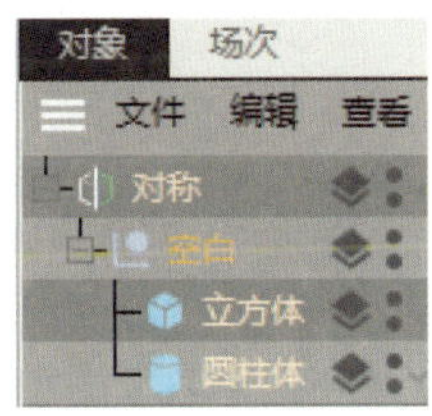

图 3-1-3　同时对称多个对象

二、阵列生成器

使用阵列生成器可以圆环排列的方式创建对象的副本，如图 3-1-4 所示。阵列生成器的参数可在属性面板中进行设置，如图 3-1-5 所示。

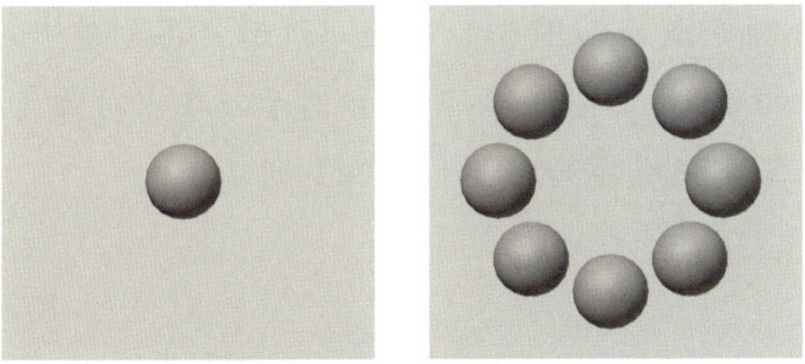

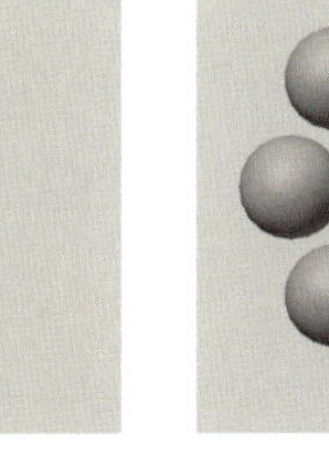

（a）原对象

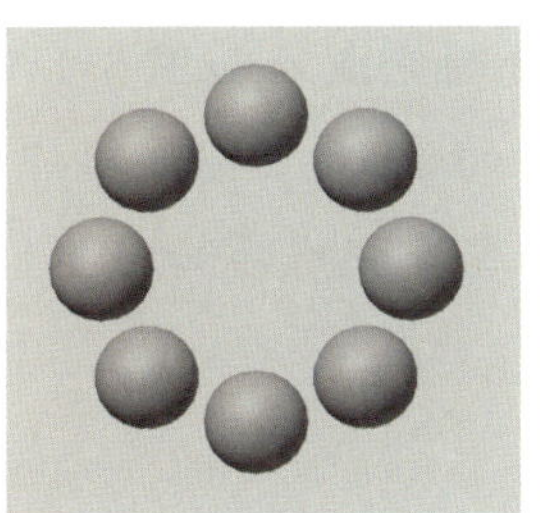

（b）阵列效果

图 3-1-4　阵列生成器的使用效果

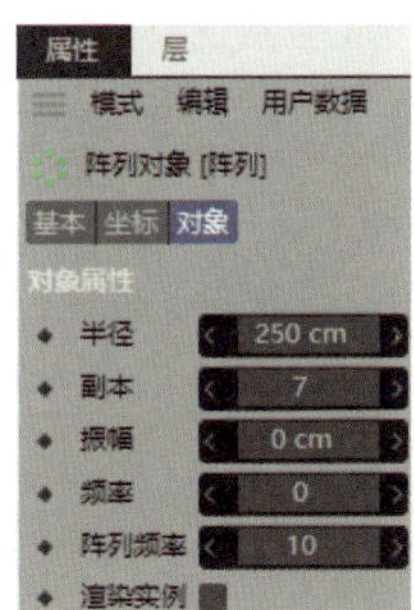

图 3-1-5　阵列生成器的属性面板

- 半径：设置阵列对象围绕的圆环的半径。
- 副本：设置创建的副本数量（不包括原对象）。
- 振幅：设置阵列生成的副本在 *Y* 轴上的移动距离。

任务实施　制作圣诞树

下面通过制作圣诞树（图 3-1-6）来巩固所学知识。

（a）复制前

（b）复制后

图 3-1-6　圣诞树

先使用对称生成器将蝴蝶结复制完整，然后使用对称生成器复制出树另一侧的蝴蝶结，最后使用阵列生成器将装饰球和装饰星星复制出来。

步骤 1　**打开素材文件。**启动 Cinema 4D，打开本书配套素材“素材与实例\项目三\圣诞树”中的“圣诞树.c4d”文件。

步骤 2　**复制蝴蝶结。**长按右侧工具栏中的“细分曲面”图标，在展开的列表中选择“对称”选项，创建一个对称生成器。在对象面板中将“蝴蝶结”设置为“对称”的子级。在“对称”属性面板的“对象”选项卡中将“镜像平面”设为“XY”，复制完成后如图 3-1-7（a）所示。再创建一个对称生成器，并在对象面板中将“对称”设置为“对称.1”的子级，如图 3-1-7（b）所示。在“对称.1”属性面板的“对象”选项卡中将“镜像平面”设为“ZY”，复制完成后如图 3-1-7（c）所示。

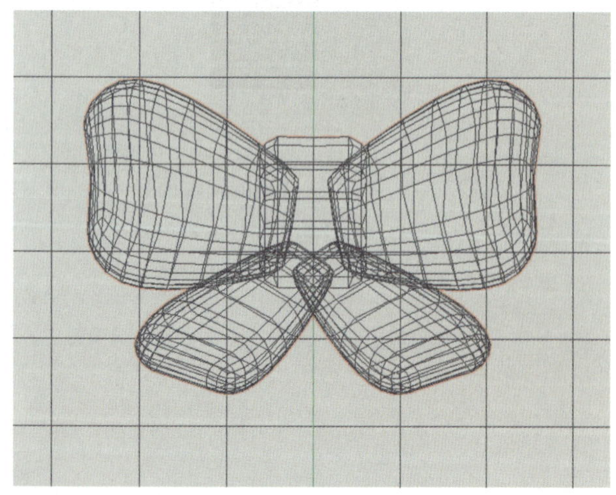

（a）复制另一半蝴蝶结

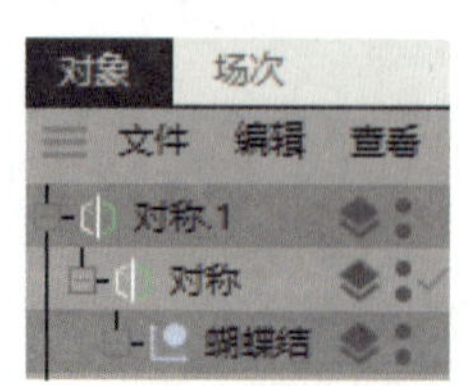

（b）对象选项卡

（c）完成效果图

图 3-1-7　复制蝴蝶结

步骤 3 复制装饰球。长按右侧工具栏中的“细分曲面”图标，在展开的列表中选择“阵列”选项，创建一个阵列生成器。在对象面板中将“装饰球”设置为“阵列”的子级，在属性面板的“对象”选项卡中将“半径”设为 4.5 cm、“副本”设为 10，然后执行“移动”命令将其移动至第一层树叶下方，再执行“旋转”命令将其旋转至树叶中间，如图 3-1-8 所示。选中“阵列”，按住“Ctrl”键和鼠标左键将其移动到第三层树叶下面，复制为“阵列.1”。在“阵列.1”属性面板的“对象”选项卡中将“半径”设为 6.5 cm，执行“旋转”命令将其旋转至如图 3-1-8 所示的位置。

步骤 4 复制装饰星星。创建一个阵列生成器，并在对象面板中将“星星”设置为“阵列.2”的子级，在属性面板的“对象”选项卡中将“半径”设为 5.3 cm、“副本”设为 10，然后执行“移动”命令将其移动至第二层树叶下方，再执行“旋转”命令将其旋转至树叶中间位置，如图 3-1-9 所示。

图 3-1-8　复制装饰球

图 3-1-9　复制装饰星星

任务二　使用生成器编辑对象

任务引入

某日，刚实习的小王按照原设计图制作了一个小象模型。但是，他觉得自己的模型与同项目的其他模型相比太粗糙了，迟迟不敢提交。一起实习的同学看到他愁眉苦脸的样子，凑过来说："我帮你看看吧。"查看之后，同学发现了问题所在，和小王说："你模型的段数比其他模型的段数低很多，所以渲染出来的效果没有那么好。"听了同学的话，小王恍然大悟，为模型添加了一个细分曲面生成器，模型表面变得光滑、细腻了。最终，小王交付的模型通过了审查。

想一想：

（1）在什么情况下需要使用细分曲面生成器？

（2）除了细分曲面生成器，还有哪些生成器可以用来编辑模型？它们的作用分别是什么？

理论知识

一、布尔生成器

使用布尔生成器可以对两个对象进行相加、相减、交集和补集运算。在布尔生成器属性面板的"对象"选项卡中可以设置布尔运算的类型，即 A 加 B、A 减 B、AB 交集、AB 补集，如图 3-2-1 所示。其中，A 代表布尔的第一个子级对象，B 代表布尔的第二个子级对象。

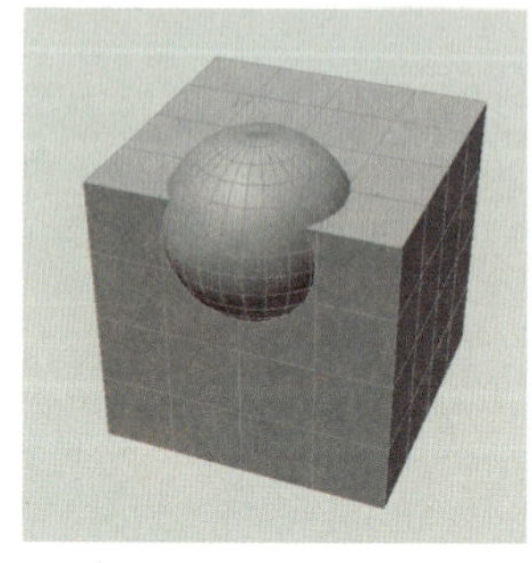

（a）A 加 B

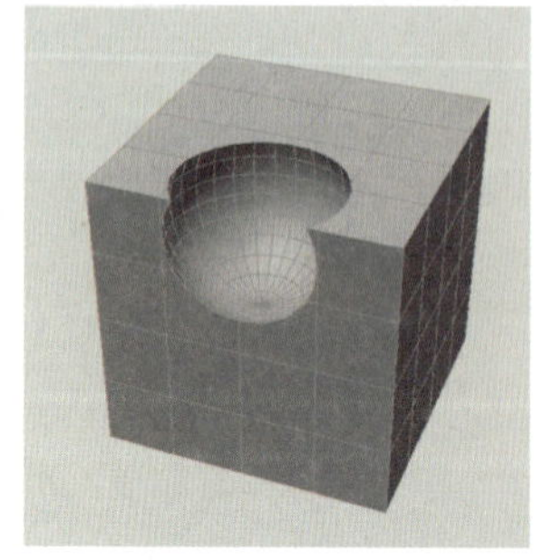

（b）A 减 B

（c）AB 交集

（d）AB 补集

图 3-2-1　布尔运算的类型

二、连接生成器

使用连接生成器可以在设置的公差范围内将多个对象连接成一个对象。连接生成器的参数可在属性面板中进行设置，如图 3-2-2 所示。

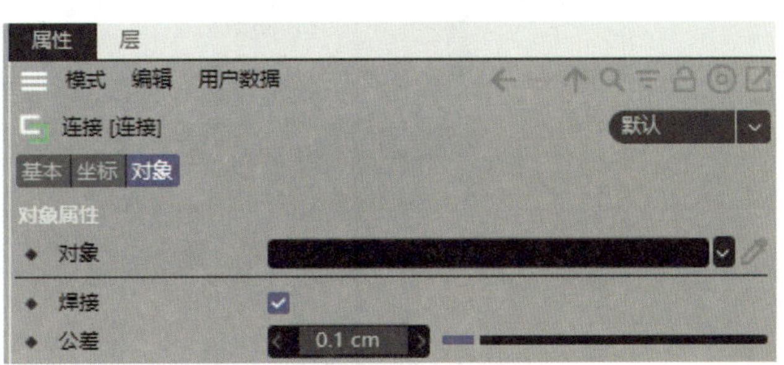

图 3-2-2　连接生成器的属性面板

- **焊接**：勾选后，距离小于或等于公差值的点将被合并，如图 3-2-3 所示。
- **公差**：设置要合并的点之间的最大距离。

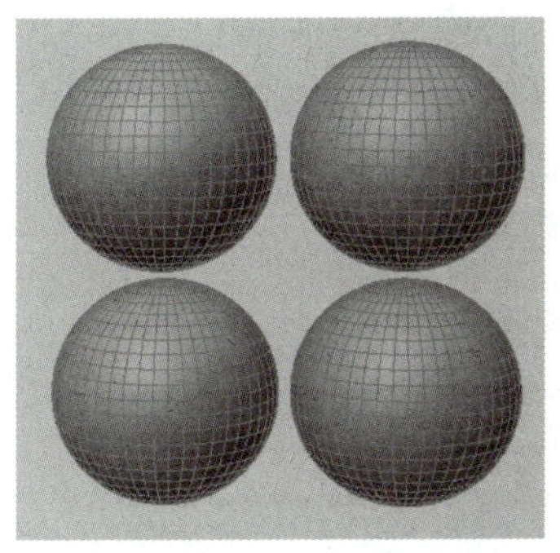

（a）未勾选“焊接”复选框

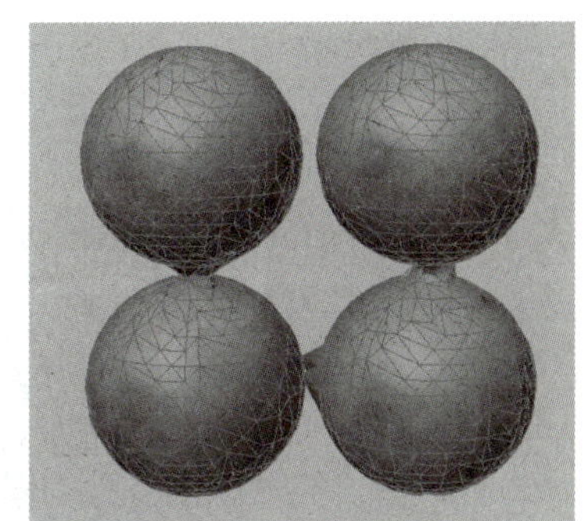

（b）勾选“焊接”复选框

图 3-2-3　焊接效果

三、融球生成器

使用融球生成器可以将两个或两个以上三维对象、三维样条对象融合为一个三维对象，见表 3-2-1。融球生成器的参数可在属性面板中进行设置，如图 3-2-4 所示。

表 3-2-1　融球效果

原对象	融合后	层级关系
		对象　场次 文件　编辑 融球 球体 矩形

续表

原对象	融合后	层级关系
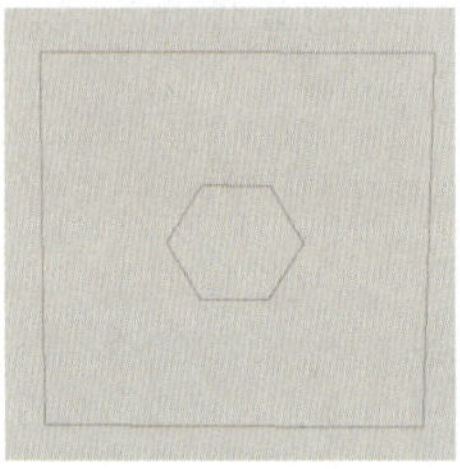		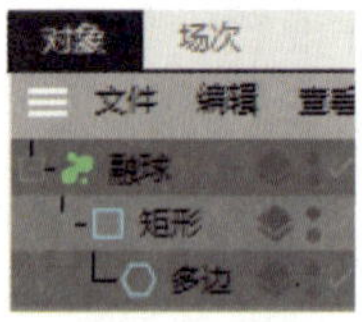
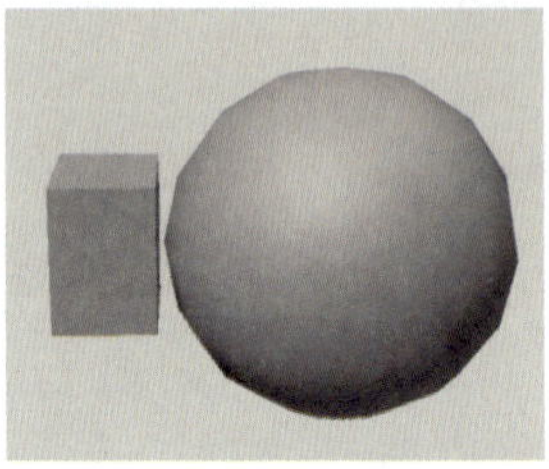	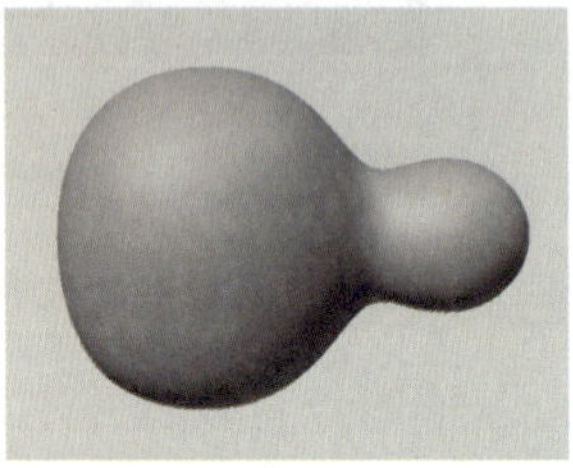	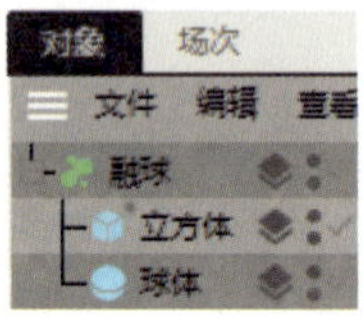

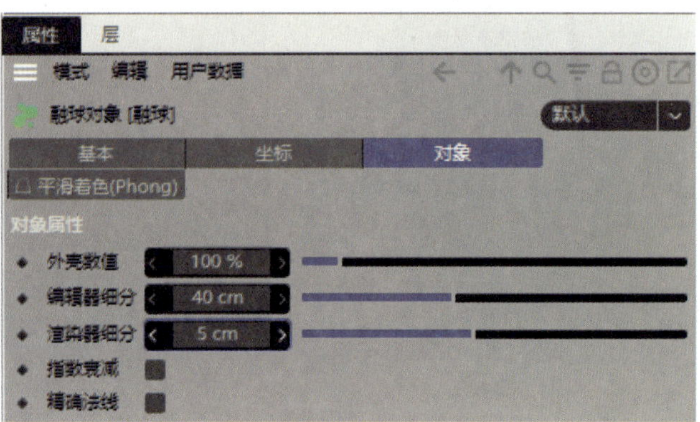

图 3-2-4　融球生成器的属性面板

- **外壳数值：** 设置对象间的融合程度，数值越大，融合程度越小。
- **编辑器细分：** 设置模型在视图窗口中的细分效果，数值越小，细分面越多。该数值不会影响模型的渲染效果。
- **渲染器细分：** 设置模型在渲染输出时的细分效果，数值越小，细分面越多。该数值不会影响模型在视图窗口中显示的效果。

四、细分曲面生成器

使用细分曲面生成器可以将模型细化，使模型更精细、圆滑，如图 3-2-5 所示。

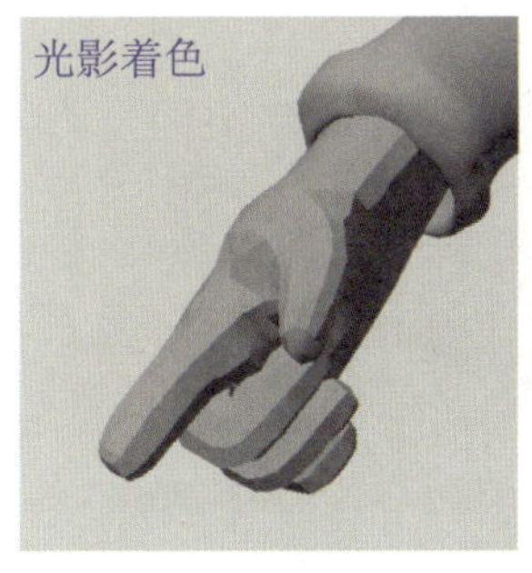

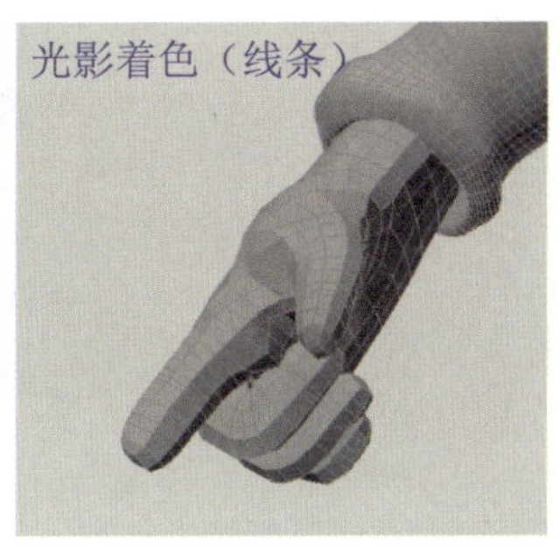

（a）原对象

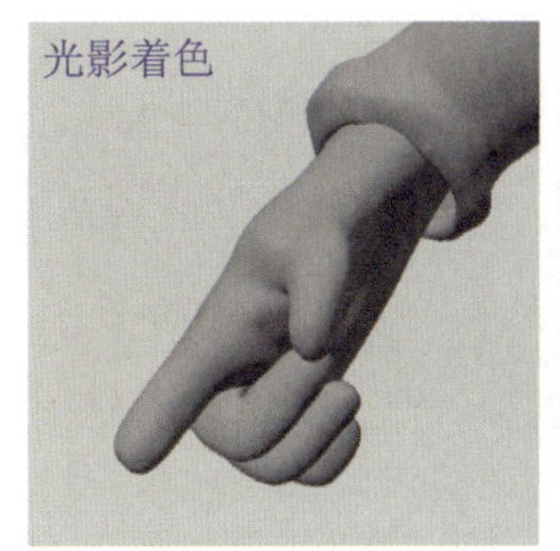

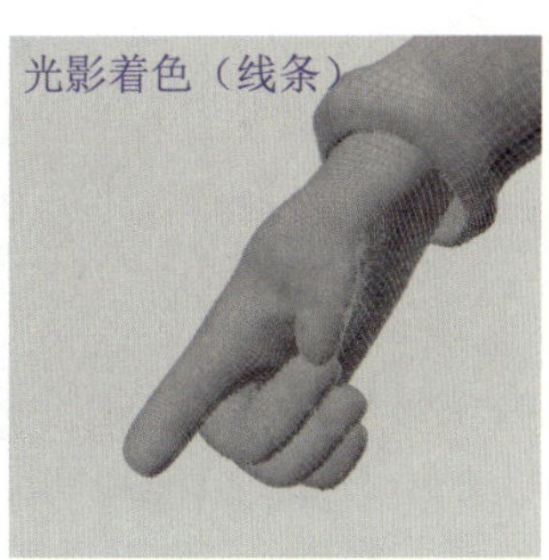

（b）细分曲面效果

图 3-2-5　细分曲面生成器的使用效果

五、布料曲面生成器

使用布料曲面生成器可以将模型细化并为其增加厚度，如图 3-2-6 所示。布料曲面生成器的参数可在属性面板中进行设置，如图 3-2-7 所示。

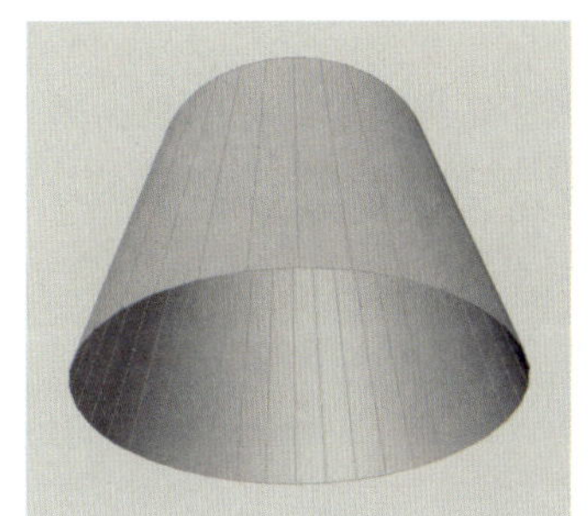

（a）原对象

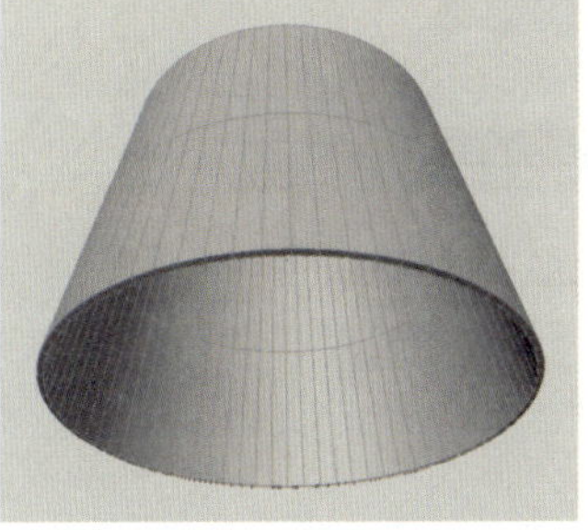

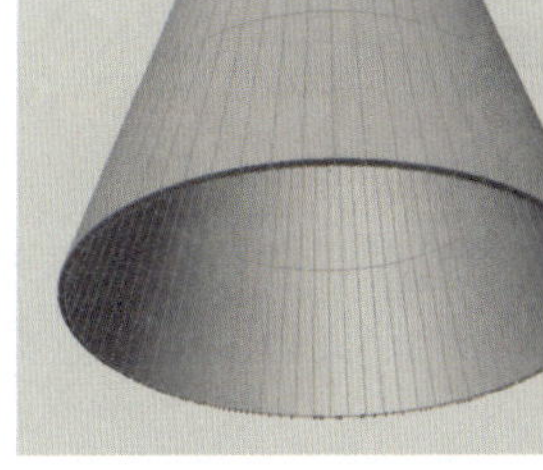

（b）布料曲面效果

图 3-2-6　布料曲面生成器的使用效果

图 3-2-7　布料曲面生成器的属性面板

- **细分数**：设置模型的细分程度，数值越大，细分面越多。
- **厚度**：设置模型的厚度。
- **膨胀**：勾选后，模型将产生膨胀效果。

六、减面生成器

使用减面生成器可以在尽可能保持模型原始形态的情况下，减少模型的面数，如图 3-2-8 所示。减面生成器的参数可在属性面板中进行设置，如图 3-2-9 所示。

- **减面强度**：设置模型减面的程度，数值越大，被减去的面数越多。
- **三角数量、顶点数量、剩余边**：设置减面后对象的三角面、顶点、边的数量。

（a）原对象

（b）减面效果

图 3-2-8　减面生成器的使用效果

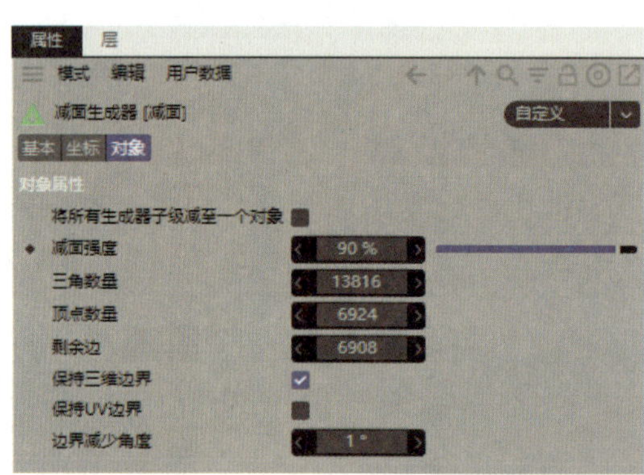

图 3-2-9　减面生成器的属性面板

同步案例 3-1　制作低多边形风格小鹿

下面通过制作低多边形风格小鹿（图 3-2-10）来介绍减面生成器的使用方法。

步骤 1　**打开素材文件。**打开本书配套素材“素材与实例\项目三\小鹿”中的“小鹿.c4d”文件。

步骤 2　**设置平滑着色。**在对象面板中选中“身体”，在属性面板的“平滑着色（Phong）”选项卡中将“平滑着色（Phong）角度”设为 0°；用同样的方法将“角”的“平滑着色（Phong）角度”设为 0°。设置完成后效果如图 3-2-11 所示。

（a）原始小鹿

（b）低多边形风格小鹿

图 3-2-10　制作低多边形风格小鹿

图 3-2-11　设置平滑着色

小贴士

通过平滑着色可以设置模型的面与面之间在视觉上的过渡方式，产生光滑或切割的效果，如图 3-2-12 所示。

（a）平滑着色的角度为0°

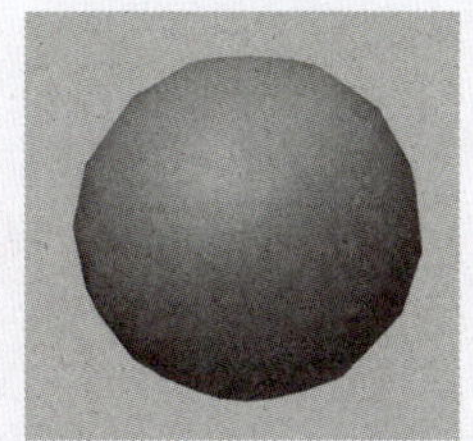

（b）平滑着色的角度为90°

图 3-2-12　平滑着色的不同角度的效果

步骤 3　**将模型减面**。创建一个减面生成器，并在对象面板中将“身体”设置为“减面”的子级；选中“减面”，在属性面板的“对象”选项卡中将“减面强度”设为 95%。再创建一个减面生成器，并在对象面板中将“角”设置为“减面.1”的子级。选中“减面.1”，在属性面板的“对象”选项卡中将“减面强度”设为 85%。至此，模型制作完成。

七、晶格生成器

晶格生成器可以根据模型的布线形成网格模型，模型所有的边都由圆柱代替，模型所有的点都由球体代替，如图 3-2-13 所示。晶格生成器的参数可在属性面板中进行设置，如图 3-2-14 所示。

（a）原对象

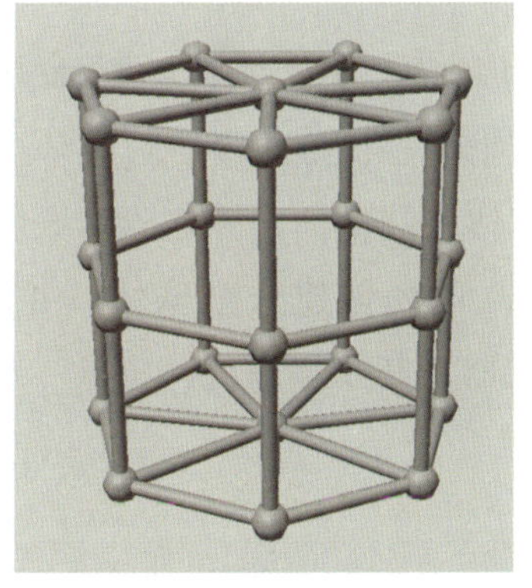

（b）晶格模式

图 3-2-13　晶格生成器的使用效果

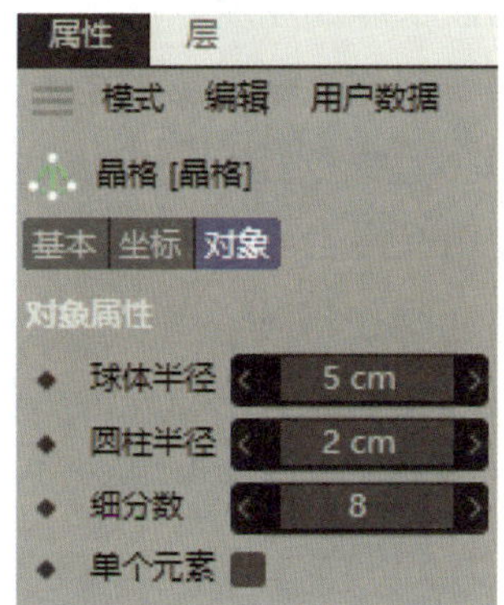

图 3-2-14　晶格生成器的属性面板

- **球体半径**：设置生成的球体的半径。
- **圆柱半径**：设置生成的圆柱的半径。
- **细分数**：设置生成的球体和圆柱的分段数。
- **单个元素**：勾选后，将模型转换为可编辑对象时，圆柱体和球体会作为独立的参数对象。

任务实施 制作热气球小象

下面通过制作热气球小象（图 3-2-15）来巩固所学知识。

图 3-2-15　热气球小象

热气球小象模型由篮子、支架、气球、小象、气泡 5 部分组成。

（1）制作篮子。篮子是一个边缘为波浪形的半球面，可先创建一个球体并删除上半部分，移动边缘的点将波浪的趋势制作出来，然后利用细分曲面生成器将波浪趋势变得柔和，最后添加一个布料曲面生成器为篮子添加厚度。

（2）制作支架。支架由一个圆框和五根圆柱构成，五根圆柱的整体轮廓上宽下窄，与圆锥体的外轮廓相似，可先创建一个管道制作出圆框，然后创建一个圆锥体使圆锥体的外轮廓和圆框与篮子相匹配，最后使用晶格生成器将圆锥体的点和线转换为球体和圆柱体，并删除多余的球体和圆柱体。

（3）制作气球。气球上宽下窄，底部镂空，可先创建一个球体，并删除一小部分底部，然后使用 FFD 变形器修改其形状，最后使用布料曲面生成器为其添加厚度。

小贴士

FFD 变形器是变形器的一种，可以通过移动点的位置来改变模型的造型。FFD 变形器将在项目四中详细介绍。

（4）导入小象素材文件，并将其移动到合适的位置。

（5）制作气泡模型。气泡由几个融合在一起的球体组成，可先创建几个球体并将其调整至合适的大小和位置，然后添加一个融球生成器将球体融合在一起制作成气泡。

步骤 1 **制作篮子模型**。创建一个球体并在对象面板中将其重命名为“篮子”，然后在属性面板的“对象”选项卡中将“半径”设为50 cm、“分段”设为16。设置完成后按“C”键将其转换为可编辑对象。单击顶部工具栏中的“多边形”图标，切换为面模式。选择“框选”工具，在属性面板中勾选“容差选择”复选框，然后选中对象上半边的面，按“Delete”键删除，如图3-2-16（a）所示。单击顶部工具栏中的“点”图标，切换为点模式，间隔选取篮子开口一半的点，执行“移动”命令使其向上移动，做出篮子口波浪形状，如图3-2-16（b）所示。

（a）制作篮子外形

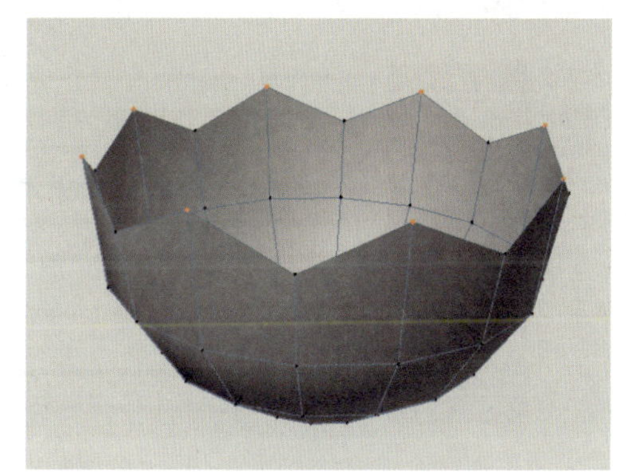

（b）制作篮子口波浪形状

图3-2-16　制作篮子模型

步骤 2 **细化篮子模型并添加厚度**。单击右侧工具栏中的“细分曲面”图标，创建一个细分曲面生成器，在对象面板中将“篮子”设置为“细分曲面”的子级。长按右侧工具栏中的“细分曲面”图标，在展开的列表中选择“布料曲面”选项，创建一个布料曲面生成器，在对象面板中将其重命名为“篮子布料曲面”，并将“细分曲面”设置为“篮子布料曲面”的子级，如图3-2-17（a）所示。在“篮子布料曲面”属性面板的“对象”选项卡中，将“细分数”设为0、“厚度”设为5 cm，完成后的效果如图3-2-17（b）所示。

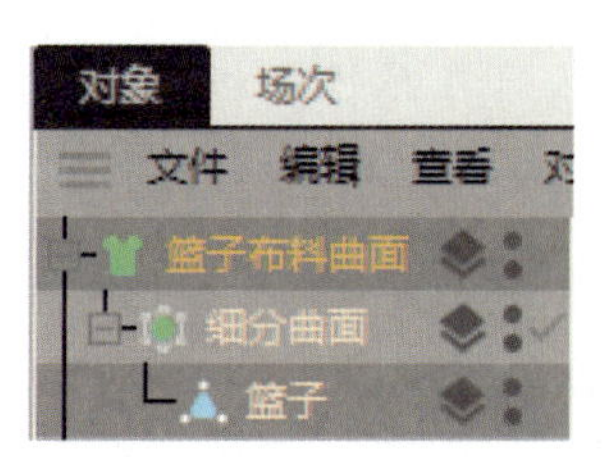

（a）“对象”选项卡

（b）细化后效果

图3-2-17　细化篮子模型并添加厚度

步骤 3 制作支架模型。创建一个管道，在属性面板的“对象”选项卡中，按照图 3-2-18 设置“外部半径”“内部半径”“高度”等参数。创建一个圆锥体，在属性面板的“对象”选项卡中，按照图 3-2-19 设置“顶部半径”“底部半径”“高度”等参数。长按右侧工具栏中的“细分曲面”图标，在展开的列表中选择“晶格”选项，创建一个晶格生成器，在属性面板的“对象”选项卡中将“圆柱半径”设为 1、勾选“单个元素”复选框。在对象面板中将“圆锥体”设置为“晶格”的子级。

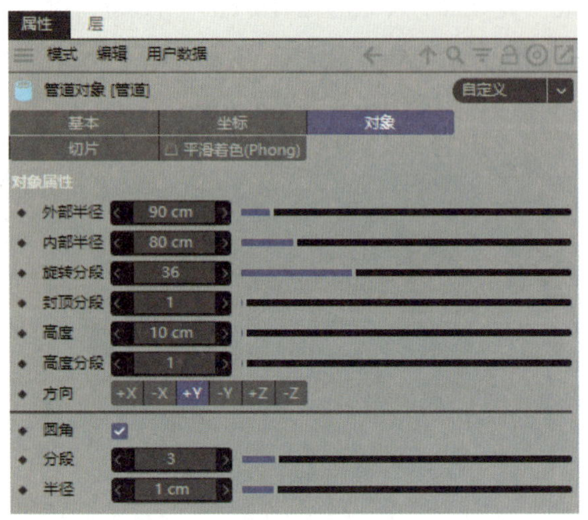

图 3-2-18 管道属性面板设置

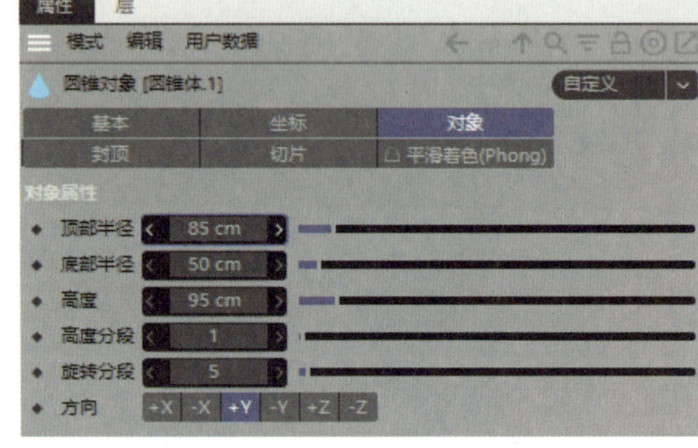

图 3-2-19 圆锥体属性面板设置

步骤 4 整理支架模型。在对象面板中将“晶格”重命名为“支柱”。在对象面板选中“支柱”，单击“视窗独显”图标将其单独显示，按“C”键将其转换为可编辑对象，然后单击顶部工具栏中的“模型”图标切换为模型模式，选中如图 3-2-20 所示的对象（图中高亮部分），按“Delete”键将其删除。执行“移动”命令将“支柱”“管道”“篮子布料曲面”及其子级移动至如图 3-2-21 所示的位置。

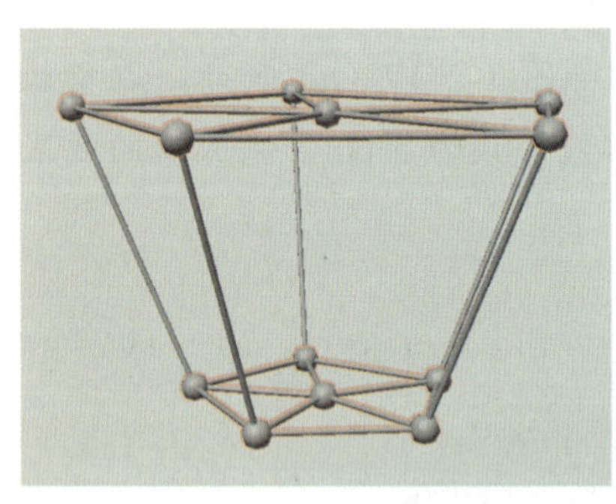

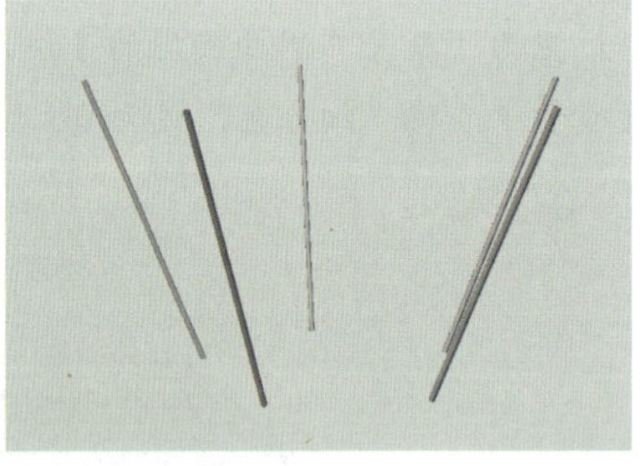

图 3-2-20 整理支柱模型

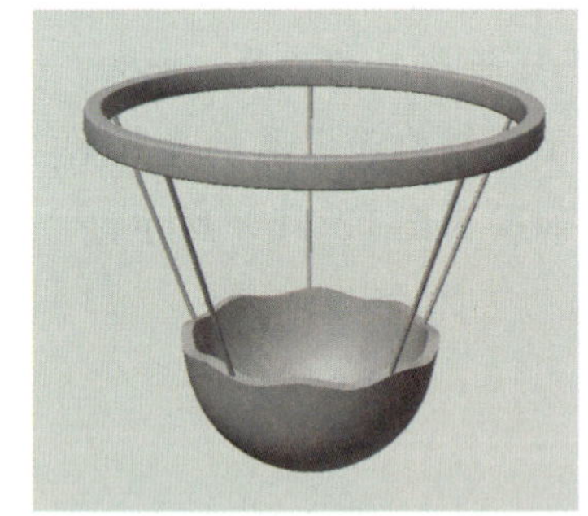

图 3-2-21 整理支架模型

步骤 5 创建气球。创建一个球体，并将其重命名为“气球”，然后在属性面板的“对象”选项卡中将“半径”设为 120 cm、“分段”设为 32，设置完成后按“C”键将其转换为可编辑对象。执行“移动”命令将“气球”移动至支架上。在对象面板中选中“气球”，单击顶部工具栏中的“多边形”图标切换为面模式。使用“框选”工具选择气球底部的面，按“Delete”键删除，如图 3-2-22 所示。长按右侧工具栏中的“弯曲”图标，在展开的列表中选择“FFD”选项，在对象面板中创建一个 FFD 变形器，并将“FFD”设置为“气球”的子级，如图 3-2-23 所示。在“FFD”属性面板的“对象”选项卡中，单击“匹配到父级”按钮，以更好地调整气球的形状。

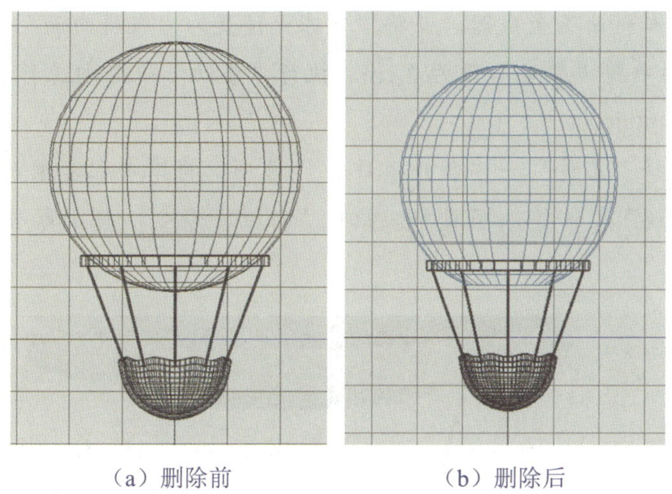

（a）删除前　　（b）删除后

图 3-2-22　删除气球底面

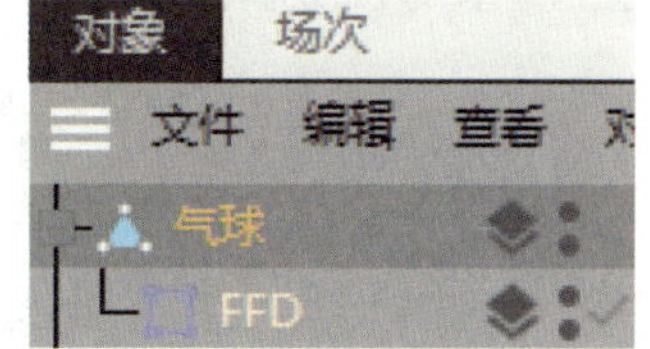

图 3-2-23　将“FFD”设置为“气球”的子级

步骤 6　调整气球的形状。切换为正视图，在对象面板中选中“FFD”，单击顶部工具栏中的“点”图标切换为点模式，使用“框选”工具选中 FFD 最上层的全部点，执行“移动”命令将其向上移动 120 cm；使用“框选”工具选中 FFD 中间层的全部点，执行“移动”命令向上移动 100 cm；使用“框选”工具选中 FFD 最下层的全部点，执行“移动”命令向下移动 15 cm，如图 3-2-24（a）所示。使用“框选”工具选中 FFD 最上层的全部点，执行“缩放”命令将其均匀缩放至如图 3-2-24（b）所示的大小，以相同的操作缩放其他两层的点，操作完成后如图 3-2-24（b）所示。

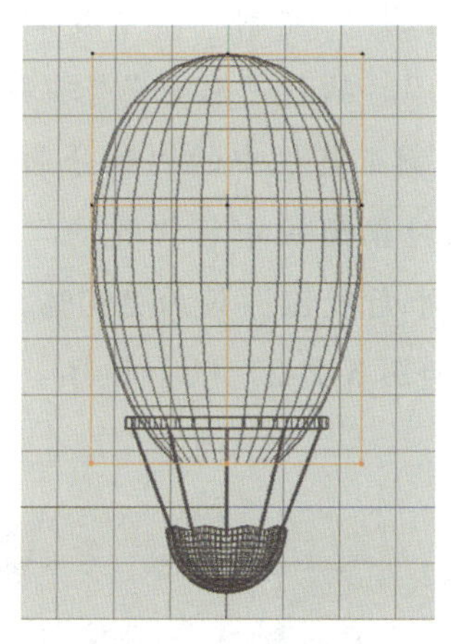

（a）执行“移动”命令

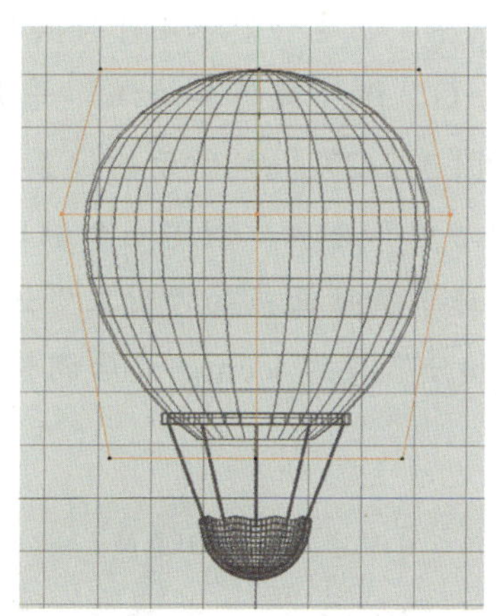

（b）操作后效果图

图 3-2-24　调整气球的形状

小贴士

在选中对象并单击左侧工具栏中的“缩放”图标后，直接在视图窗口中按住鼠标左键拖动鼠标便可均匀地缩放模型。

步骤 7　为气球模型添加厚度。切换为透视视图，长按右侧工具栏中的“细分曲面”图标，在展开的列表中选择“布料曲面”选项，创建一个布料曲面生成器，并将“气球”设置为“布料曲面”的子级。在“布料曲面”属性面板的“对象”选项卡中将“厚度”设为 2 cm。执行“移动”命令向上移动气球，使气球和支架刚好接触不穿模，如图 3-2-25 所示。

步骤 8 **导入小象模型**。在菜单栏中选择“文件”→“合并项目 ...”选项，将本书配套素材“素材与实例\项目三\热气球小象”中的“小象.fbx”文件导入项目中。执行“移动”命令，将小象移动至如图 3-2-26 所示的位置。

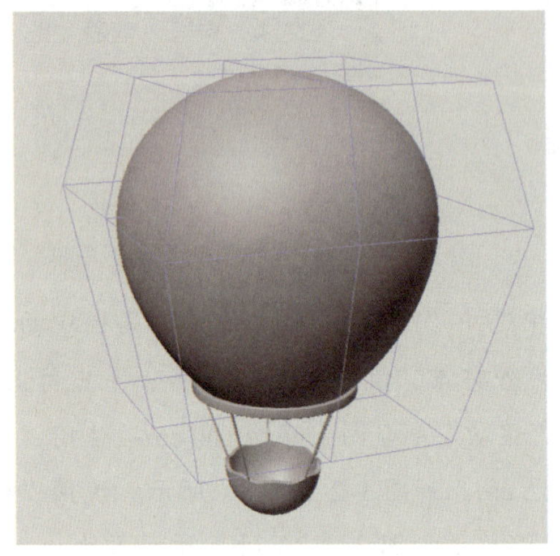

图 3-2-25　为气球模型添加厚度

图 3-2-26　移动小象

步骤 9 **制作气泡**。创建一个球体并将其移动至象鼻前。执行“复制”命令复制 5 个球体，选中这 6 个球体，按“Alt+G”组合键将其编组，并重命名为“气泡”。执行“移动”“缩放”命令将“气泡”子级对象调整至如图 3-2-27（a）所示的位置与大小。长按右侧工具栏中的“细分曲面”图标，在展开的列表中选择“融球”选项，创建一个融球生成器，并在对象面板中将“气泡”设置为“融球”的子级；然后在“融球”属性面板的“对象”选项卡中，将“外壳数值”设为 250%、“编辑器细分”设为 1 cm、“渲染器细分”设为 1 cm；最后调整气泡的位置，如图 3-2-27（b）所示。至此，小象热气球模型制作完成。

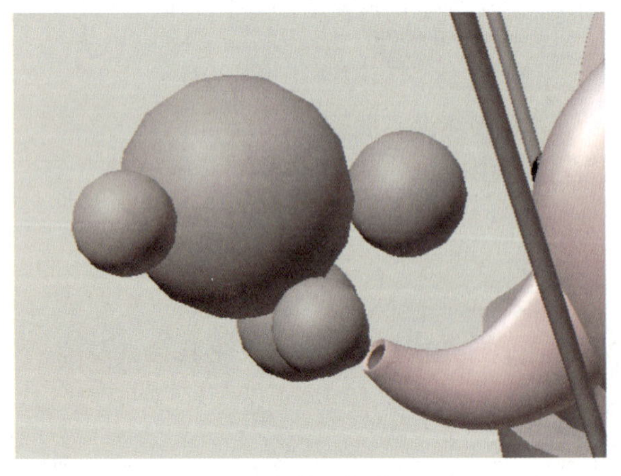

（a）调整“气泡”

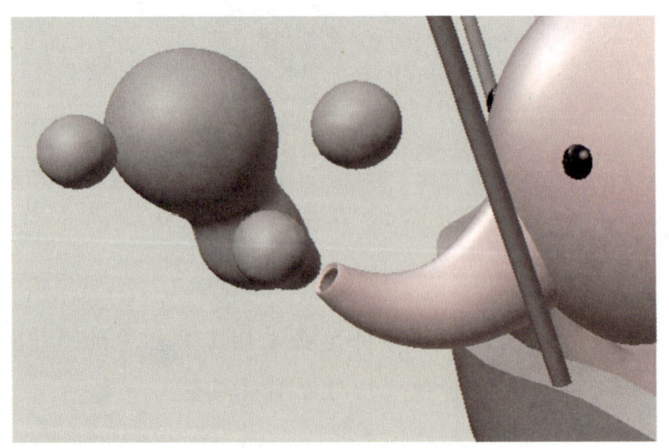

（b）融球后效果

图 3-2-27　制作气泡

科技之光

敦煌莫高窟第 285 窟对外虚拟开放

莫高窟第 285 窟是莫高窟现存最早有明确建窟纪年的洞窟，同时也是敦煌早期洞窟中内容最丰富、保存最完整的洞窟。出于文物保护的需要，莫高窟第 285 窟不是常规开放洞窟。为了使观众领略莫高窟第 285 窟蕴含的精湛艺术和深厚的敦煌文化，并给观众带来内容更丰富、体验更生动、理解更深刻的参观体验，敦煌研究院推出了“寻境敦煌”项目。

“寻境敦煌”项目依托敦煌学百年的研究成果和“数字敦煌”的多年积淀，综合应用三维建模、游戏引擎的物理渲染和全局动态光照、VR（虚拟现实）等前沿技术，1 ∶ 1 高精度立体还原了莫高窟第 285 窟，实现了上亿面的高保真数字模型和超高分辨率的表面色彩。人们可零距离观赏壁画、360° 自由探索洞窟细节，还可以“飞升”窟顶，体验壁画剧情，感受现实中没有的“开灯”情境。

通过这种身临其境的体验，人们不仅可以更加深入地了解莫高窟的历史和文化，还能够感受到中华文化的源远流长与博大精深。这种感受不仅能够让人们增强历史自觉、坚定文化自信，还能够激发人们对历史文化的兴趣和热爱，推动他们更加积极地参与到中华优秀文化的保护和传承中来。

学习成果检测

习题 1　制作小象摆件

利用本项目所学知识，制作如图 3-2-28 所示的小象摆件。

（a）透视视图

（b）正视图

图 3-2-28　小象摆件

提示：

（1）创建一个半径为 40 cm 的球体并命名为“身体”，创建一个半径为 23 cm 的球体并命名为“头部”，将其按图 3-2-28（a）摆放。

（2）创建一个立方体，利用布尔生成器将身体的底部做成平面。

（3）绘制出鼻子样条，利用扫描生成器将其转换为三维模型并编辑其形状；绘制出尾巴样条，利用扫描生成器将其转换为三维模型并编辑其形状，如图 3-2-28（b）所示。

（4）创建一个半径为 2.5 cm 的球体并命名为“眼睛”，移动“眼睛”至合适的位置，使用对称生成器制作出另一只眼睛。

（5）创建一个圆环并重命名为“耳朵”，将“耳朵”修改为椭圆形并调整其大小和位置，使用对称生成器制作出另一只耳朵。

（6）将“鼻子”的顶面删除，然后使用布料曲面生成器为其添加厚度。

习题 2 制作小怪兽

利用本项目所学知识，制作如图 3-2-29 所示的小怪兽。

图 3-2-29　小怪兽

提示：

（1）创建一个 60 cm×60 cm×60 cm 的立方体，并添加圆角，制作出小怪兽的身体。

（2）利用立方体制作出小怪兽一侧的眼睛，并利用对称生成器复制出另一侧的眼睛。

（3）利用圆锥体制作出小怪兽一侧的耳朵，并利用对称生成器复制出另一侧的耳朵。

（4）利用样条和扫描生成器、球体制作出小怪兽一侧的触角，并利用对称生成器复制出另一侧的触角。

学习成果评价

请进行学习成果评价，并将评价结果填入表 3-2-2 中。

表 3-2-2　学习成果评价表

<table>
<tr><th rowspan="2">评价项目</th><th rowspan="2">评价内容</th><th rowspan="2">分值</th><th colspan="3">评价分数</th></tr>
<tr><th>自评</th><th>他评</th><th>师评</th></tr>
<tr><td rowspan="2">知识（20%）</td><td>掌握生成器的使用方法</td><td>10</td><td></td><td></td><td></td></tr>
<tr><td>了解常用生成器的功能与属性</td><td>10</td><td></td><td></td><td></td></tr>
<tr><td rowspan="6">技能（60%）</td><td>能够使用对称、阵列生成器复制对象</td><td>10</td><td></td><td></td><td></td></tr>
<tr><td>能够使用布尔、连接生成器编辑对象</td><td>10</td><td></td><td></td><td></td></tr>
<tr><td>能够使用融球生成器编辑对象</td><td>10</td><td></td><td></td><td></td></tr>
<tr><td>能够使用细分曲面、布料曲面生成器编辑对象</td><td>10</td><td></td><td></td><td></td></tr>
<tr><td>能够使用减面生成器编辑对象</td><td>10</td><td></td><td></td><td></td></tr>
<tr><td>能够使用晶格生成器编辑对象</td><td>10</td><td></td><td></td><td></td></tr>
<tr><td rowspan="2">素养（20%）</td><td>积极参加教学活动，按时完成学习任务</td><td>10</td><td></td><td></td><td></td></tr>
<tr><td>能够多角度思考问题，灵活使用多种方法制作模型，真正做到学以致用</td><td>10</td><td></td><td></td><td></td></tr>
<tr><td colspan="2">合计</td><td>100</td><td></td><td></td><td></td></tr>
<tr><td>总评</td><td>自评（20%）+他评（20%）+师评（60%）=____________</td><td colspan="4">指导教师（签名）：____________</td></tr>
<tr><td>自我评价</td><td colspan="5"></td></tr>
<tr><td>教师评价</td><td colspan="5"></td></tr>
</table>

项目四
变形器建模

项目引言

Cinema 4D 中的变形器为用户提供了模型的多种变形方式，使用它能够方便、快捷地得到需要的模型。同时，变形器的面板布局合理、参数调整方便，在建模领域应用十分广泛。常用的变形器有弯曲变形器、膨胀变形器、爆炸变形器、碰撞变形器等。本项目主要讲解变形器建模的基础知识和基本操作。

知识目标

- 了解常用变形器的类型。
- 了解常用变形器的使用方法。

能力目标

- 能够根据需要使用变形器修改模型。
- 能够根据需要使用变形器制作动画模型。

素质目标

- 加强实践练习，注重学思结合、知行合一，培养勇于探索的创新精神。
- 培养创新意识，运用形象思维，大胆想象，尝试创作有创意的模型作品。

任务一　使用变形器修改模型

任务引入

某学校为拓宽学生成长成才通道，促进学生德、智、体、美、劳全面发展，鼓励学生积极参加社团。小李对陶艺非常感兴趣，因此参加了陶艺社团。她在做陶艺的时候感觉手里的陶泥不听使唤，怎么也做不出她想要的效果。于是她便想："为什么不先将想要的陶艺用电脑做成三维模型保存下来，等自己的技术成熟了再制作呢？"在请教老师之后，她运用 Cinema 4D 中的变形器，将自己构思的陶艺制作成了三维模型。一年后，她已经能制作各种各样的陶艺作品了，便根据之前保存的三维模型制作出了自己想要的陶艺作品。

想一想：

（1）在 Cinema 4D 中，如何使用变形器制作模型？

（2）使用变形器建模的优势有哪些？

理论知识

在 Cinema 4D 中，使用变形器可以改变对象的形状、大小、位置，快速制作出需要的模型。具体操作如下：长按右侧工具栏中的"弯曲"图标，在展开的列表中选择相应的变形器，然后将变形器设置为对象的子级，或将变形器与对象设置为同一个父级对象的子级，如图 4-1-1 所示。需要注意的是，使用变形器制作模型时应保证模型有充足的分段数，分段数会影响变形器的变形效果，如图 4-1-2 所示。

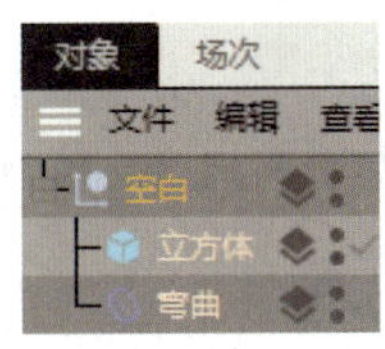

图 4-1-1　变形器的使用方法

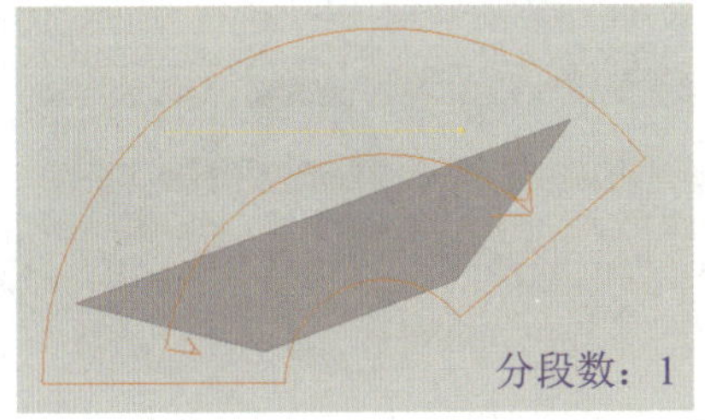

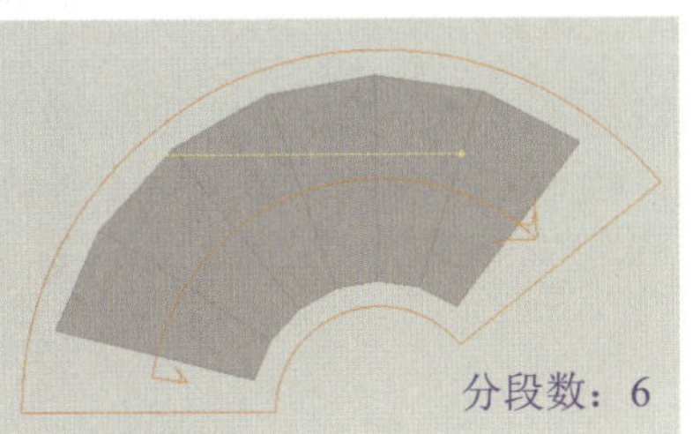

图 4-1-2　不同分段数下变形器的效果对比

一、弯曲变形器

使用弯曲变形器可以使模型产生弯曲效果，如图 4-1-3 所示。弯曲变形器的参数可在属性面板中进行设置，如图 4-1-4 所示。

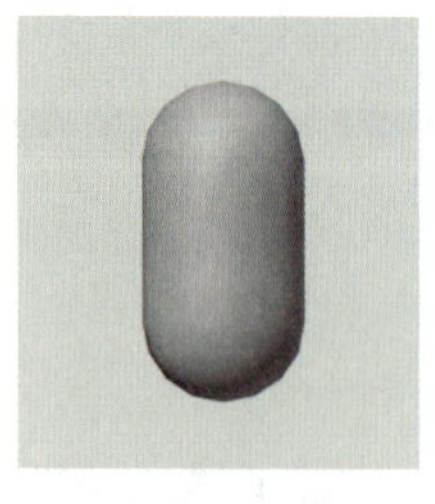

（a）原对象

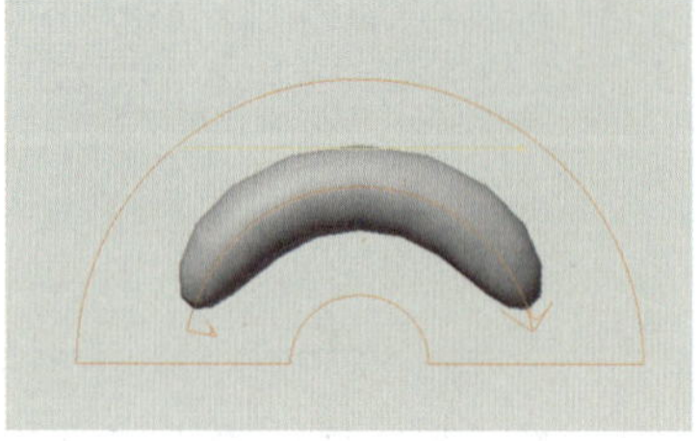

（b）弯曲效果

图 4-1-3　弯曲变形器的使用效果

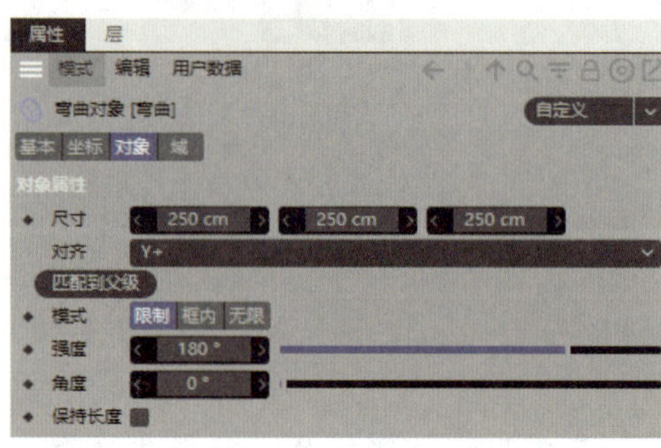

图 4-1-4　弯曲变形器的属性面板

- **尺寸**：设置变形器框架的大小。
- **匹配到父级**：单击该按钮后，变形器框架的尺寸将自动根据该变形父级对象的大小进行调整。
- **模式**：包括限制、框内、无限 3 种。其中，限制表示对象在变形器框架内的部分会按设置变形，在变形器框架外的部分会随框架内的部分平移，以适应弯曲；框内表示对象在变形器框架内的部分会按设置变形，在变形器框架外的部分不受影响；无限表示整个对象都会按设置变形，不受变形器框架的限制。
- **强度**：设置弯曲的程度。
- **角度**：设置弯曲的角度（与对象坐标系统 X 轴的夹角）。
- **保持长度**：勾选后对象的长度始终不变。

同步案例 4-1　制作卷曲地毯

下面通过制作卷曲地毯（图 4-1-5）来介绍弯曲变形器的使用方法。

图 4-1-5　卷曲地毯

步骤 1 **制作地毯。**创建一个立方体，在属性面板的“对象”选项卡中将“尺寸.X”设为 500 cm、“尺寸.Y”设为 2 cm、“尺寸.Z”设为 55 cm、“分段”设为 100；勾选“圆角”复选框，将“圆角半径”设为 0.5 cm、“圆角细分”设为 3。设置完成后的模型如图 4-1-6 所示。

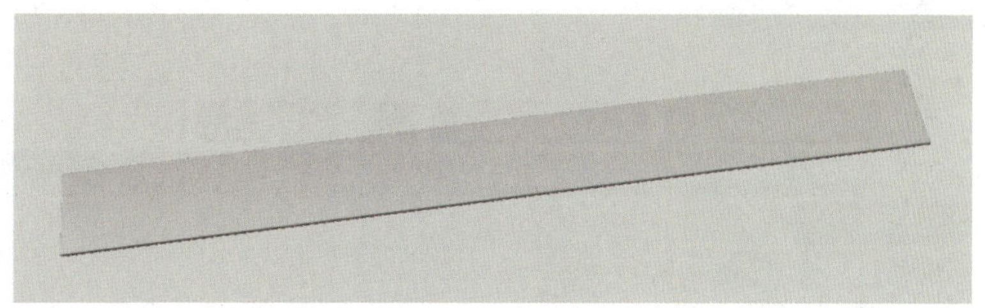

图 4-1-6　地毯

步骤 2 **将地毯卷曲。**单击右侧工具栏中的“弯曲”图标，创建一个弯曲变形器，并将“弯曲”设置为“立方体”的子级。在属性面板的“对象”选项卡中将“对齐”设为“X-”，单击“匹配到父级”按钮，将“强度”设为 1 080°；在属性面板的“坐标”选项卡中将“R.B”设为 −89°、“P.X”设为 75 cm、“P.Y”设为 −20 cm。设置完成后的模型如图 4-1-7 所示。

图 4-1-7　设置完成后的模型

二、膨胀变形器

使用膨胀变形器可以使模型产生收缩或膨胀效果，如图 4-1-8 所示。膨胀变形器的参数可在属性面板中进行设置，如图 4-1-9 所示。

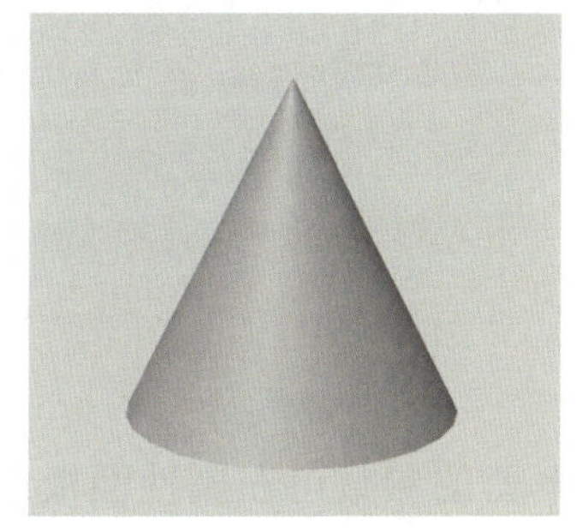

（a）原对象

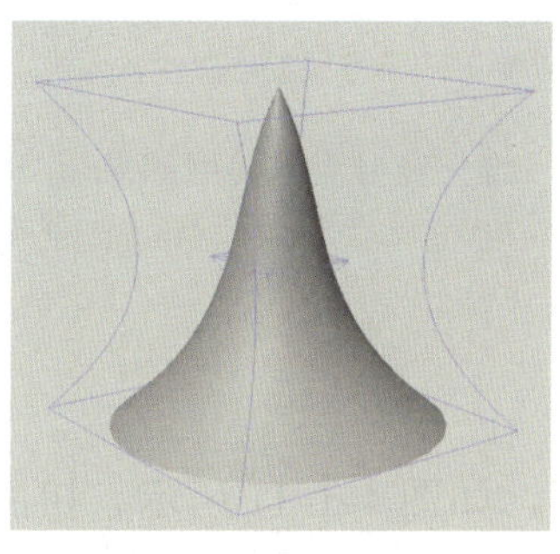

（b）收缩效果

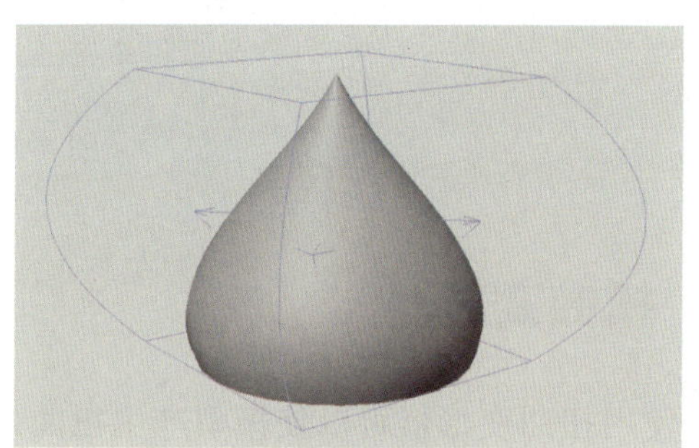

（c）膨胀效果

图 4-1-8　膨胀变形器的使用效果

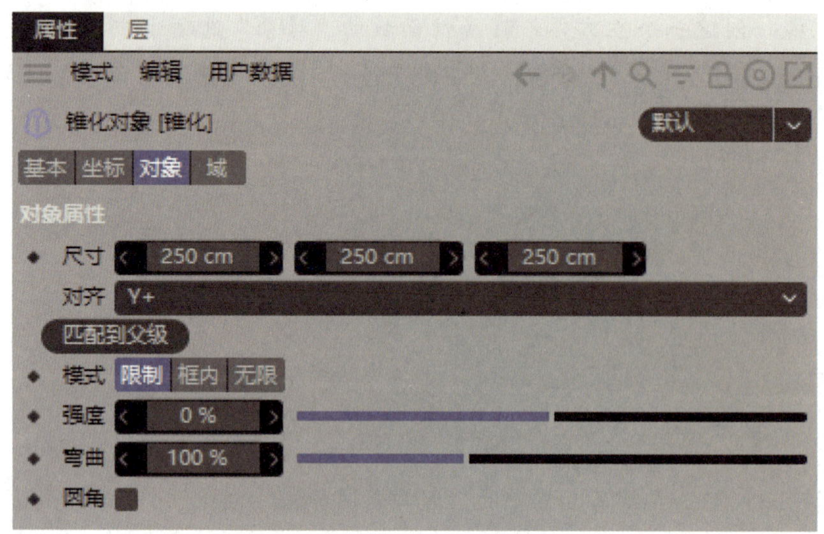

图 4-1-9　膨胀变形器的属性面板

- **强度**：设置变形器收缩或膨胀的程度，数值小于 0% 时，模型向内收缩；数值大于 0% 时，模型向外膨胀。
- **弯曲**：设置收缩或膨胀的曲率。
- **圆角**：勾选后，收缩或膨胀的曲线变化更加圆滑。

三、锥化变形器

使用锥化变形器可以使模型产生收缩或膨胀效果，如图 4-1-10 所示。锥化变形器的参数可在属性面板中进行设置。

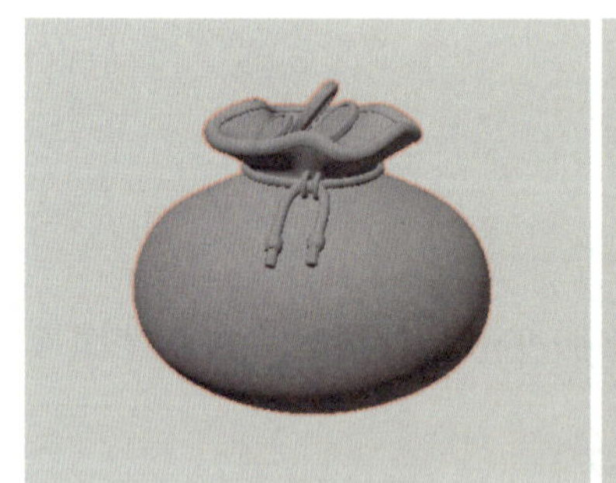

（a）原对象

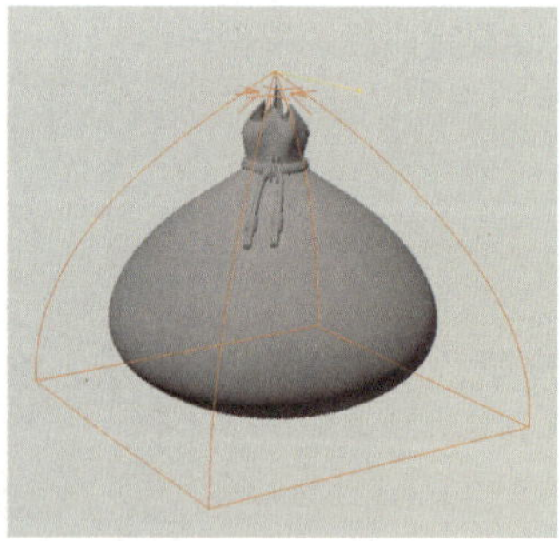

（b）收缩效果

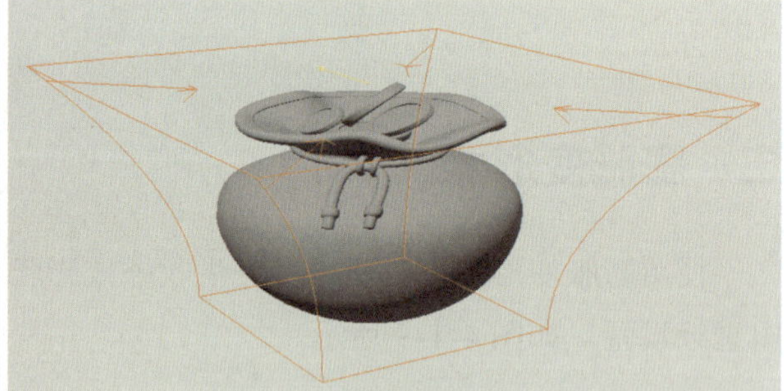

（c）膨胀效果

图 4-1-10　锥化变形器的使用效果

四、扭曲变形器

使用扭曲变形器可以使模型产生扭曲效果，如图 4-1-11 所示。扭曲变形器的参数可在属性面板中进行设置。

（a）原对象

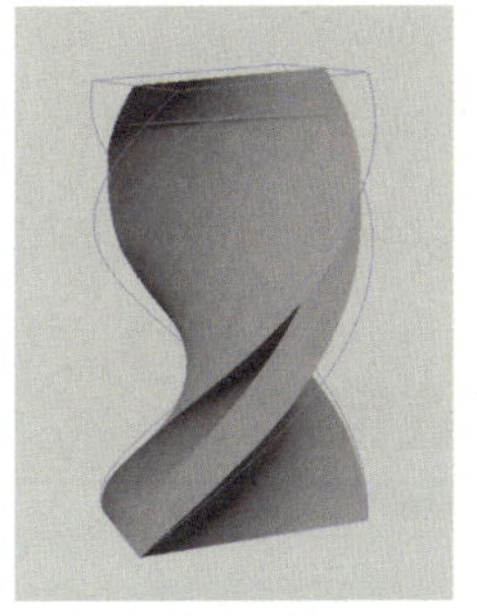

（b）扭曲效果

图 4-1-11　扭曲变形器的使用效果

五、样条约束变形器

使用样条约束变形器可以使模型以样条为路径产生变形效果，如图 4-1-12 所示。样条约束变形器的参数可在属性面板中进行设置，如图 4-1-13 所示。

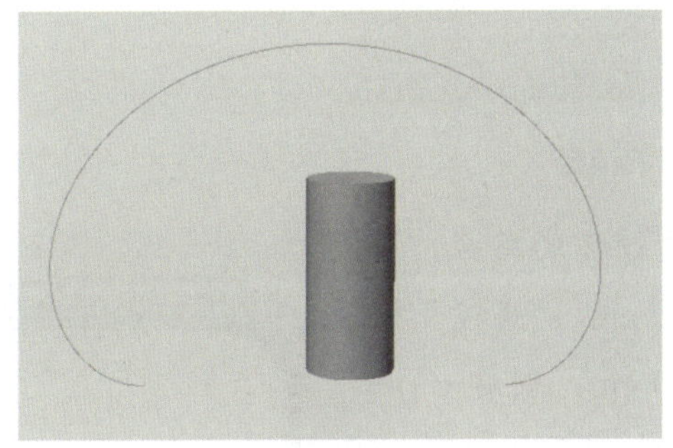

（a）原对象

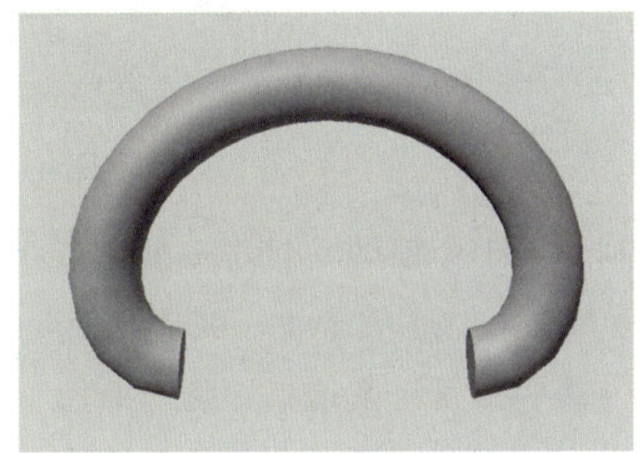

（b）样条约束效果

图 4-1-12　样条约束变形器的使用效果

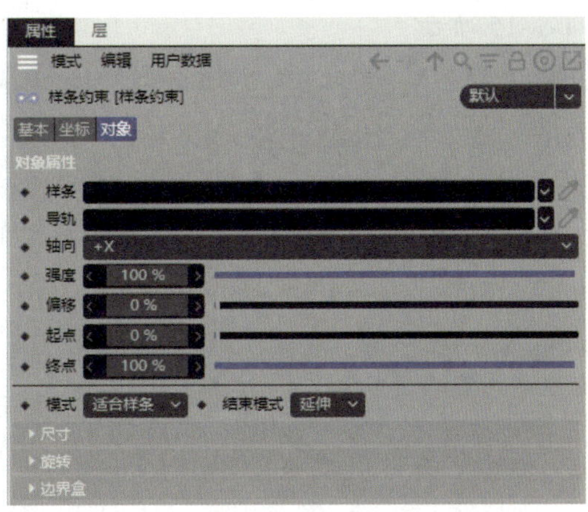

图 4-1-13　样条约束变形器的属性面板

◆ 样条：设置模型产生变形时的路径。

◆ 轴向：设置模型生成的轴向。

- 强度：设置模型受样条影响的程度。
- 偏移：设置模型在路径上的位移。
- 起点、终点：设置模型在路径上的起点位置和终点位置。

同步案例 4-2　制作螺旋锁链

下面通过制作螺旋锁链（图 4-1-14）来介绍样条约束变形器的使用方法。

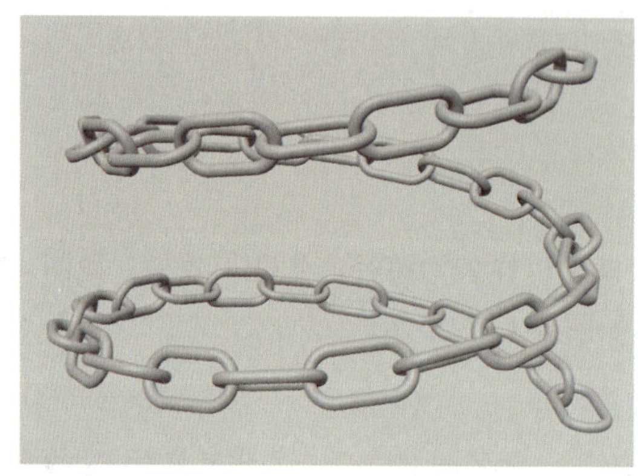

图 4-1-14　螺旋锁链

步骤 1　制作第 1 个锁环。 创建一个矩形样条作为锁环的路径，在属性面板的“对象”选项卡中，将“宽度”设为 80 cm、“高度”设为 40 cm，勾选“圆角”复选框，将“半径”设为 20 cm。创建一个圆环样条作为锁环的横截面，在属性面板的“对象”选项卡中，将“半径”设为 5 cm。创建一个扫描生成器，在对象面板中将“圆环”设置为“扫描”的第一个子级，将“矩形”设置为“扫描”的第二个子级，制作出第 1 个锁环，如图 4-1-15 所示。

图 4-1-15　第 1 个锁环

步骤 2　制作第 2 个锁环。 选中“扫描”，按“E”键切换为“移动”工具，按住“Ctrl”键、“Shift”键和鼠标左键拖动 X 轴移动 70 cm，复制出一个“扫描.1”对象。按“R”键切换为“旋转”工具，按住“Shift”键和鼠标左键拖动“扫描.1”的 Y 轴线圈旋转 90°，制作出第 2 个锁环。在对象面板中选中“扫描”“扫描.1”，然后按“Alt+G”组合键将其编组，得到“空白”对象。

步骤 3　制作锁链。 在对象面板中选中“空白”对象，在菜单栏中选择“工具”→“复制”选项，在属性面板中按照图 4-1-16 设置参数。单击“应用”按钮，锁链制作完成，如图 4-1-17 所示。在对象面板中选中“空白”“空白 - 副本”，然后按“Alt+G”组合键将其编组，并将组重命名为“锁链”。

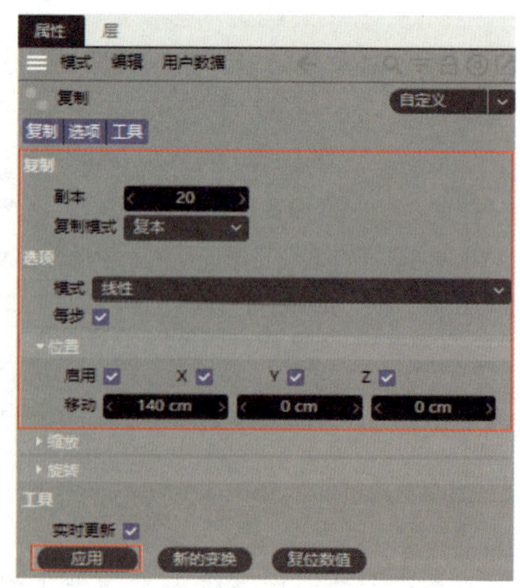

图 4-1-16　“复制”命令参数设置

图 4-1-17　锁链

步骤 4　将锁链摆放为螺旋形。创建一个螺旋线样条，在属性面板的“对象”选项卡中，将“起始半径”设为 250 cm、“高度”设为 350 cm、“平面”设为“XZ”。创建一个样条约束变形器，在对象面板中将其设置为“锁链”的子级。将螺旋线样条拖动至样条约束属性面板的“样条”编辑框中，如图 4-1-18 所示。至此，螺旋锁链便制作完成了。

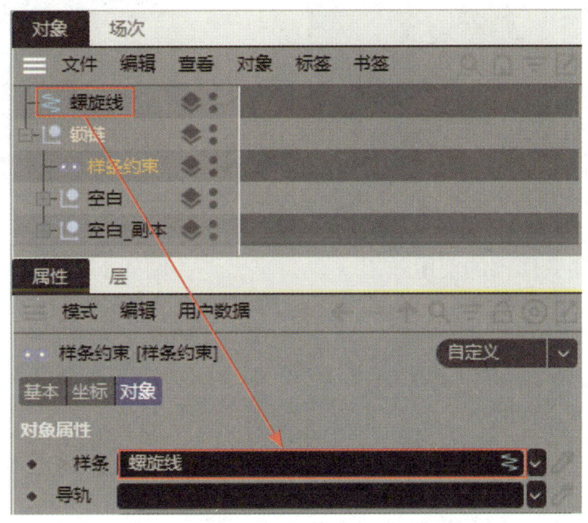

图 4-1-18　将螺旋线样条拖动至“样条”编辑框中

六、FFD 变形器

使用 FFD 变形器可以通过改变 FFD 框架上点的位置来改变模型的外形，如图 4-1-19 所示。FFD 变形器的参数可在属性面板中进行设置，如图 4-1-20 所示。需要注意的是，FFD 框架上的点只能在点模式下进行调整。

（a）原对象　　（b）变形效果

图 4-1-19　FFD 变形器的使用效果

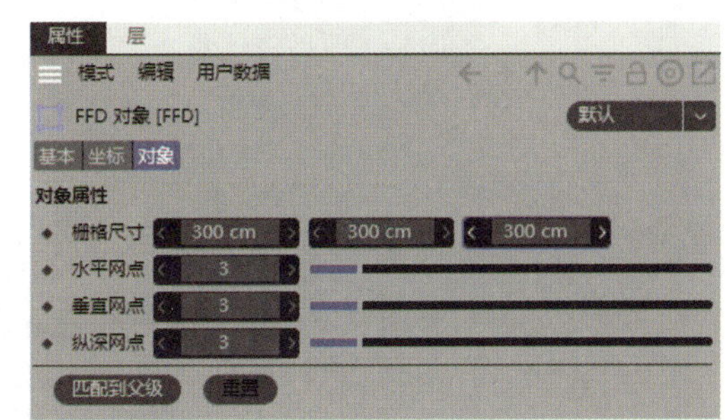

图 4-1-20　FFD 变形器的属性面板

- **水平网点、垂直网点、纵深网点：** 设置 FFD 框架在 X、Y、Z 轴方向上的分段数。
- **重置：** 单击该按钮，FFD 框架变为原始状态。

七、倒角变形器

使用倒角变形器可以使模型的边缘产生倒角效果，如图 4-1-21 所示。倒角变形器的参数可在属性面板中进行设置，如图 4-1-22 所示。

（a）原对象　　（b）倒角效果

图 4-1-21　倒角变形器的使用效果

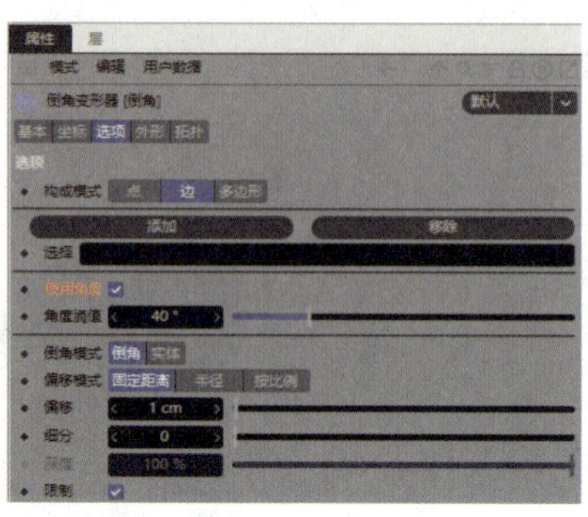

图 4-1-22　倒角变形器的属性面板

- **构成模式**：设置进行倒角的对象。
- **偏移模式、偏移**：设置倒角的尺寸。
- **细分**：设置倒角的分段数。

八、球化变形器

使用球化变形器可以使模型变为球体，如图 4-1-23 所示。球化变形器的参数可在属性面板中进行设置，如图 4-1-24 所示。

（a）原对象

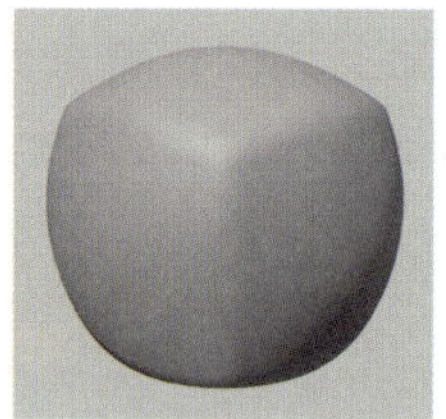

（b）球化效果（强度为70%）

（c）球化效果（强度为100%）

图 4-1-23　球化变形器的使用效果

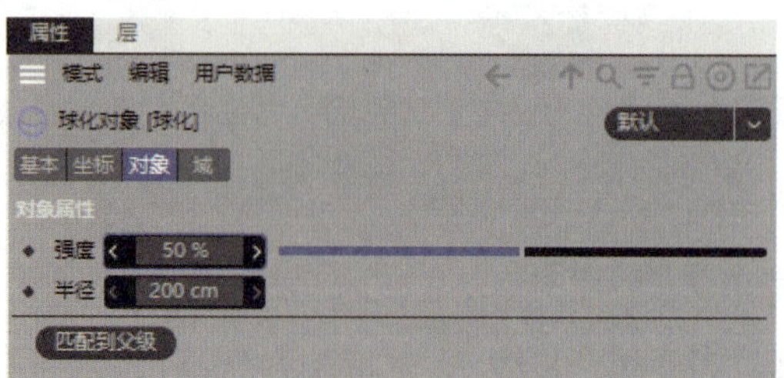

图 4-1-24　球化变形器的属性面板

- ◆ 强度：设置对象球化的程度。
- ◆ 半径：设置变形器框架的大小。

任务实施　制作花瓶

下面通过制作花瓶（图 4-1-25）来巩固所学知识。

图 4-1-25　花瓶

首先创建一个圆柱体并删除其顶面，然后利用膨胀变形器制作出花瓶大致的形态，接着利用膨胀变形器、锥化变形器、FFD 变形器修改花瓶的瓶口和瓶底，再利用布料曲面生成器为花瓶添加厚度，最后利用细分曲面生成器细化花瓶。

步骤 1 创建花瓶主体。创建一个圆柱体，在对象面板中将其重命名为“花瓶”，在属性面板的“对象”选项卡中将“半径”设为 50 cm、“高度”设为 245 cm、“高度分段”设为 28，并按“C”键将其转换为可编辑对象。单击顶部工具栏中的“点”图标，切换为点模式，选中圆柱体顶面中心位置的点，按“Delete”键将其删除，如图 4-1-26 所示。

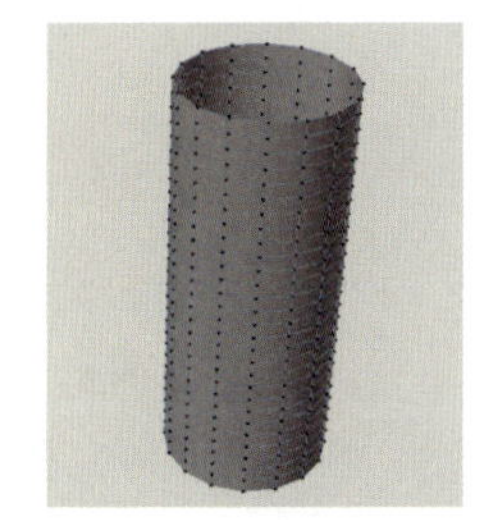

图 4-1-26　删除圆柱体顶面中心位置的点

步骤 2 修改花瓶的整体形状。长按右侧工具栏中的“弯曲”图标，在展开的列表中选择“膨胀”选项，创建一个膨胀变形器。在对象面板中将“膨胀”设置为“花瓶”的子级，在“膨胀”属性面板的“对象”选项卡中单击“匹配到父级”按钮，将“强度”设为 40%。

步骤 3 制作瓶口。创建一个膨胀变形器，并将其重命名为“膨胀.1”。在对象面板中将“膨胀.1”设置为“花瓶”的子级，在属性面板的“对象”选项卡中将“尺寸”设为 100 cm、65 cm、90 cm，“强度”设为 −80%。单击顶部工具栏中的“模型”图标，切换为模型模式，将“膨胀.1”移动到花瓶上端，如图 4-1-27（a）所示。创建一个锥化变形器，在对象面板中将“锥化”设置为“花瓶”的子级，在属性面板的“对象”选项卡中将“尺寸”设为 100 cm、60 cm、100 cm，“强度”设为 45%，“弯曲”设为 10%。执行“移动”命令将“锥化”移动到花瓶口处，如图 4-1-27（b）所示。

步骤 4 **收紧瓶底**。创建一个 FFD 变形器，在对象面板中将“FFD”设为“花瓶”的子级。在“FFD”属性面板的“对象”选项卡中单击“匹配到父级”按钮，将“水平网点”“垂直网点”“纵深网点”均设为 2。单击顶部工具栏中的“点”图标，切换为点模式，选中“FFD”底部 4 个顶点，缩放至如图 4-1-28 所示的大小。

（a）将“膨胀.1”移动到花瓶上端

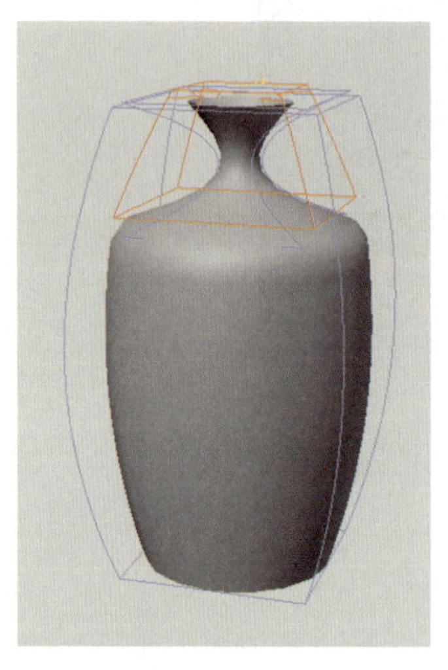
（b）将“锥化”移动到花瓶口处

图 4-1-27 制作瓶口

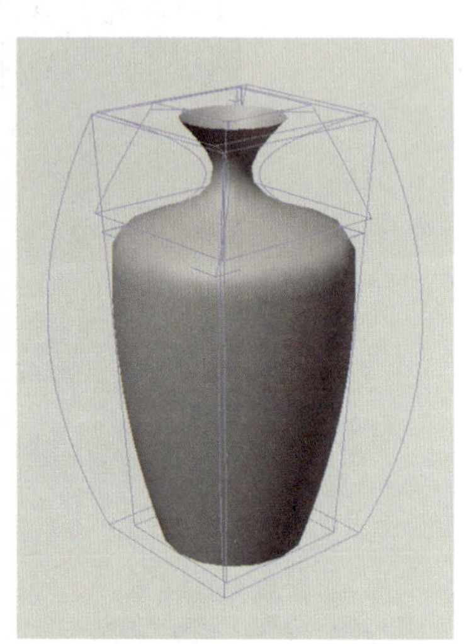
图 4-1-28 收紧瓶底

步骤 5 **为花瓶添加厚度并将其细化**。创建一个布料曲面生成器，在对象面板中将“花瓶”设置为“布料曲面”的子级，在“布料曲面”属性面板的“对象”选项卡中将“细分数”设为 0、“厚度”设为 4 cm。创建一个细分曲面生成器，在对象面板中将“布料曲面”设置为“细分曲面”的子级，如图 4-1-29（a）所示。至此，花瓶制作完成，如图 4-1-29（b）所示。

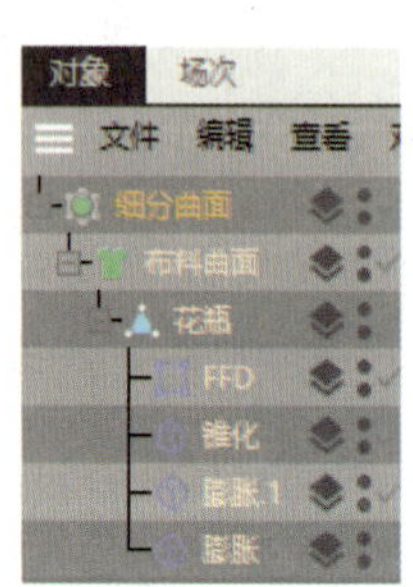

（a）将“布料曲面”设置为“细分曲面”的子级

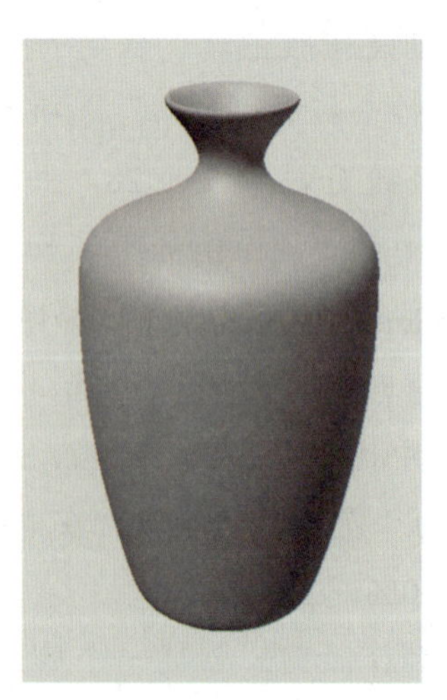
（b）完成效果

图 4-1-29 为花瓶添加厚度并将其细化

任务二　使用变形器制作动画

任务引入

某日，小李在制作自己的毕业设计时，一个爆炸的特效字难住了他。“要怎么把字体逐渐分裂成碎片，而且还得让每个碎片按照时间变化有序地移动和缩放呢？如果每个碎片都靠手动调整，那得多长时间呀！”小李想。经过上网查找，他发现 Cinema 4D 有两个变形器都可以制作出爆炸效果，一个是爆炸变形器，另一个是爆炸 FX 变形器。“那么，哪个变形器更适合我的模型呢？”小李又有了新的疑问，于是他又继续学习起来。

想一想：

（1）爆炸变形器与爆炸 FX 变形器有什么不同？

（2）还有哪些变形器可以用来制作模型的动画效果？

理论知识

一、爆炸变形器

使用爆炸变形器可以使模型产生碎片化的爆炸效果，如图 4-2-1 所示。爆炸变形器的参数可在属性面板中进行设置，如图 4-2-2 所示。

（a）原对象

（b）爆炸效果

图 4-2-1　爆炸变形器的使用效果

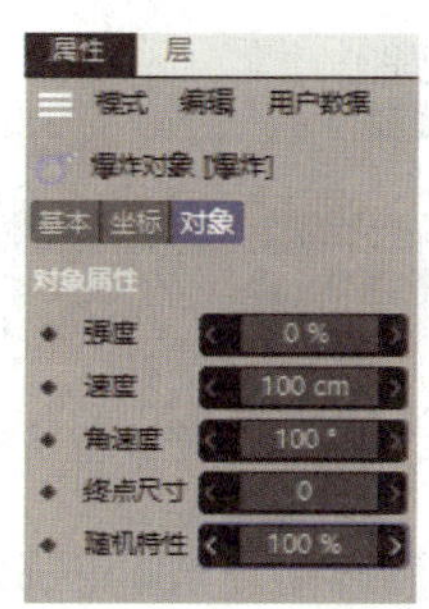

图 4-2-2　爆炸变形器的属性面板

◆ **强度**：设置爆炸的程度，数值越大，爆炸越彻底。

◆ **速度**：设置碎片运动的速度。

◆ **角速度**：设置碎片旋转的角度。

◆ **终点尺寸**：设置碎片的大小。

◆ **随机特性**：设置碎片的随机效果。

二、爆炸 FX 变形器

使用爆炸 FX 变形器可以使模型产生爆炸效果，如图 4-2-3 所示。与爆炸变形器相比，爆炸 FX 变形器的效果更加真实，可以设置的参数更多。爆炸 FX 变形器的参数可在属性面板中进行设置。爆炸 FX 变形器属性面板的“对象”选项卡如图 4-2-4 所示。

（a）原对象　　（b）爆炸FX效果

图 4-2-3　爆炸 FX 变形器的使用效果

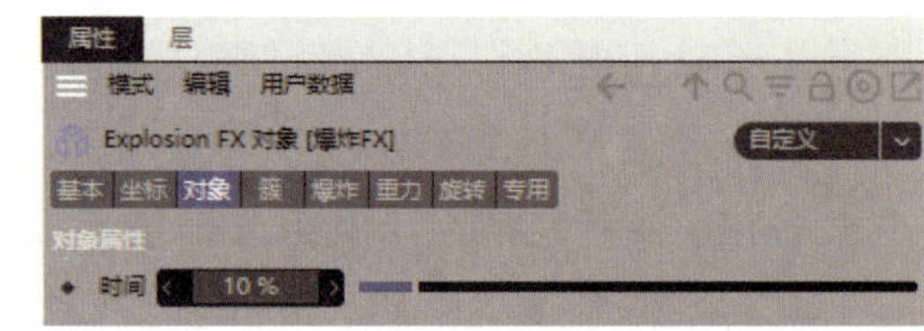

图 4-2-4　爆炸 FX 变形器属性面板的“对象”选项卡

◆ **时间**：设置爆炸效果的范围。

爆炸 FX 变形器属性面板的“簇”选项卡如图 4-2-5 所示，“爆炸”选项卡如图 4-2-6 所示。

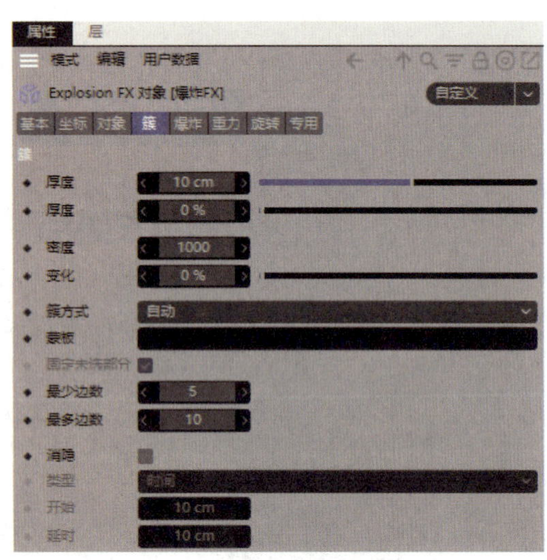

图 4-2-5　爆炸 FX 变形器属性面板的“簇”选项卡

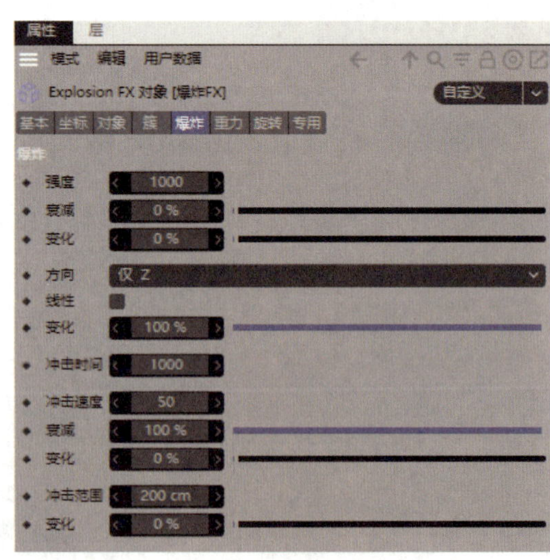

图 4-2-6　爆炸 FX 变形器属性面板的“爆炸”选项卡

◆ **厚度**：设置碎片的厚度和随机变化值。

◆ **密度**：设置碎片的密度。

- **簇方式**：设置碎片的生成方式。
- **强度**：设置爆炸的程度。
- **衰减**：设置爆炸强度的衰减值，衰减值大于 0 时，从中心到外部的爆炸强度逐渐减弱。
- **方向**：设置沿某一轴、平面或全部方向产生爆炸。
- **线性**：勾选后让所有的碎片受到的爆炸力相等。

爆炸 FX 变形器属性面板的“旋转”选项卡如图 4-2-7 所示，“专用”选项卡如图 4-2-8 所示。

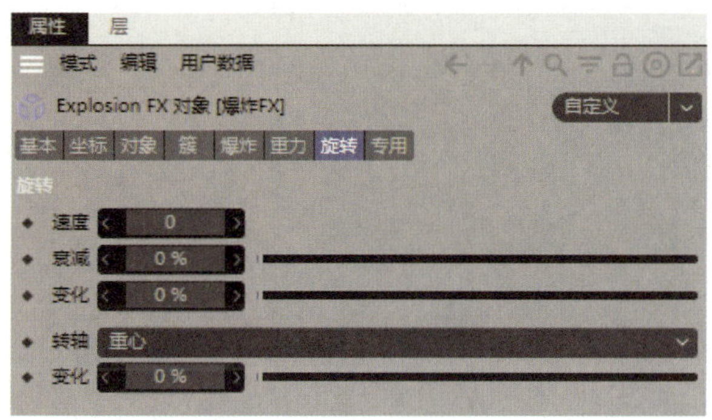

图 4-2-7　爆炸 FX 变形器属性面板的“旋转”选项卡

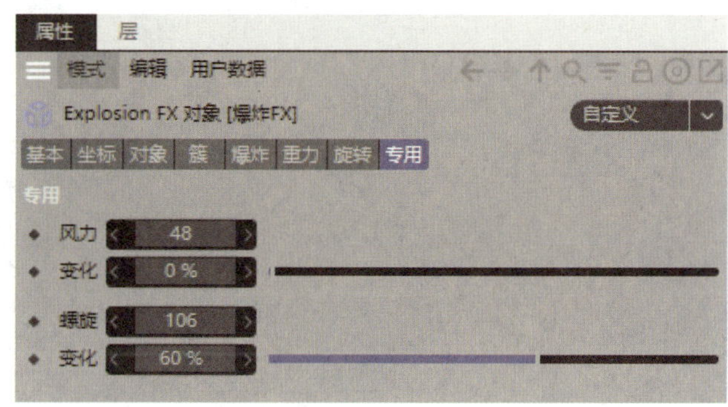

图 4-2-8　爆炸 FX 变形器属性面板的“专用”选项卡

- **速度**：设置碎片的旋转速度。
- **转轴**：设置碎片旋转的轴。
- **风力**：设置碎片在 Z 轴方向的偏移程度。
- **螺旋**：设置碎片在风的作用下的旋转方向。当螺旋值为正数时，风按逆时针方向旋转；当螺旋值为负数时，风按顺时针方向旋转。

同步案例 4-3　制作爆炸碎片变小球的动画

下面通过制作爆炸碎片变小球的动画（图 4-2-9）来介绍爆炸 FX 变形器的使用方法。

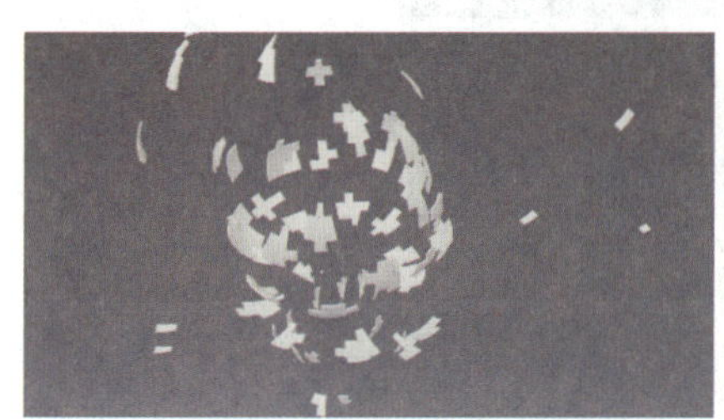

（a）爆炸碎片（一）

（b）爆炸碎片（二）

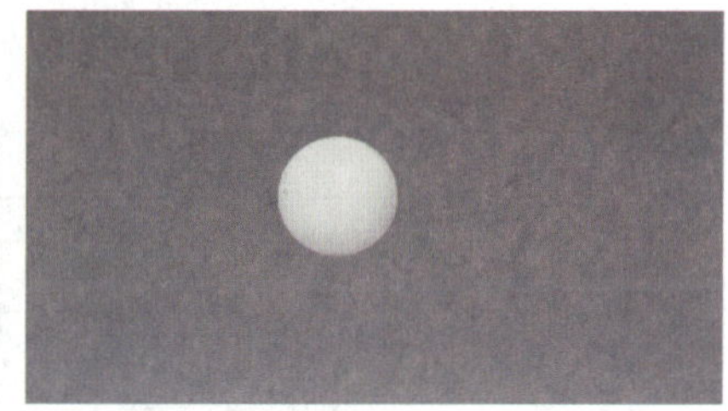

（c）小球

图 4-2-9　爆炸碎片变小球的动画

步骤 1 **制作小球**。创建一个球体，在属性面板的“对象”选项卡中将“半径”设为 150 cm、“分段”设为 32。

步骤 2 **制作爆炸效果**。创建一个爆炸 FX 变形器，在对象面板中将“爆炸 FX”设置为“球体”的子级。在“爆炸 FX”属性面板的“簇”选项卡中，将“厚度”设为 5 cm、“变化”设为 20%；在“爆炸”

选项卡中，将“强度”设为 2000、“变化”设为 50%；在“旋转”选项卡中，将“速度”设为 150。设置完成后的效果如图 4-2-10 所示。

图 4-2-10　爆炸碎片效果

步骤 3　制作动画。确保时间滑块在 0F 处（图 4-2-11），选中“爆炸 FX”，在“爆炸 FX”属性面板的“坐标”选项卡中单击“P.Y”前的菱形图标（图 4-2-12），在时间轴 0F 处记录第一个关键帧。将时间滑块拖动至 90F 处（图 4-2-11），选中“爆炸 FX”，在“爆炸 FX”属性面板的“坐标”选项卡中将“P.Y”设为 400 cm，然后单击“P.Y”前的菱形图标，在 90F 处记录第二个关键帧。完成动画后，单击“向前播放”图标可播放动画。

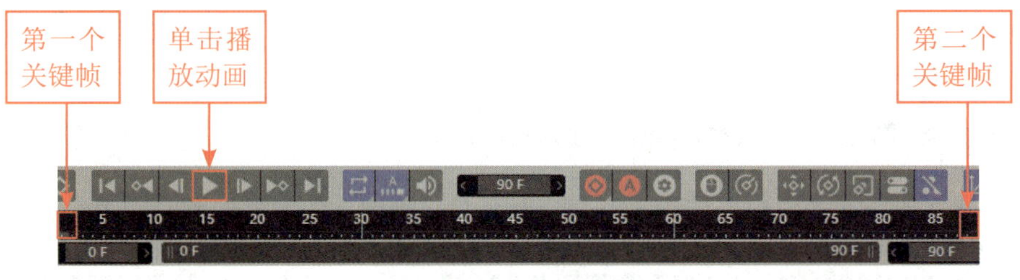

图 4-2-11　时间轴

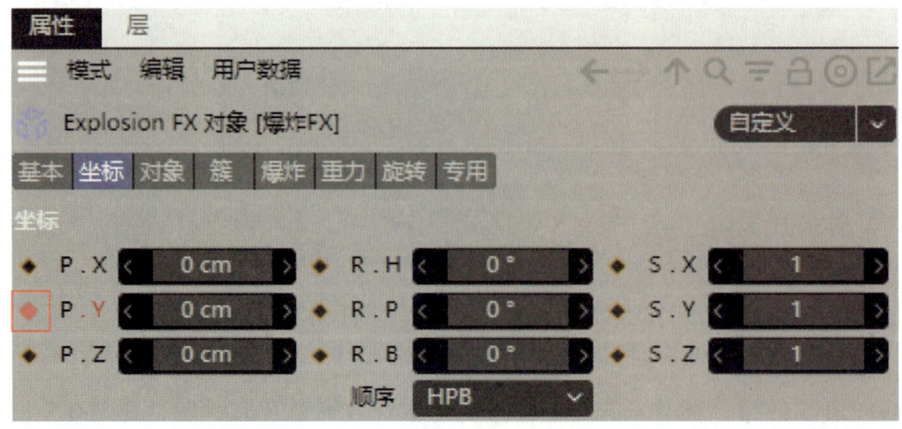

图 4-2-12　创建第一个关键帧

三、融化变形器

使用融化变形器可以使物体产生融化效果，如图 4-2-13 所示。融化变形器的参数可在属性面板中进行设置，如图 4-2-14 所示。

（a）原对象

（b）融化效果

图 4-2-13　融化变形器的使用效果

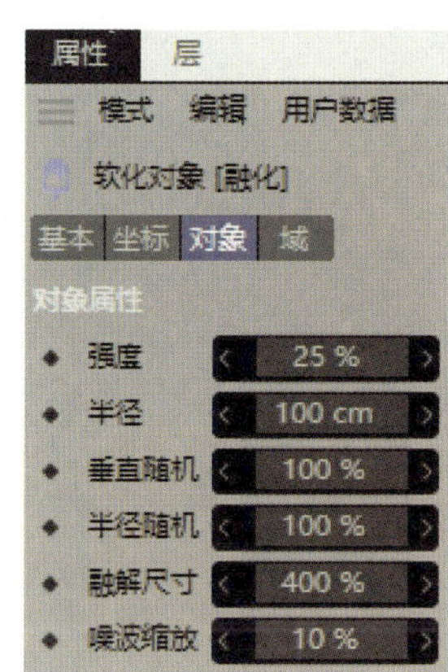

图 4-2-14　融化变形器的属性面板

- 强度：设置融化的程度，数值越大，融化效果越夸张。
- 半径：设置融化的保护范围，该范围内的对象被融化的强度更弱。
- 垂直随机、半径随机：设置融化变形在垂直、半径上的随机效果。
- 融解尺寸：设置对象被融化后的尺寸。
- 噪波缩放：设置对象表面融化变形的程度，数值越大，对象表面就越不规则。

四、碰撞变形器

使用碰撞变形器可以使模型产生碰撞效果，如图 4-2-15 所示。碰撞变形器的参数可在属性面板中进行设置。

（a）原对象

（b）碰撞效果

图 4-2-15　碰撞变形器的使用效果

同步案例 4-4　制作具有碰撞效果的艺术字

下面通过制作具有碰撞效果的艺术字（图 4-2-16）来介绍碰撞变形器的使用方法。

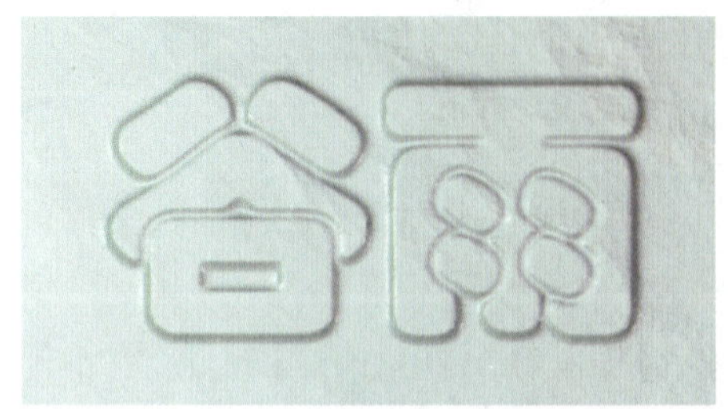

图 4-2-16　具有碰撞效果的艺术字

步骤 1 制作文字模型。长按右侧工具栏中的“文本样条”图标T，在展开的列表中选择“文本”选项，创建一个文本。在“文本”属性面板的“对象”选项卡中，在“文本样条”编辑框中输入“谷雨”，将“字体”设为“华文琥珀”；在“封盖”选项卡中将“尺寸”设为 2 cm。

步骤 2 制作背景模型。创建一个平面，在其属性面板的“对象”选项卡中将“宽度”设为 800 cm、“高度”设为 450 cm、“宽度分段”设为 300、“高度分段”设为 300、“方向”设为“+Z”。

步骤 3 调整文字的位置。执行“移动”命令，将“文本”移动至“平面”的中间位置，并沿 Z 轴移动适当的距离，如图 4-2-17 所示。

图 4-2-17　调整文字位置

步骤 4 为背景模型添加碰撞变形器。创建一个碰撞变形器，在对象面板中将“碰撞”设置为“平面”的子级。将对象面板中的“文本”拖入“碰撞”属性面板的“碰撞器”选项卡的“对象”矩形框中，如图 4-2-18 所示。设置完成后的模型效果如图 4-2-19 所示。

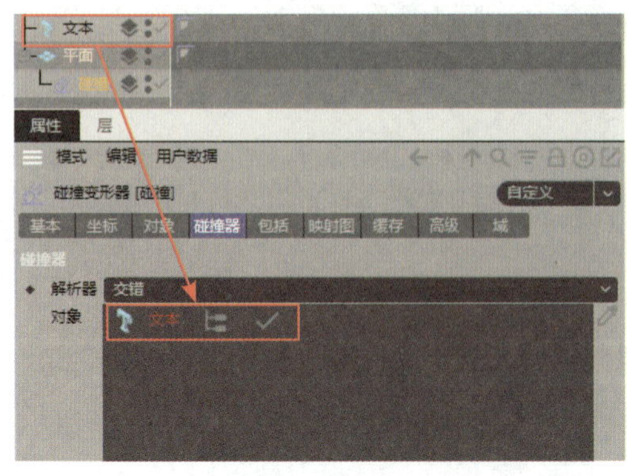

图 4-2-18　碰撞变形器的属性面板

图 4-2-19　艺术字效果

五、碎片变形器

使用碎片变形器可以使模型产生破碎效果，如图 4-2-20 所示。碎片变形器的参数可在属性面板中进行设置，如图 4-2-21 所示。

（a）原对象

（b）破碎效果

图 4-2-20　碎片变形器的使用效果

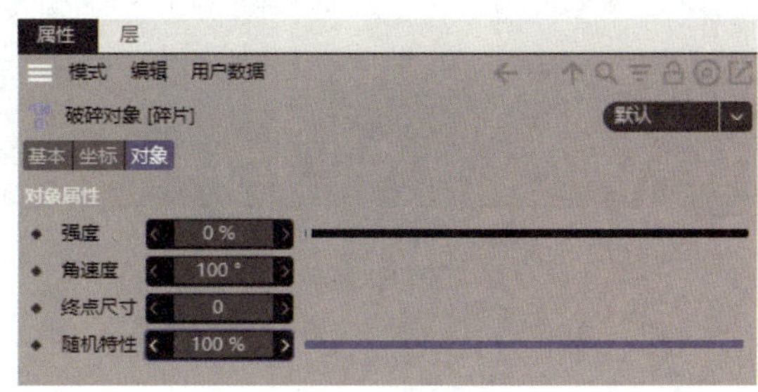

图 4-2-21　碎片变形器的属性面板

- ◆ 强度：设置破碎的程度，数值越大，破碎越彻底。
- ◆ 角速度：设置碎片的旋转角度。
- ◆ 终点尺寸：设置碎片的尺寸。
- ◆ 随机特性：设置碎片的随机效果。

六、颤动变形器

使用颤动变形器可以使模型产生颤动效果。颤动变形器的参数可在属性面板中进行设置，如图 4-2-22 所示。

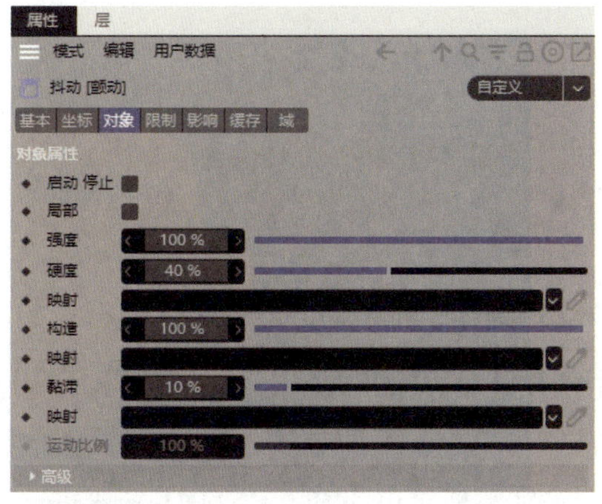

图 4-2-22　颤动变形器的属性面板

- ◆ 强度：设置颤动的程度。
- ◆ 硬度：设置恢复到静止状态的速度，数值越大，恢复速度越快。
- ◆ 黏滞：设置颤动的黏滞效果，数值越大，黏滞效果越明显。

任务实施 制作果冻颤动动画

下面通过制作果冻颤动动画（图 4-2-23）来巩固所学知识。

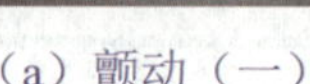

(a) 颤动（一）

(b) 颤动（二）

(c) 颤动（三）

图 4-2-23 果冻颤动动画

由于颤动变形器只对运动的对象起作用，应先制作出对象的关键帧动画，再添加颤动变形器，使对象产生颤动效果。在制作果冻颤动动画时，应利用顶点权重标签设置果冻不同部位颤动的幅度，使果冻上端颤动幅度大、下端颤动幅度小，从而制作出真实的果冻颤动效果。

制作果冻颤动动画

小贴士

顶点权重标签可以精确地限制变形器对对象的影响范围。

步骤 1 **打开素材文件。** 打开本书配套素材“素材与实例\项目四\果冻颤动动画”中的“果冻.c4d”文件。

步骤 2 **将果冻与盘子分为一组。** 在对象面板中选中“果冻”“盘子”，按“Alt+G”组合键将其编组，并将组重命名为“动画”。

步骤 3 **制作关键帧动画。** 确保时间滑块在0F处，在“动画”属性面板的“坐标”选项卡中将“P.X”设为 250 cm，然后单击“P.X”前的菱形图标（图 4-2-24），在时间轴 0F 处记录一个关键帧；将时间滑块拖动至 30F（图 4-2-25），在“动画”属性面板的“坐标”选项卡中将“P.X”设为 0 cm，然后单击“P.X”前的菱形图标，在 30F 处记录一个关键帧。完

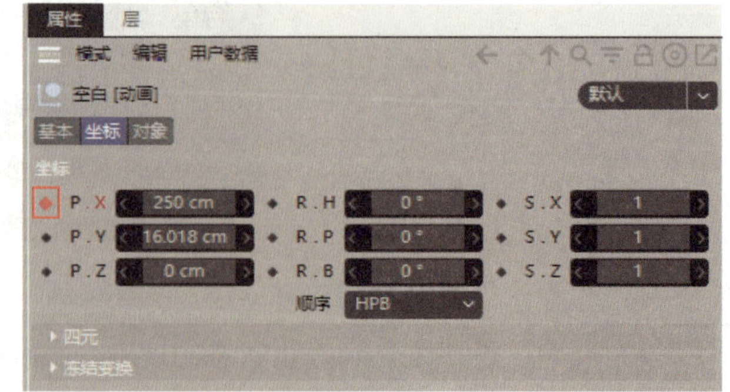

图 4-2-24 创建第一个关键帧

成动画后，单击“向前播放”▶可播放动画。

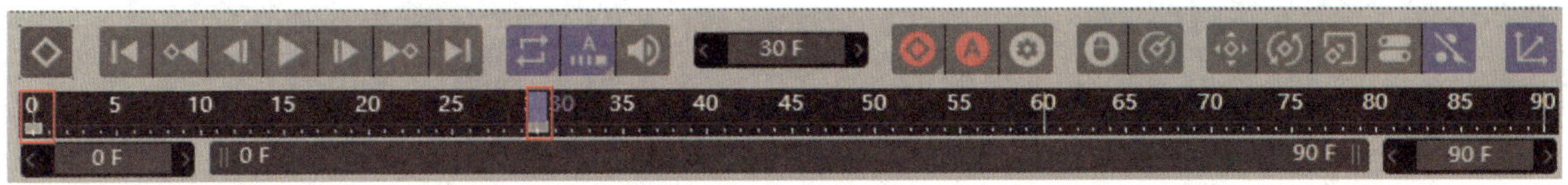

图 4-2-25　动画面板

步骤 4 添加颤动效果。创建一个颤动变形器，在对象面板中将其设置为“果冻”的子级，在属性面板的“对象”选项卡中将“强度”设为 50%、“硬度”设为 10%。此时播放动画，可看见果冻在盘子里滑动。

步骤 5 添加果冻颤动范围标签。选中“果冻”并单击顶部工具栏中的“点”图标，切换为点模式。使用“框选”工具选中如图 4-2-26（a）所示的点。选择菜单栏“选择”→“设置顶点权重 ...”选项，打开“设置顶点权重”对话框，在“数值”编辑框中输入 50%，然后单击“确定”按钮。设置完成后的果冻如图 4-2-26（b）所示。

（a）“框选”点　　　（b）完成后效果

图 4-2-26　设置顶点权重

步骤 6 将颤动范围添加到变形器。在顶部工具栏单击“模型”图标，切换为模型模式。选中“颤动”变形器，将对象面板中的“果冻”的“顶点贴图”标签拖动到“颤动”属性面板“限制”选项卡中的“限制”矩形框中，如图 4-2-27 所示。在视图窗口中单击，退出顶点权重显示模式，单击时间轴“向前播放”图标▶可播放动画。

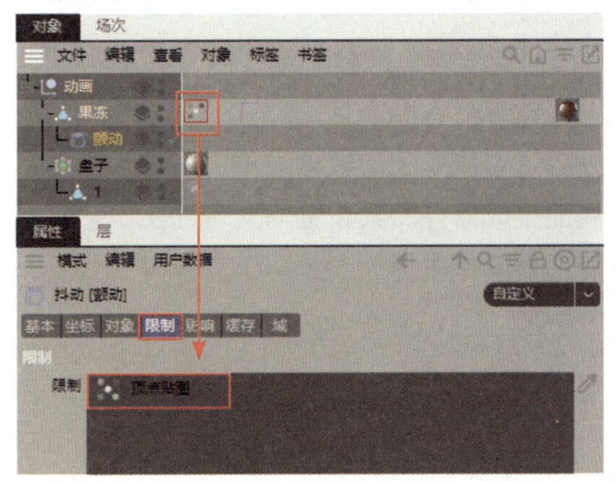

图 4-2-27　将“顶点贴图”标签拖动到“限制”矩形框中

学习成果检测

习题 1 制作冰淇淋

利用本项目所学知识制作如图 4-2-28 所示的冰淇淋。

提示：

（1）创建一个顶部半径为 30 cm、底部半径为 0 cm、高度为 70 cm 的圆锥体（不封顶），将其作为冰淇淋的脆筒。

（2）利用布料曲面生成器为脆筒添加厚度。

（3）创建一个圆环面作为脆筒的包边。

（4）创建一个立方体并利用“扭曲”“锥化”变形器制作出奶油部分。

图 4-2-28 冰淇淋

习题 2 制作具有爆炸效果的艺术字

利用本项目所学知识制作如图 4-2-29 所示的具有爆炸效果的艺术字。

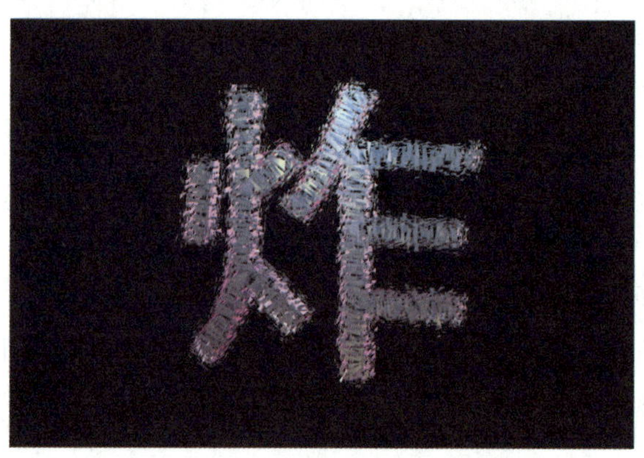

图 4-2-29 具有爆炸效果的艺术字

提示：

（1）创建一个内容为“炸”字的文本对象，字体为黑体。

（2）创建一个减面生成器并将其设置为文本的父级，将减面强度设为 1%。

（3）使用爆炸变形器制作出爆炸效果。

学习成果评价

请进行学习成果评价，并将评价结果填入表 4-2-1 中。

表 4-2-1　学习成果评价表

<table>
<tr><th rowspan="2">评价项目</th><th rowspan="2">评价内容</th><th rowspan="2">分值</th><th colspan="3">评价分数</th></tr>
<tr><th>自评</th><th>他评</th><th>师评</th></tr>
<tr><td rowspan="2">知识（20%）</td><td>了解 Cinema 4D 使用变形器的基本知识</td><td>10</td><td></td><td></td><td></td></tr>
<tr><td>了解常用变形器的功能与属性</td><td>10</td><td></td><td></td><td></td></tr>
<tr><td rowspan="6">技能（60%）</td><td>能够使用弯曲变形器编辑对象</td><td>10</td><td></td><td></td><td></td></tr>
<tr><td>能够使用膨胀变形器、锥化变形器、扭曲变形器编辑对象</td><td>10</td><td></td><td></td><td></td></tr>
<tr><td>能够使用样条约束变形器编辑对象</td><td>10</td><td></td><td></td><td></td></tr>
<tr><td>能够使用 FFD 变形器、倒角变形器、球化变形器编辑对象</td><td>10</td><td></td><td></td><td></td></tr>
<tr><td>能够使用爆炸变形器、爆炸 FX 变形器编辑对象</td><td>10</td><td></td><td></td><td></td></tr>
<tr><td>能够使用融化变形器、碰撞变形器、碎片变形器、颤动变形器编辑对象</td><td>10</td><td></td><td></td><td></td></tr>
<tr><td rowspan="2">素养（20%）</td><td>积极参加教学活动，按时完成学习任务</td><td>10</td><td></td><td></td><td></td></tr>
<tr><td>联系现实生活，对物品和环境进行符合其实际功能与审美要求的创意构想，并能够使用软件予以呈现</td><td>10</td><td></td><td></td><td></td></tr>
<tr><td colspan="2">合计</td><td>100</td><td></td><td></td><td></td></tr>
<tr><td>总评</td><td>自评（20%）+他评（20%）+师评（60%）=____________</td><td colspan="4">指导教师（签名）：____________</td></tr>
<tr><td>自我评价</td><td colspan="5"></td></tr>
<tr><td>教师评价</td><td colspan="5"></td></tr>
</table>

项目五 多边形建模

项目引言

使用基本体建模、样条建模、生成器建模或变形器建模的方法只能制作较简单的模型，若要制作复杂的模型，则必须使用多边形建模。使用多边形建模，可以对对象上的点、边、面进行编辑，从而自由地改变模型的形态。本项目主要讲解多边形建模的基础知识和基本操作。

知识目标

- 了解多边形建模的优势。
- 了解法线与卡线。

能力目标

- 能够使用点模式工具建模。
- 能够使用边模式工具建模。
- 能够使用面模式工具建模。

素质目标

- 主动学习多边形建模相关知识，提高职业素养。
- 紧跟时代发展潮流，培养自身的创新意识和实践能力。

任务一　认识多边形建模

任务引入

某日，北京某学校为促进文化传承、激发创新活力，举办了文化创意大赛。这深深地吸引了艺术设计专业的小红同学，她决定制作一个三维卡通角色作品参赛。在专业课程上，她已经学习了 Cinema 4D 中基本体建模、样条建模、生成器建模、变形器建模的方法，非常有把握把设计的角色制作出来。但是，刚开始制作这个卡通角色头部的时候，她就被难住了。她发现无论她学过的哪一种建模方法都不能让她随意改变模型的形状，达不到她想要的效果。巧的是，在第二天的三维模型课上，老师讲解了多边形建模的方法，在认真学习之后，她终于制作出这个三维卡通角色了。

想一想：

（1）多边形建模有哪些优势？

（2）进行多边形建模时，应注意什么？

理论知识

一、多边形选择工具

利用多边形选择工具可以快捷地选择可编辑对象的点、边、面。在切换为点模式、边模式或面模式后，长按左侧工具栏中的“循环选择”图标或选择菜单栏“选择”选项，可在展开的列表中选择“循环选择”“环状选择”“路径选择”等工具。

（一）“循环选择”工具

利用“循环选择”工具可以快速选取一圈循环的点、边、面，如图 5-1-1 所示。

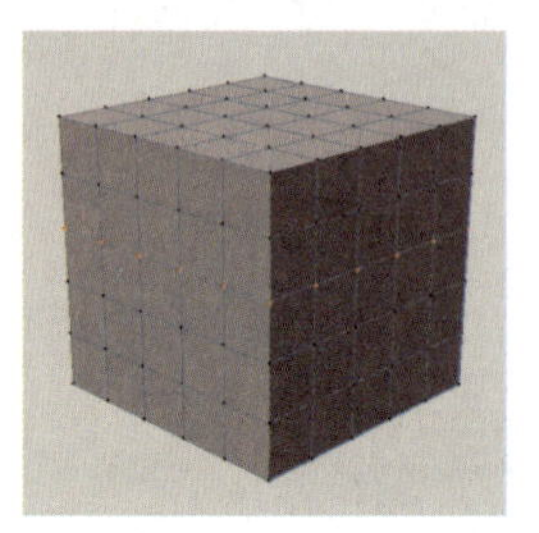
（a）循环选择点

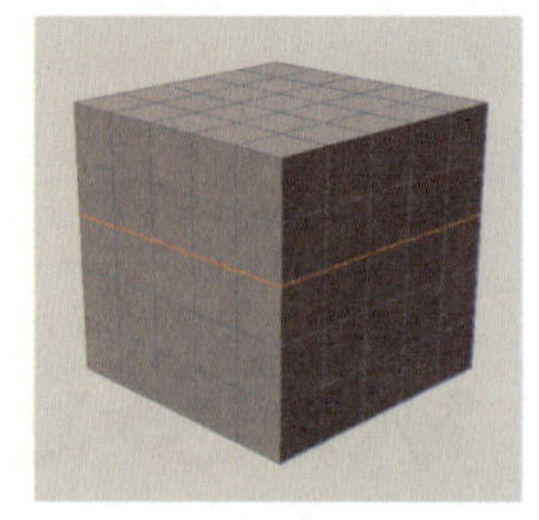
（b）循环选择边

（c）循环选择面

图 5-1-1 “循环选择”工具

（二）“环状选择”工具

利用“环状选择”工具可以快速选取一圈环状的点、边、面，如图 5-1-2 所示。

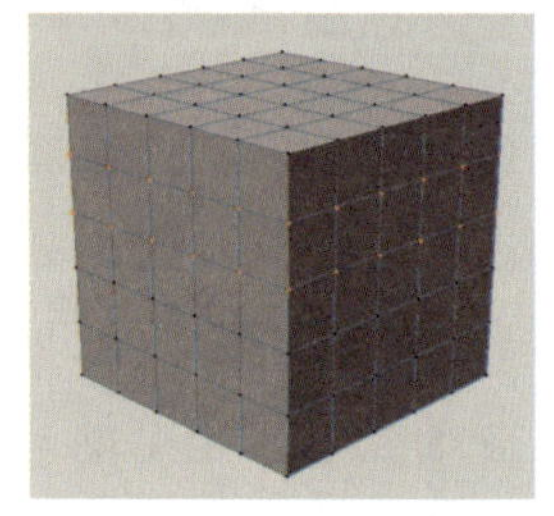
（a）环状选择点

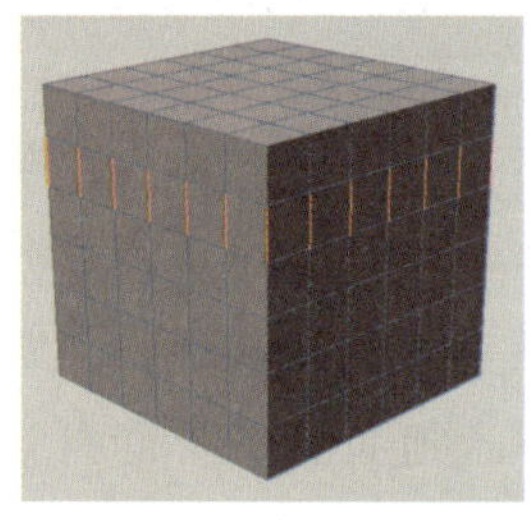
（b）环状选择边

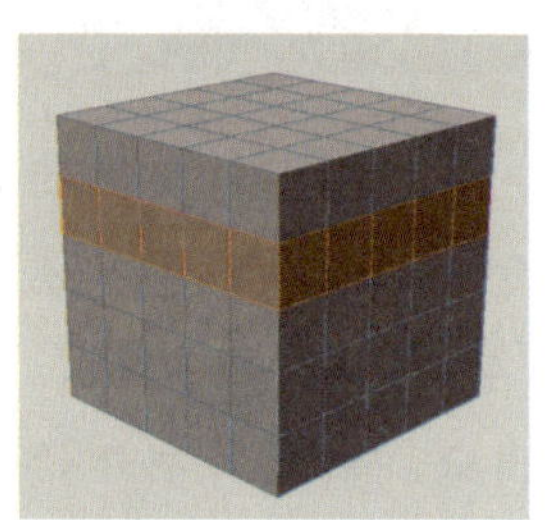
（c）环状选择面

图 5-1-2 “环状选择”工具

（三）“路径选择”工具

利用“路径选择”工具可以沿着绘制的路径选择点、边。切换为点模式或边模式后，选择“路径选择”工具，在模型上拖动鼠标左键即可绘制路径，如图 5-1-3 所示。

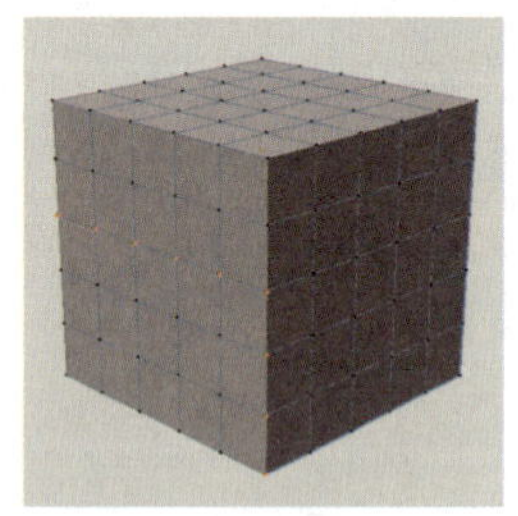
（a）路径选择点

（b）路径选择边

图 5-1-3 “路径选择”工具

（四）“选择平滑着色断开”工具

利用“选择平滑着色断开”工具可以根据设置的平滑着色角度来选择点、边、面，如图 5-1-4 所示。平滑着色角度可在属性面板中进行设置。

（五）“轮廓选择”工具

当为一个开放的模型时，利用“轮廓选择”工具可以自动选择它的边界轮廓，如图 5-1-5 所示。“轮廓选择”工具在边模式下使用。

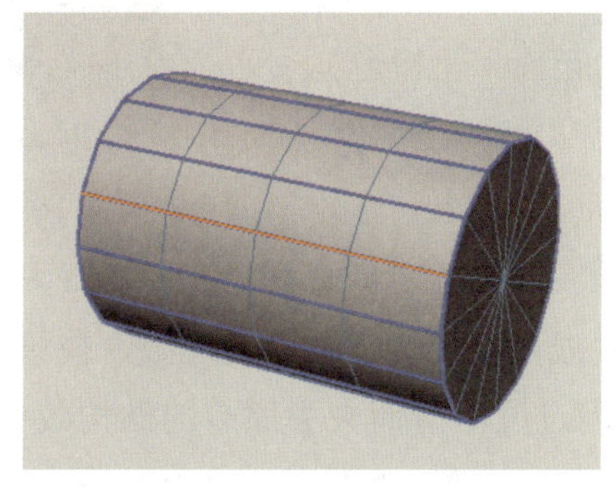

图 5-1-4 “选择平滑着色断开”工具的使用效果

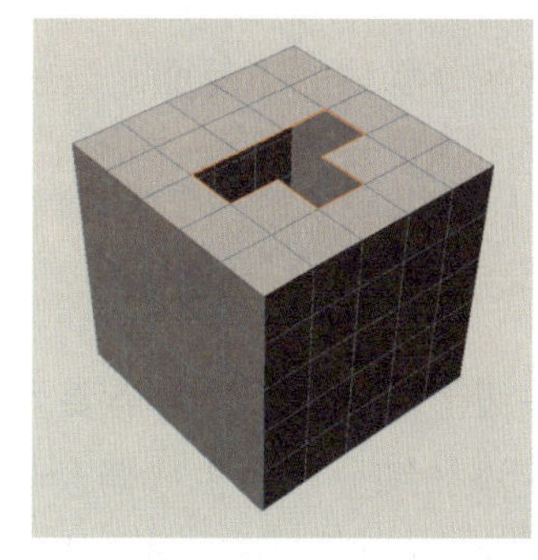

图 5-1-5 “轮廓选择”工具的使用效果

（六）“填充选择”工具

“填充选择”工具常与其他选择工具配合使用。“填充选择”工具在边模式和面模式下使用。

同步案例 5-1　选择立方体面

下面通过选择立方体面来介绍“填充选择”工具的使用方法。

步骤 1 创建一个立方体，在属性面板的“对象”选项卡中，将“分段 X”“分段 Y”“分段 Z”均设为 6，然后按“C”键将其转换为可编辑对象。

步骤 2 切换为边模式，使用“循环选择”工具选择对象中间一圈的边，如图 5-1-6（a）所示。

步骤 3 在菜单栏中选择“选择”→“填充选择”选项，切换为“填充选择”工具。

步骤 4 单击刚才选中的这一条线上方的模型，即可选中这一条线上方的模型的所有面，如图 5-1-6（b）所示。

步骤 5 单击模型未被选中的部分，即可选中该部分模型的所有面，如图 5-1-6（c）所示。

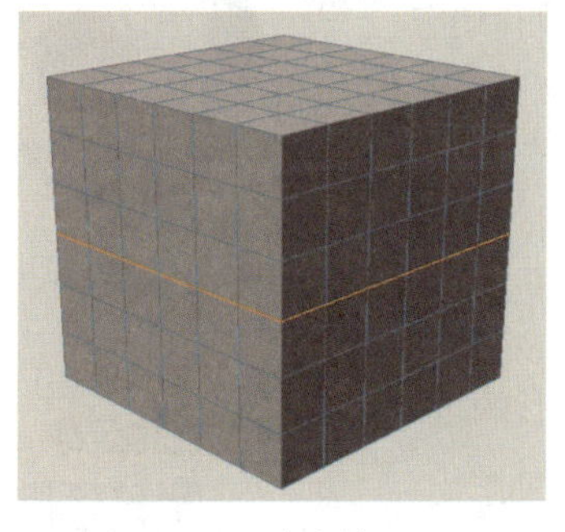

（a）选中边

（b）选中上边的面

（c）选中下边的面

图 5-1-6 “填充选择”工具的使用效果

二、法线与卡线

（一）法线

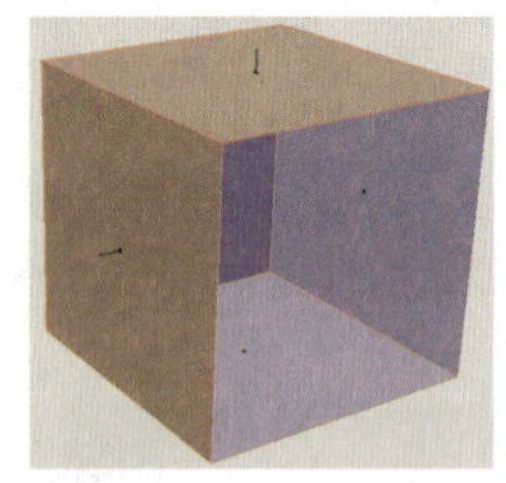
图 5-1-7　法线

法线能够区分物体的正反面。法线指向的方向为模型的正面（呈橙色）、反向为模型的反面（呈蓝色），如图 5-1-7 所示。

（二）卡线

在进行多边形建模时，通常需要为模型添加细分曲面生成器，以增加模型的面数，使模型变得平滑、精细。但直接添加细分曲面生成器会使模型的结构转折处因过度平滑而失去原有的结构效果，因此，在添加细分曲面生成器前，需要在模型结构转折处的边的两侧添加两条边来进行结构保护，以免破坏模型原本的形状，这一步骤称为卡线。模型卡线前后的平滑效果如图 5-1-8 所示。卡线的边与转折处的边的距离越近，平滑后产生的形变就越小；卡线的边与转折处的边的距离越远，平滑后产生的形变就越大。

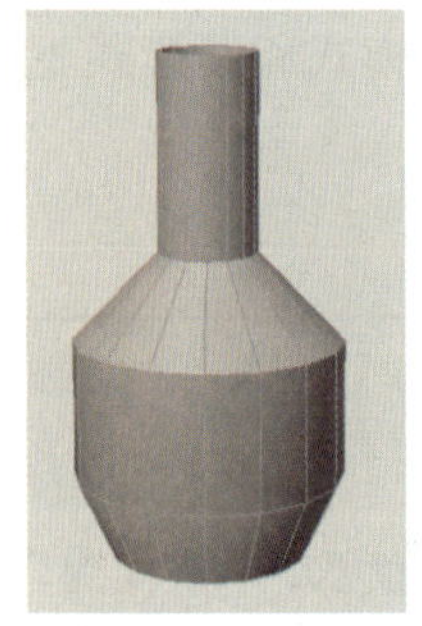

（a）卡线前

（b）卡线后

图 5-1-8　模型卡线前后的平滑效果

任务实施　制作足球

下面通过制作足球（图 5-1-9）来巩固所学知识。

图 5-1-9　足球

足球由多个五边形与六边形组成，多边形与多边形之间的边凹陷于足球表面。首先创建一个宝石体，并设置为碳原子，制作出足球的基本形状。然后将其转换为可编辑对象并删除多边形中多余的线，这样每个五边形和六边形的面都是完整的，方便倒角。选中所有面之后进行倒角，再将其挤压出来，制作出面与面之间的缝隙。之后利用倒角变形器对足球进行卡线，限制细分之后的形状。随后利用细分曲面生成器将足球细分，使足球更加精细。最后利用球化变形器将足球变圆。

制作步骤

步骤1 **创建一个宝石体。** 长按右侧工具栏中的“立方体”图标，在展开的列表中选择“宝石体”选项，创建一个宝石体。在“宝石体”属性面板的“对象”选项卡中将“类型”设为“碳原子”。设置完成后的模型如图 5-1-10 所示。

步骤2 **删除多边形中多余的线。** 选中“宝石体”后按“C”键将其转换为可编辑对象。单击顶部工具栏中的“边”图标，切换为边模式。长按左侧工具栏中的“循环选择”图标，在展开的列表中选择“选择平滑着色断开”选项，并在属性面板中单击“全选”按钮，选中所有正五边形和正六边形的边，如图 5-1-11（a）所示。在菜单栏中选择“选择”→“反选”选项（或按“U～I”快捷键，即先按“U”键，再按“I”键）反选对象，如图 5-1-11（b）所示。在视图窗口中右击，在弹出的快捷菜单中选择“消除”工具（或按“Ctrl+Delete”组合键）删除选中的线，如图 5-1-11（c）所示。

图 5-1-10　宝石体

（a）选择边

（b）反选对象

（c）删除选中的线

图 5-1-11　删除多余的线

步骤3 **挤出多边形。** 单击顶部工具栏中的“多边形”图标，切换为面模式。使用“框选”工具选中所有的面，然后在视图窗口中右击，在弹出的快捷菜单中选择“倒角”工具，在倒角属性面板的“工具选项”选项卡中将“偏移”设为 2 cm，在“多边形挤压”选项卡中将“挤出”设为 5 cm，并取消勾选“保持组”复选框。设置完成后的模型如图 5-1-12 所示。

步骤4 **对模型进行卡线。** 长按右侧工具栏中的“弯曲”图标，在展开的列表中选择“倒角”选项，创建一个倒角变形器，在对象面板中将其设置为“宝石体”的子级。在“倒角”属性面板的“选项”选项卡中将“倒角模式”设为实体、“偏移”设为 1 cm。设置完成后的模型如图 5-1-13 所示。

步骤5 **细化模型。** 单击右侧工具栏中的“细分曲面”图标，创建一个细分曲面生成器，并将其设置为“宝石体”的父级。长按右侧工具栏中的“弯曲”图标，在展开的列表中选择“球化”选项，创建一个球化变形器，在对象面板中选中“细分曲面”“球化”，按“Alt+G”组合键将其编组，如图 5-1-14 所示。在“球化”属性面板的“对象”选项卡中将“强度”设为 75%，将模型变圆。完成后的模型如图 5-1-15 所示。

图 5-1-12　挤出多边形

图 5-1-13　卡线

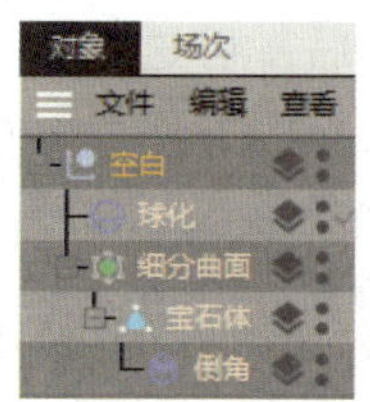

图 5-1-14　对象面板

图 5-1-15　完成后的模型

任务二 使用多边形建模工具

任务引入

在三维模型课上，老师布置了一份作业——制作一个茶杯模型。小王使用基本体建模和样条建模的方法很快将模型制作了出来，但是她发现室友制作的模型和她制作的模型不一样。小王制作的茶杯把手和杯体僵硬地连接在一起，而她室友制作的茶杯把手和杯体之间有过渡连接，看上去十分真实。于是小王向室友请教，室友说：“我的茶杯把手并不是单独制作的，而是在原有的茶杯基础上将把手用多边形建模工具挤压出来，再对连接的部分进行卡线，最后添加细分曲面生成器将模型细分。”小王连连称赞，很快，她也做出了一个细节满满的茶杯模型。

想一想：

（1）制作茶杯模型需要使用哪些多边形建模工具？

（2）还有哪些多边形建模工具？它们可以用来制作什么模型？

理论知识

一、点模式

在点模式下可对可编辑对象上的点进行编辑，如倒角、焊接、缝合等。选中可编辑对象，单击顶部工具栏中的“点”图标切换为点模式，然后在视图窗口中右击，在弹出的快捷菜单中可选择相应的工具。

（1）多边形画笔。选择该工具后，可进行如下操作：① 在一个点上单击，然后单击另一个点或另一条边，即可绘制出直线，如图 5-2-1（a）所示；② 拖动点可移动点的位置，当拖动到另一个点上时，两个点合为一个点，如图 5-2-1（b）所示；③ 在多个不同位置处单击可创建多边形，在最后一个点时双击或单击第一个点可结束绘制，如图 5-2-1（c）所示。

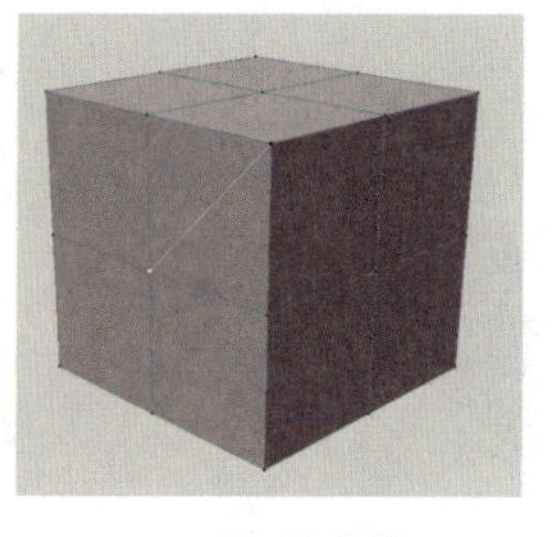

（a）绘制直线

（b）合并点

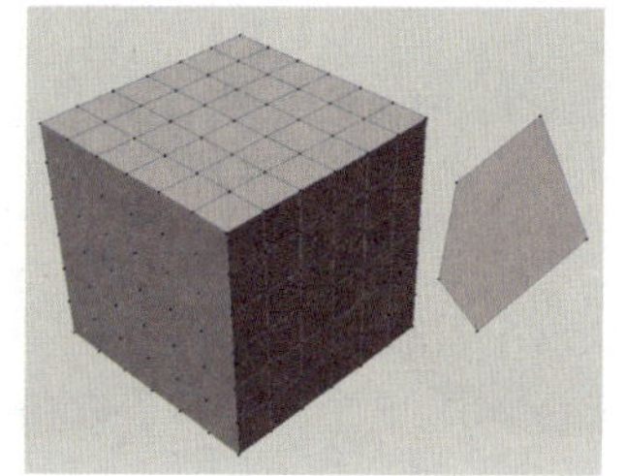

（c）创建多边形

图 5-2-1　多边形画笔

（2）**创建点**。选择该工具后，在模型的边或面上单击可添加点。在面上添加点后，该点会自动与面的顶点连接，如图 5-2-2 所示。

（3）**封闭多边形孔洞**。选择该工具后，在模型缺口的边上单击即可将该缺口封闭，如图 5-2-3 所示。

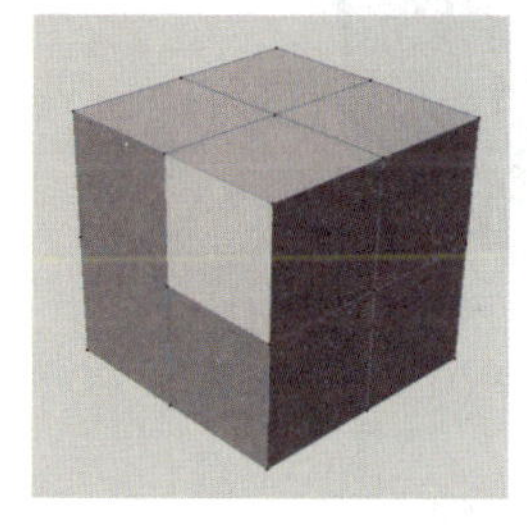

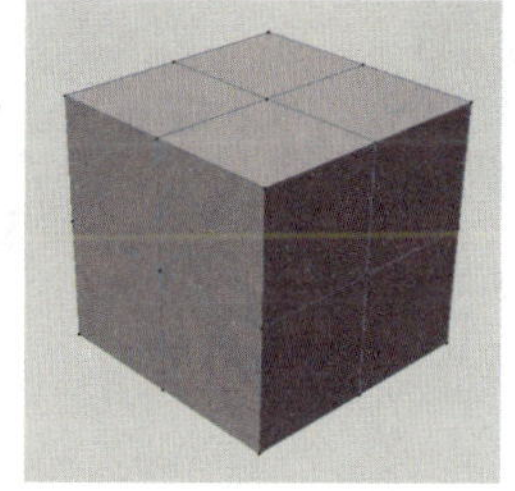

图 5-2-2　创建点

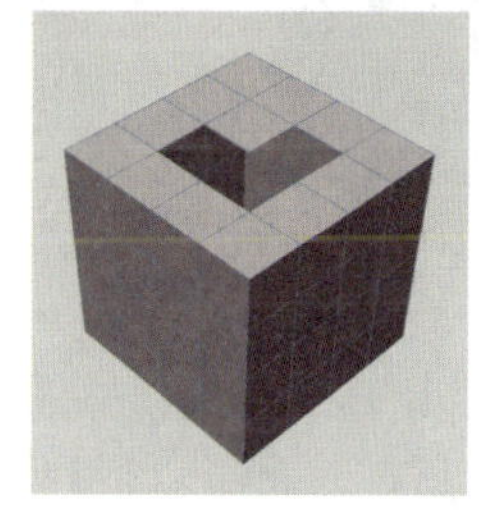

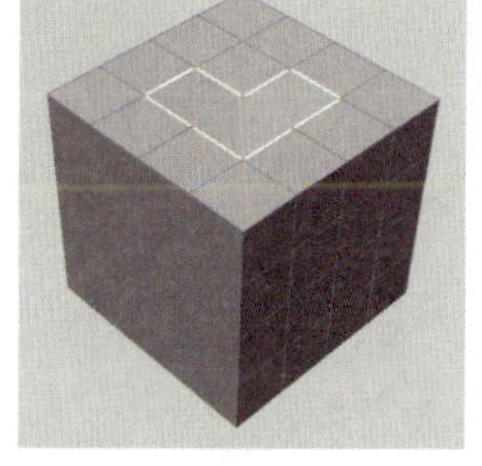

图 5-2-3　封闭多边形孔洞

（4）**焊接**。在模型上选中多个点后选择该工具，并单击其中某一个点或这几个点的中心点，可将这几个点在该位置焊接为一个点，如图 5-2-4 所示。

（5）**缝合**。选择该工具后，在模型上将一个点拖动至另一个点，可将这两个点缝合，如图 5-2-5（b）所示；按住“Ctrl”键将一个点拖动至另一个点，可将这两个点缝合至它们的中间位置，如图 5-2-5（c）所示。

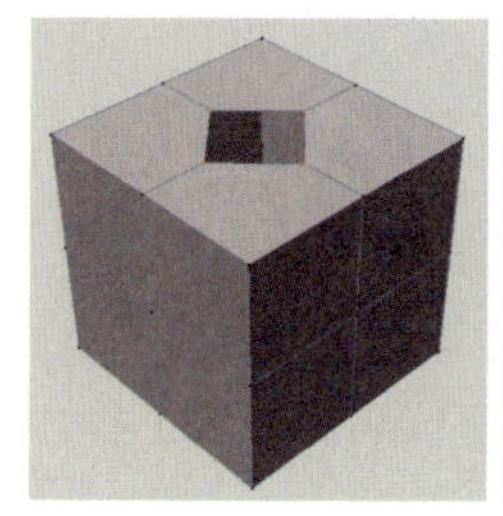

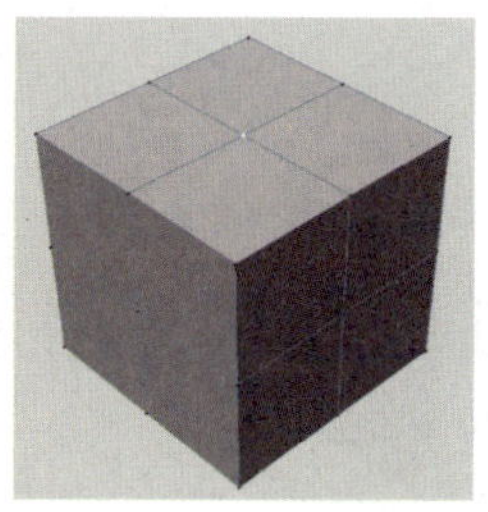

图 5-2-4　焊接

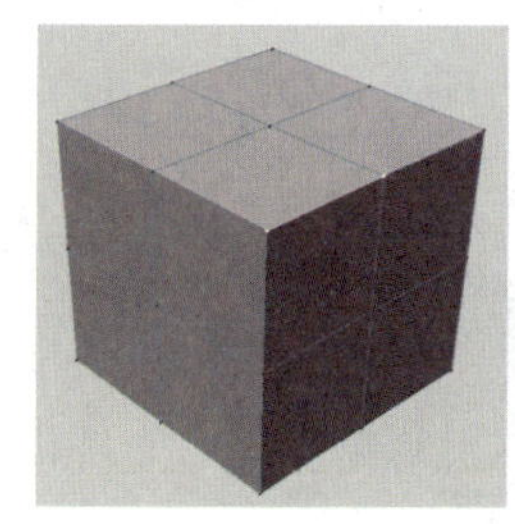

（a）原对象

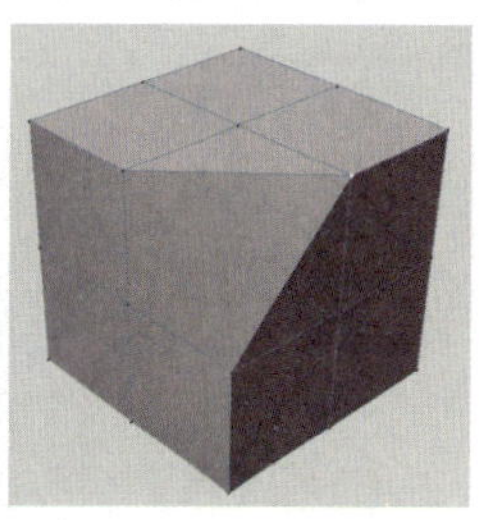

（b）将一个点缝合至另一个点

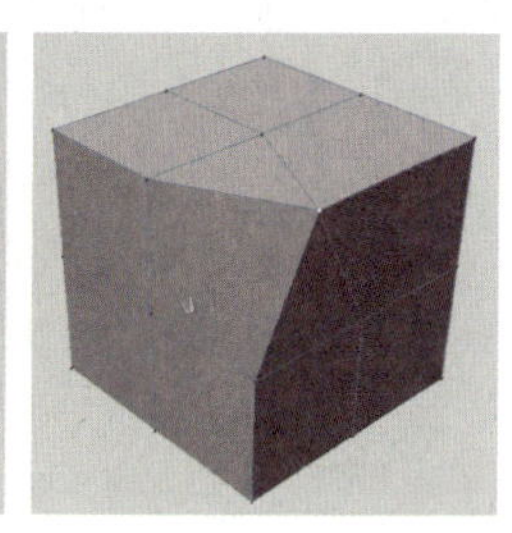

（c）将两个点缝合至它们的中间位置

图 5-2-5　缝合

（6）**优化**。选择该工具后，可将模型上间距小于公差值（默认值为 0.001 cm）的点焊接在一起。单击“优化”工具的“设置”图标，可在弹出的对话框中设置要优化的点的类型和公差值。

（7）**笔刷**。选择该工具后，在模型上拖动可以使模型产生起伏效果，如图 5-2-6 所示。

（8）**滑动**。选择该工具后，拖动点可以使点在边上滑动，如图 5-2-7 所示。

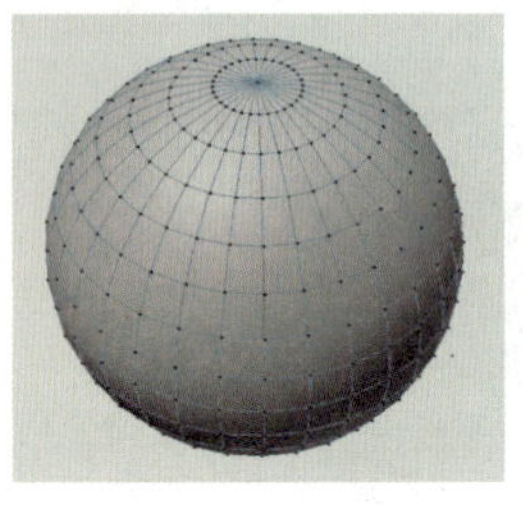
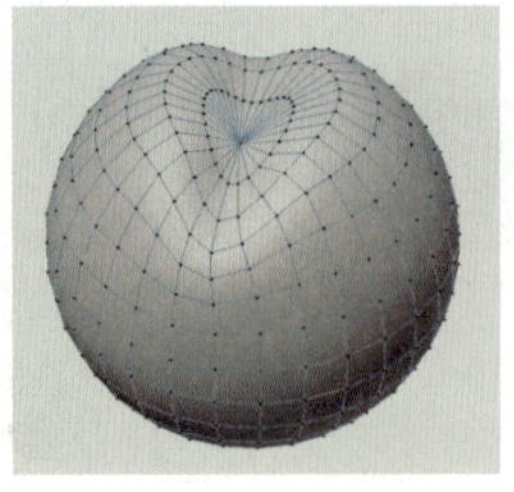

图 5-2-6　笔刷

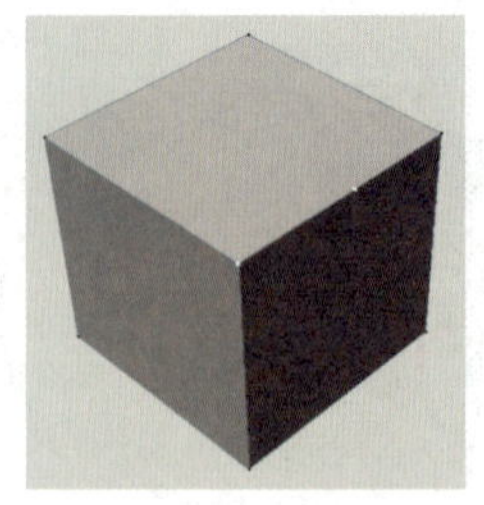
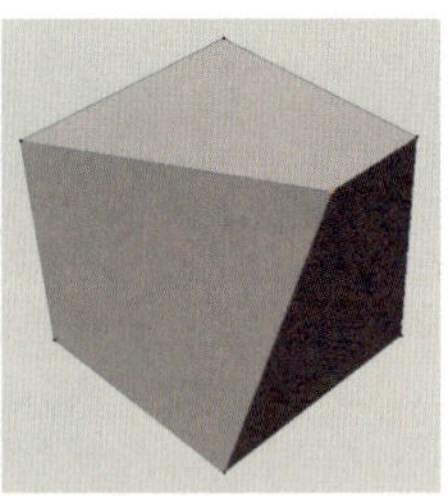

图 5-2-7　滑动

（9）线性切割。选择该工具后，在模型或视图窗口中单击，将光标移动至另一处再次单击，即可将模型的边或面切割，按“Esc”键结束，如图 5-2-8 所示。

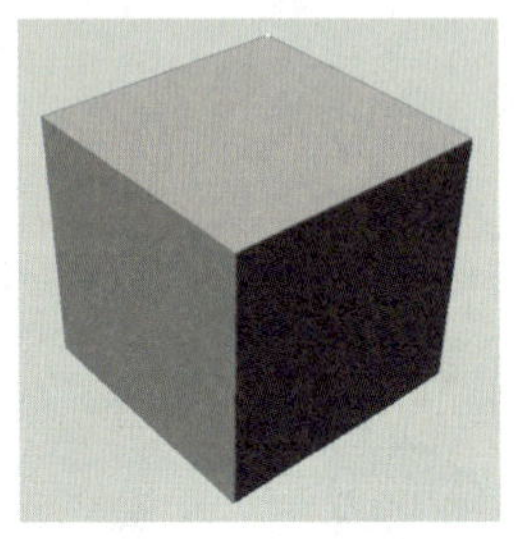
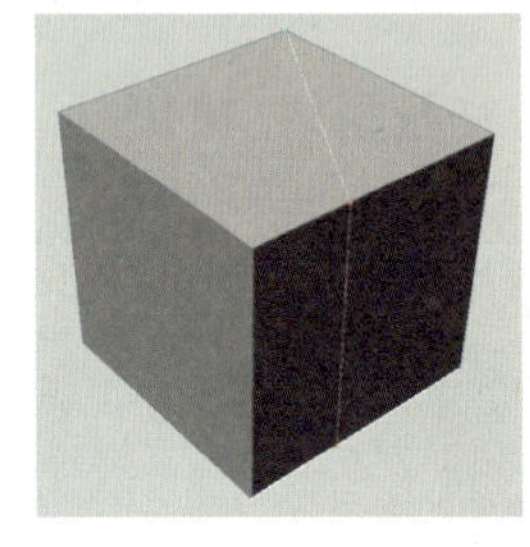

图 5-2-8　线性切割

二、边模式

在边模式下可对可编辑对象上的边进行编辑，如倒角、桥接、缝合等。选中可编辑对象，单击顶部工具栏中的“边”图标切换为边模式，然后在视图窗口中右击，在弹出的快捷菜单中可选择相应的工具。

（1）倒角。选择该工具后，在模型上选中边，并在视图窗口中拖动鼠标，可将选中的边倒角，如图 5-2-9 所示。倒角的参数可在属性面板中进行设置。

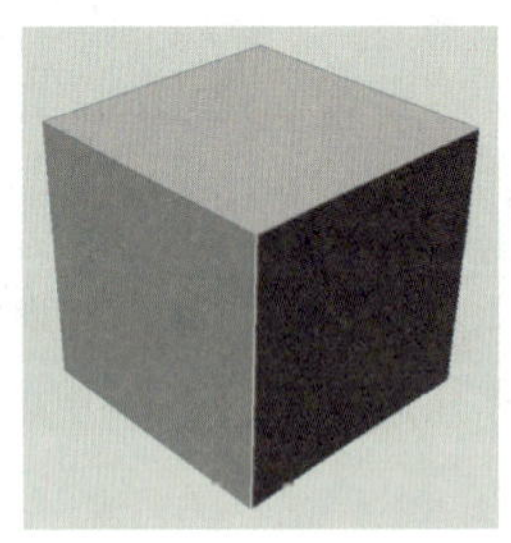
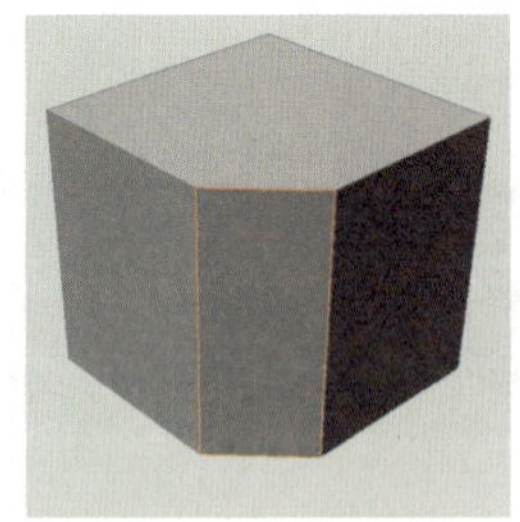

图 5-2-9　倒角

（2）桥接。选择该工具后，在模型上将一条边拖动至另一条边即可将这两条边连接起来，如图 5-2-10 所示。

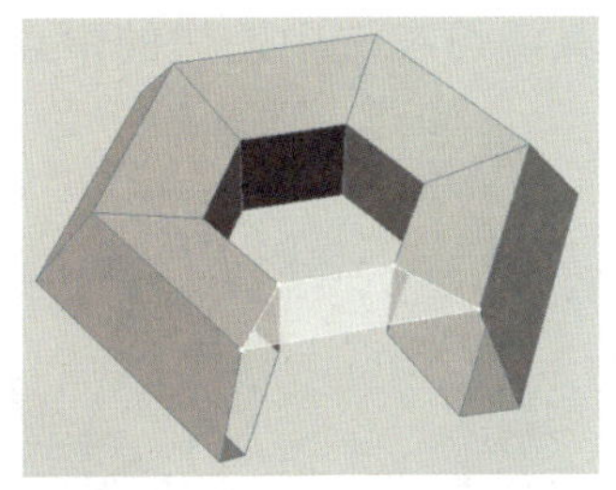

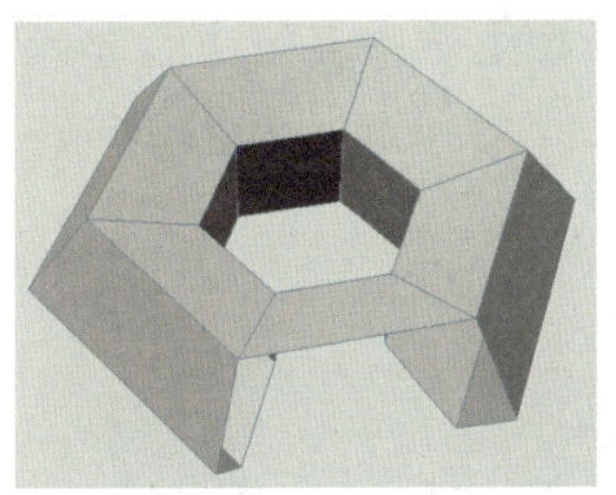

图 5-2-10　桥接

（3）缝合。选择该工具后，在模型上将一条边拖动至另一条边可将这两条边缝合，如图 5-2-11（b）所示；按住“Ctrl”键将一条边拖动至另一条边，可将这两条边缝合至它们的中间位置，如图 5-2-11（c）所示；按住“Shift”键将一条边拖动至另一条边，可将这两条边桥接，如图 5-2-11（d）所示。

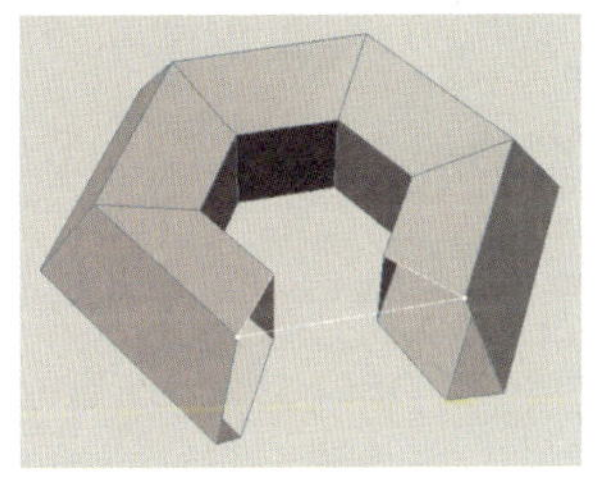

（a）原对象

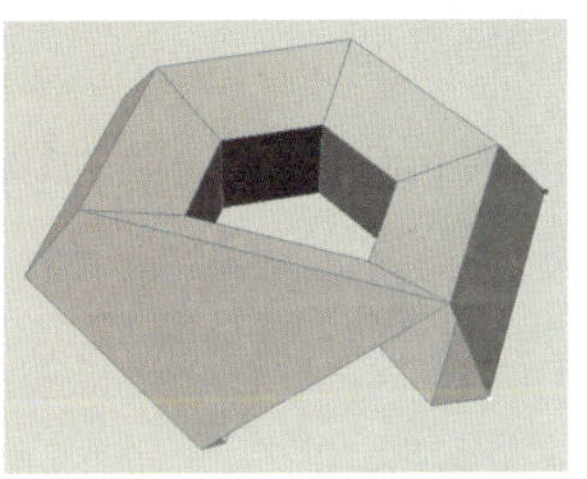

（b）将一条边缝合至另一条边

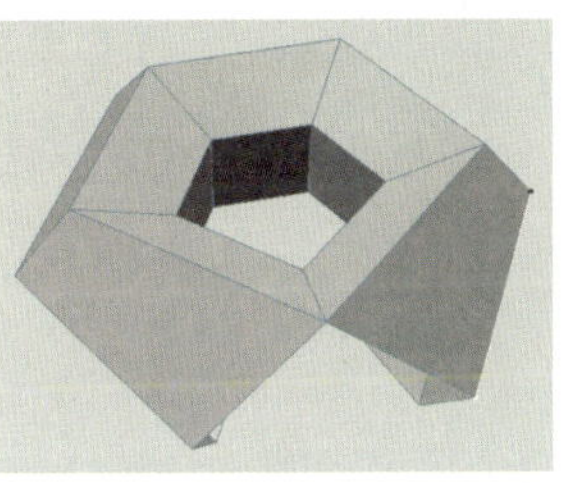

（c）将两条边缝合至它们的中间位置

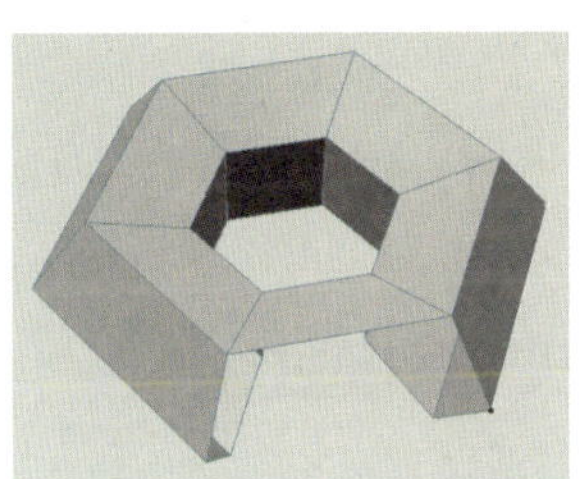

（d）将两条边桥接

图 5-2-11　缝合

（4）坍塌。在模型上选中边后选择该工具，可将选中的边坍塌为一个点，如图 5-2-12 所示。

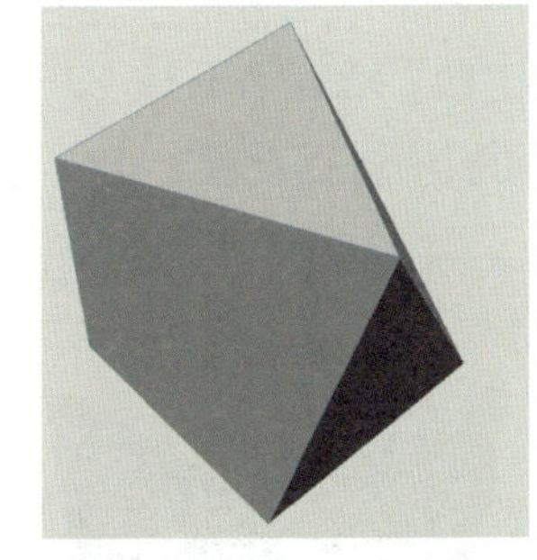

图 5-2-12　坍塌

（5）循环/路径切割。选择该工具后，在模型的边上单击可创建一条循环的边，如图 5-2-13 所示。

图 5-2-13　循环/路径切割

（6）**连接点/边**。在模型上选中多条边后选择该工具，可在选中的边的中点位置添加新的点；同时，同一个面中的中点会自动连接，如图 5-2-14 所示。

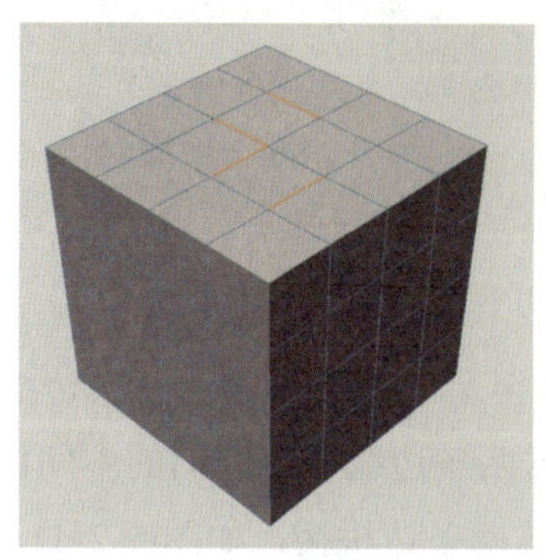
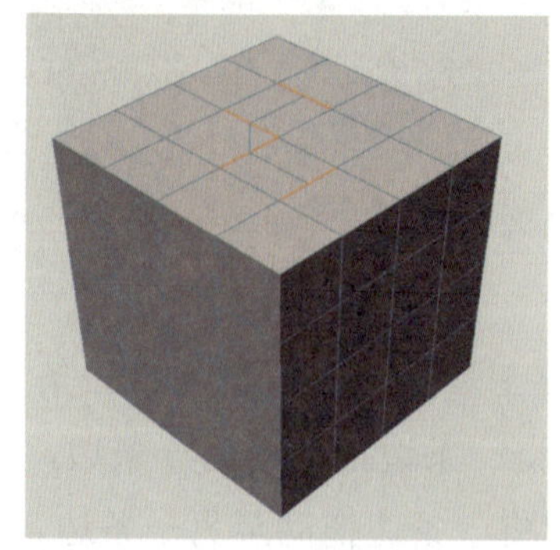

图 5-2-14　连接点/边

（7）**提取样条**。在模型上选中边后选择该工具，可将选中的边提取为该模型的子级样条。

三、面模式

在面模式下可对可编辑对象上的面进行编辑，如倒角、挤压、嵌入等。选中可编辑对象，单击顶部工具栏中的“多边形”图标切换为面模式，然后在视图窗口中右击，在弹出的快捷菜单中可选择相应的工具。

（1）**倒角**。在模型上选中面后选择该工具，并在视图窗口中拖动鼠标，可将选中面倒角，如图 5-2-15 所示。倒角的参数可在属性面板中进行设置。

（2）**挤压**。在模型上选中面后选择该工具，并在视图窗口中拖动鼠标，可将选中的面挤压，如图5-2-16 所示。挤压的参数可在属性面板中进行设置。

图 5-2-15　倒角

图 5-2-16　挤压

（3）**嵌入**。在模型上选中面后选择该工具，并在视图窗口中拖动鼠标，可将选中的面作为一个新面嵌入在原面中，如图 5-2-17 所示。嵌入的参数可在属性面板中进行设置。

（4）**细分**。在模型上选中面后选择该工具，可将选中面细分，如图 5-2-18 所示。单击“细分”工具的“设置”图标，在弹出的对话框中可设置参数。

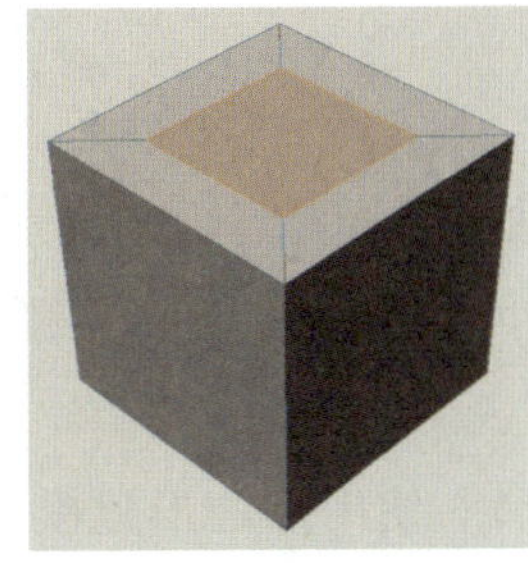

图 5-2-17　嵌入

图 5-2-18　细分

（5）坍塌。在模型上选中面后选择该工具，可将选中的面坍塌为一个点，如图 5-2-19 所示。

（6）分裂。在模型上选中面后选择该工具，可将选中面在原位置复制出一个单独的对象。

（7）断开连接。在模型上选中面后选择该工具，可将选中面在原位置分离出来，此时移动该面不会影响其他区域，如图 5-2-20 所示。

图 5-2-19　坍塌

图 5-2-20　断开连接

任务实施　制作茶杯

下面通过制作茶杯（图 5-2-21）来巩固所学知识。

图 5-2-21　茶杯

制作思路

茶杯由杯口、杯身、杯底和把手构成，茶杯上下大致对称。

（1）制作茶杯主体。创建一个圆柱体并将其转换为可编辑对象，将其删除一半的面之后，调整外形使其符合茶杯的形状。

（2）制作茶杯的把手。杯身和把手连接的部分为圆形。使用多边形建模工具在杯身上切出一个圆形，并将圆形挤出，制作出一半的把手。

（3）将茶杯对称。将对称切口移动到对称平面上，使用对称生成器将茶杯对称。

（4）制作出茶杯主体的杯口、内部杯身、杯底。先将对称后的茶杯转换为一个新的可编辑对象，再制作茶杯主体的杯口、内部杯身、杯底。

（5）将茶杯细分。对茶杯各部分进行卡线，并将多边形面处理成三角形面或四边形面，以免细分曲面时出现面不平整的问题；然后利用细分曲面生成器将茶杯细分，茶杯便制作完成了。

制作步骤

步骤 1 **创建茶杯主体。**创建一个圆柱体，并在属性面板中将“半径”设为 250 cm、“高度”设为 450 cm、“高度分段”设为 4，按“C”键将其转换为可编辑对象。

步骤 2 **调整茶杯主体形状。**单击顶部工具栏中的“点”图标，切换为点模式，选中茶杯上半部分的点，按“Delete”键删除。分别选中茶杯每一排的点，执行“缩放”命令，将茶杯调整为图 5-2-22 所示形状。

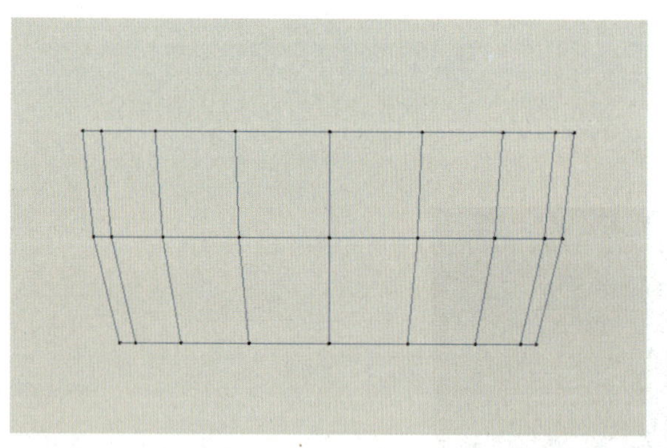

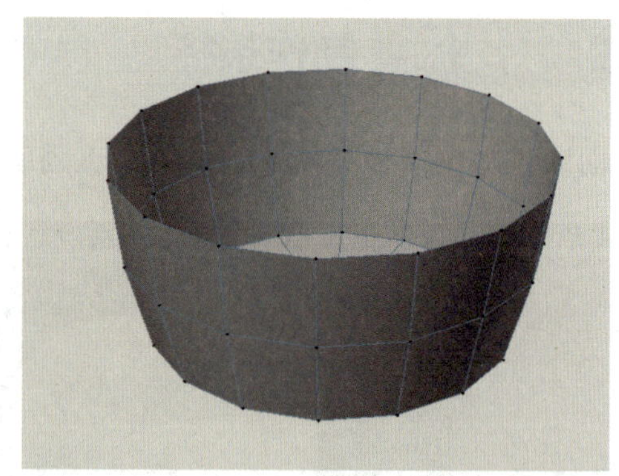

图 5-2-22　调整茶杯主体形状

步骤 3 **调整茶杯主体布线。**单击顶部工具栏中的“边”图标，切换为边模式，并选中图 5-2-23（a）所示模型的边，在视图窗口中右击，在弹出的快捷菜单中选择“连接点/边”选项，将四条线的中点连接起来，如图 5-2-23（b）所示。选中新创建的边，并在视图窗口中右击，在弹出的快捷菜单中选择“连接点/边”选项，在选中的边的中点位置分别创建点。单击顶部工具栏中的“点”图标，切换为点模式，并选中新创建的点，执行“缩放”命令，将其缩放至图 5-2-23（c）所示的大小，使其连线接近圆形。单击左侧工具栏中的“循环选择”图标，选中图 5-2-23（d）所示的点，并适当缩小。

（a）选中边

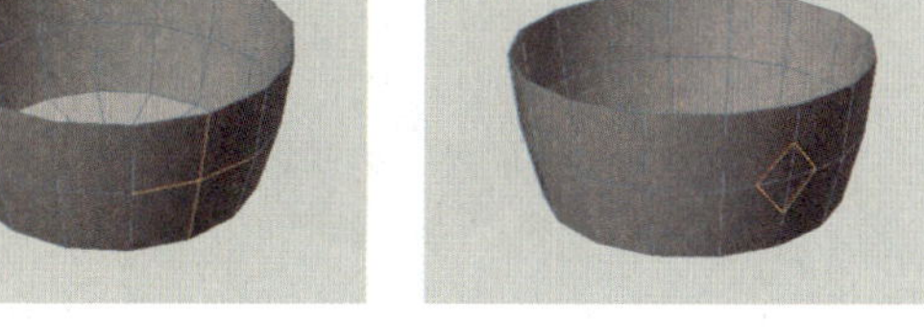

（b）连接中点

（c）缩放点

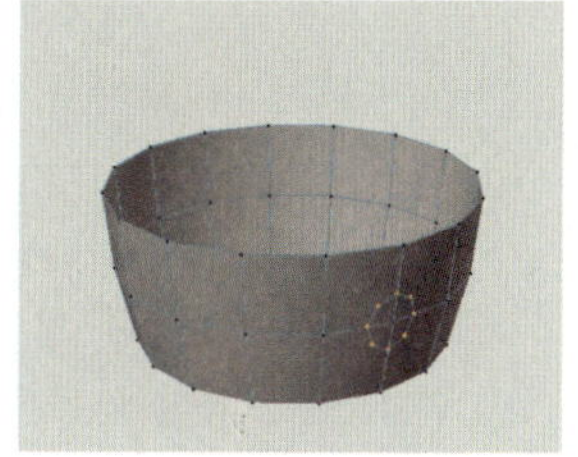

（d）选中点并缩小

图 5-2-23　调整茶杯主体布线

步骤 4　制作茶杯把手。单击顶部工具栏中的“多边形”图标，切换为面模式。选中图 5-2-24 所示的面，按“E”键切换为“移动”工具，按住“Ctrl”键并拖动 *X* 轴，将选中的边挤出。单击顶部工具栏中的“建模设置”图标，在打开的“捕捉”选项卡中勾选“捕捉”“引导线”复选框。按“T”键切换为“缩放”工具，拖动缩放 Gizmo 的 *X* 轴手柄到缩放 Gizmo 的中心，将选中面对齐到同一个平面上，如图 5-2-25 所示。按“Delete”键将选中面删除。单击顶部工具栏中的“点”图标，切换为点模式。选中把手缺口边缘的点，并将其按逆时针方向旋转 30°。在菜单栏中选择“窗口”→“坐标管理器 ...”选项，打开坐标管理器。选中把手第一排的点（图 5-2-26），在坐标管理器中“Y”的第三个编辑框中输入“0”，将选中的点在 *Y* 轴上对齐。重复此操作将每排点对齐。单击顶部工具栏中的“边”图标，切换为边模式。选中把手缺口一圈的边，沿 *XY* 平面挤压后并将其旋转至图 5-2-27 所示角度；然后沿 *Y* 轴挤压，制作出如图 5-2-28 所示的把手。

图 5-2-24　选中面

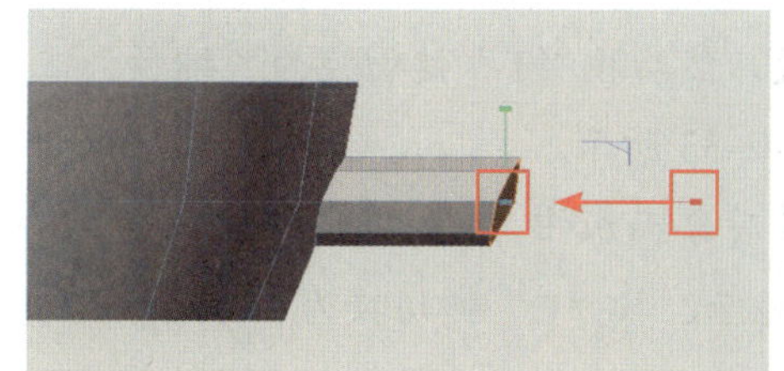

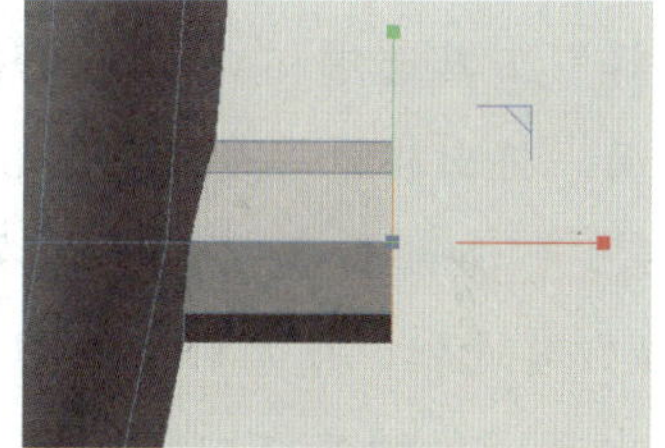

图 5-2-25　将选中面对齐

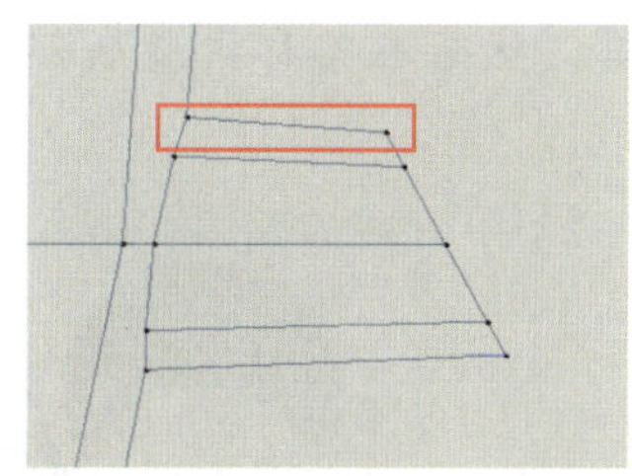

图 5-2-26　选中点

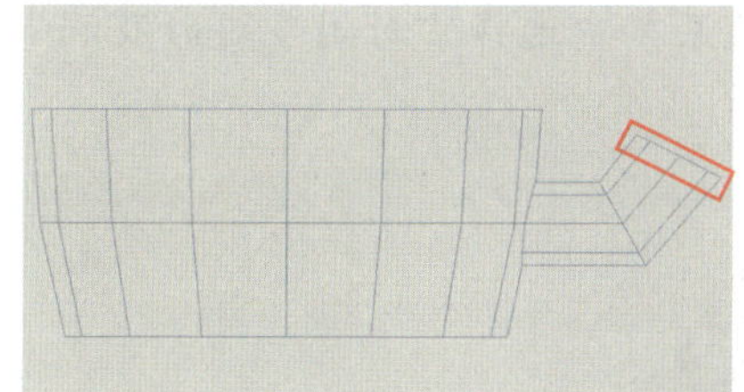

图 5-2-27　旋转至合适角度

图 5-2-28　挤出茶杯把手

步骤 5　将茶杯对称复制。单击顶部工具栏中的“点”图标，切换为点模式。选中图 5-2-29 所示的点，在坐标管理器中“Y”的第三个编辑框中输入“0”，将选中的点在 *Y* 轴上对齐；在“Y”的第一个编辑框中输入“0”，将选中的点对齐到世界轴心的 *XZ* 平面上。创建一个对称生成器，并将其设置为“圆柱体”的父级，在“对称”属性面板的“对象”选项卡中将“镜像平面”设为“XZ”。对称后的模型如图 5-2-30 所示。

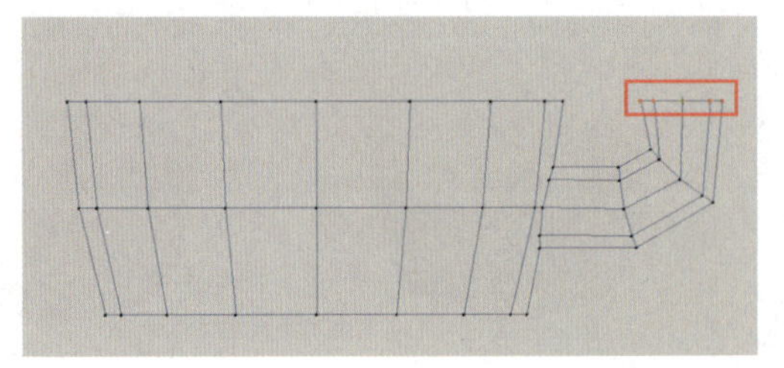

图 5-2-29　对齐点

图 5-2-30　对称后的模型

步骤 6 **调整茶杯把手**。在对象面板中右击“对称”，在弹出的快捷菜单中选择“连接对象+删除”选项，将对称及其子级合并为一个新的可编辑对象。此时，把手中间的线为选中状态，按“Ctrl+Delete”组合键将其删除，如图 5-2-31 所示。

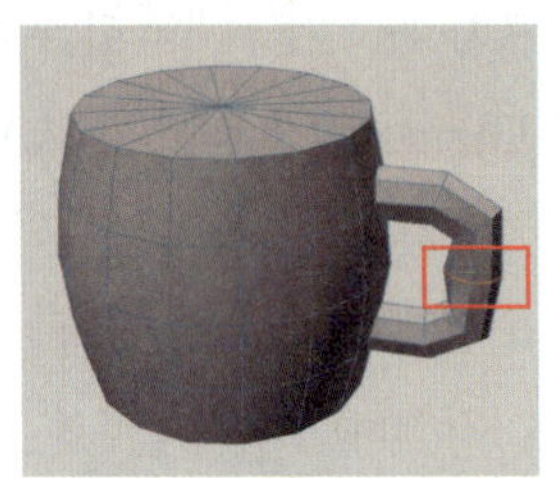

图 5-2-31　删除选中线

步骤 7 **挤出杯口**。单击顶部工具栏中的“多边形”图标，切换为面模式，选中杯口的面，并按“Delete”键将其删除，如图 5-2-32 所示。单击顶部工具栏中的“边”图标，切换为边模式，使用“循环选择”工具选中杯口一圈的边，然后按“T”键切换为“缩放”工具，按住“Ctrl”键并拖动“XZ”坐标平面，挤出杯口厚度，如图 5-2-33 所示。

步骤 8 **制作茶杯内部**。在对象面板中单击“圆柱体”，然后在属性面板的“基本”选项卡中勾选“透显”复选框，使茶杯半透明显示。按“E”键切换为“移动”工具，按住“Ctrl”键向下拖动 *Y* 轴，向下挤出第一段的茶杯内壁；按“T”键切换为“缩放”工具，沿“XZ”平面缩放选中的边，使茶杯内壁与外壁平行，如图 5-2-34（a）所示。重复上述操作将茶杯剩余三层内壁制作出来，如图 5-2-34（b）所示。在视图窗口中右击，在弹出的快捷菜单中选择“封闭多边形孔洞”工具，然后在茶杯内壁底部的边上单击，将孔洞封闭。

图 5-2-32　删除杯口的面

图 5-2-33　挤出杯口厚度

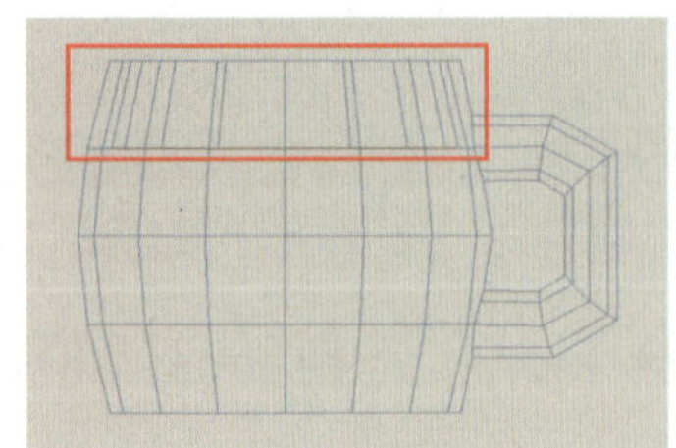

（a）缩放边

（b）封闭孔洞

图 5-2-34　制作茶杯内部

步骤 9 **制作杯底**。单击顶部工具栏中的“多边形”图标，切换为面模式。选中茶杯底部的面，在视图窗口中右击，在弹出的快捷菜单中选择“嵌入”工具，在视图窗口中向左或向下拖动鼠标，嵌

入一圆面，重复此操作再嵌入一圆面，如图 5-2-35（a）所示。单击左侧工具栏中的“循环选择”图标，切换为“循环选择”工具，选中图 5-2-35（b）所示的面，然后按“E”键切换为“移动”工具，按住“Ctrl”键并向下拖动 Y 轴，将杯底挤出，如图 5-2-35（c）所示。

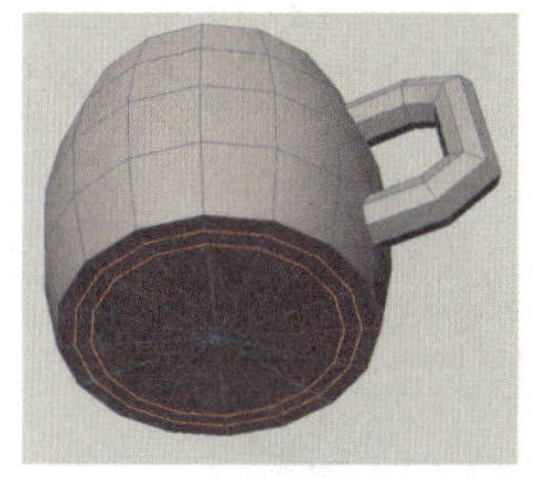
（a）嵌入圆面

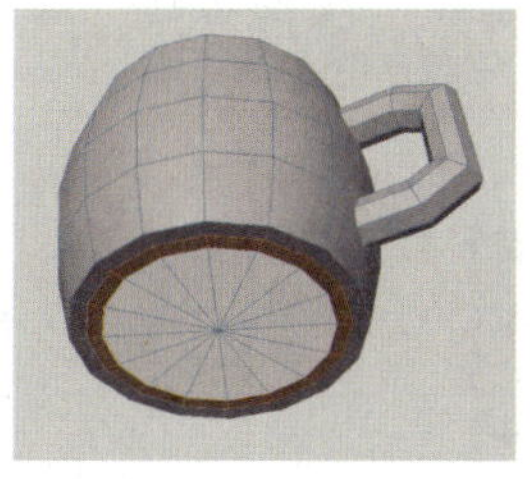
（b）选中面

（c）挤出杯底

图 5-2-35　制作杯底

步骤10　对杯口进行卡线。单击顶部工具栏中的“边”图标，切换为边模式。在视图窗口中右击，在弹出的快捷菜单中选择“循环/路径切割”选项，在杯口位置添加三条线，使其细分后能够保持形状，如图 5-2-36（a）所示。由于茶杯把手周围的面不是四边形面，导致“循环/路径切割”工具在此部位创建的循环线被截断了，因此需要主动调整布线，将循环线补齐。在视图窗口中右击，在弹出的快捷菜单中选择“线性切割”选项，先在循环线被截断的点上单击，再在中间的线上单击，接着在循环线被截断的另一端的点上单击，将其连接起来，如图 5-2-36（b）所示。最后按“Esc”键结束绘制。

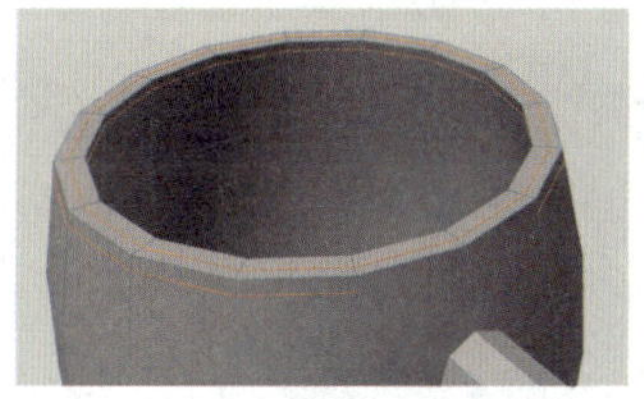
（a）添加线

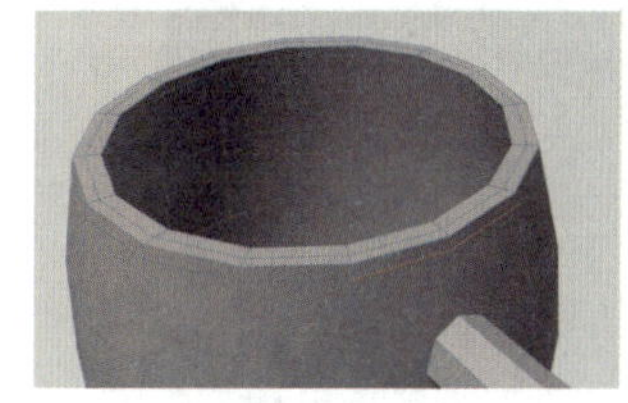
（b）连接点

图 5-2-36　对杯口进行卡线

步骤11　对杯底进行卡线。在视图窗口中右击，在弹出的快捷菜单中选择“循环/路径切割”选项，使用该工具在杯底的每条线的两边都各添加一条线，如图 5-2-37（a）所示。将靠近把手的循环线根据步骤 10 的方法补齐，如图 5-2-37（b）所示。

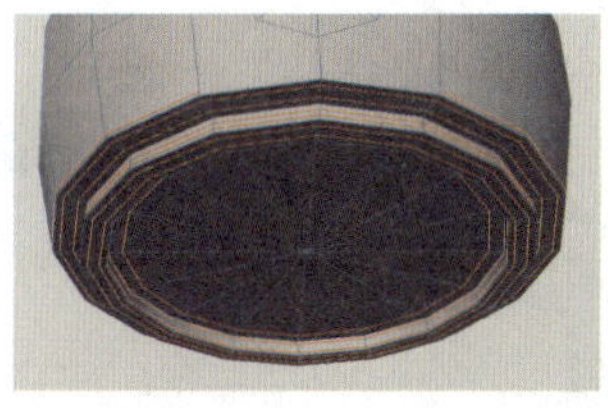
（a）添加线

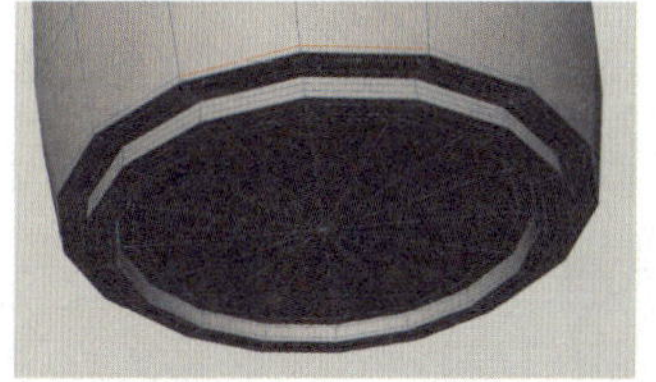
（b）连接点

图 5-2-37　对杯底进行卡线

步骤12　对把手进行卡线。选中把手与杯身连接的两条线，在视图窗口中右击，在弹出的快捷菜单中选择“倒角”选项，并在其属性面板的“工具选项”选项卡中将“倒角模式”设为实体、“偏移”设为

25 cm。卡线后的模型如图 5-2-38 所示。

步骤13 处理把手边缘布线。边数过多的多边形面在细分时容易出现错误，导致细分后的表面不平整，所以要将多边形面处理成四边形面或三角形面。单击顶部工具栏中的“边”图标，切换为边模式。在视图窗口中右击，在弹出的快捷菜单中选择“线性切割”选项，按照图 5-2-39 创建 8 根线。

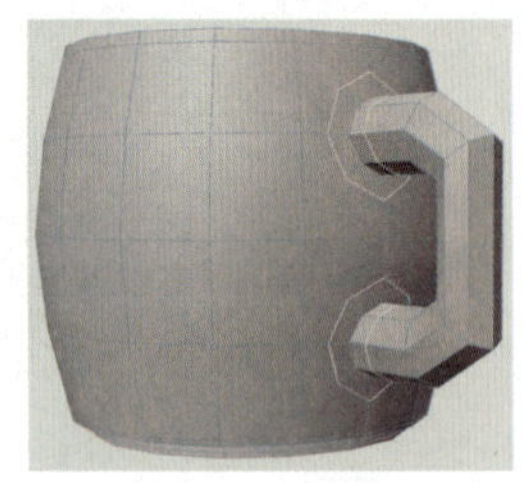

图 5-2-38 对把手进行卡线

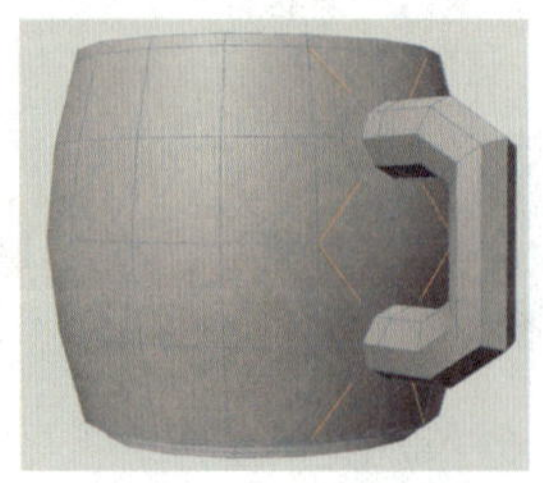

图 5-2-39 处理把手边缘布线

步骤14 对茶杯内部进行卡线。在视图窗口中右击，在弹出的快捷菜单中选择“循环/路径切割”选项，使用该工具在茶杯内部底面边缘的上方添加一条线，如图 5-2-40（a）所示。单击顶部工具栏中的“多边形”图标，切换为面模式。选中茶杯内部底面，在视图窗口中右击，在弹出的快捷菜单中选择“嵌入”选项，然后在视图窗口中向左或向下拖动鼠标，在茶杯内部底面上添加一条线，并重复此操作再添加一条线，如图 5-2-40（b）所示。在视图窗口中右击，在弹出的快捷菜单中选择“坍塌”选项，将选中面的边坍塌成一个点，如图 5-2-40（c）所示。

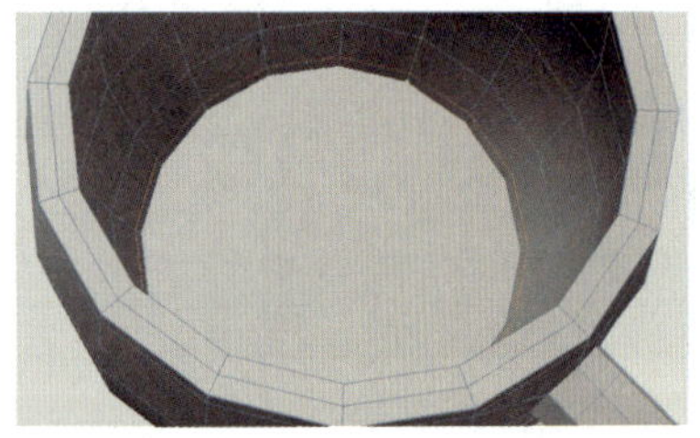

（a）在茶杯内部底面边缘的上方添加一条线

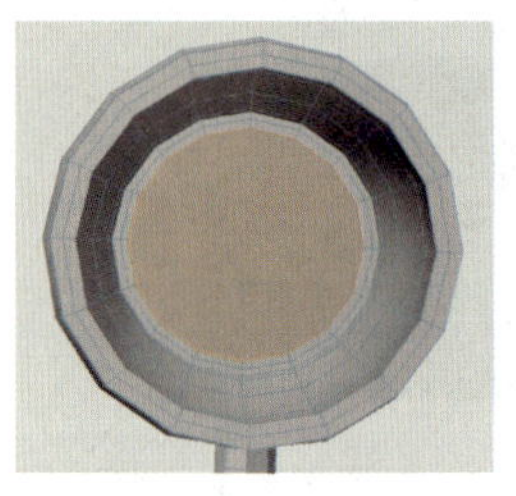

（b）在茶杯内部底面上添加两条线

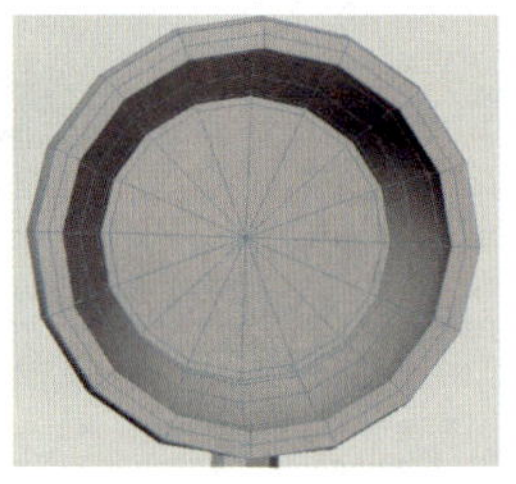

（c）将选中面的边坍塌成一个点

图 5-2-40 对茶杯内部进行卡线

步骤15 将茶杯细分。创建一个细分曲面生成器，将“圆柱体”设置为“细分曲面”的子级，将茶杯细分，如图 5-2-41 所示。至此，茶杯便制作完成了。

图 5-2-41 细分后的茶杯

学习成果检测

习题 1 制作蘑菇

利用本项目所学知识制作图 5-2-42 所示的蘑菇。

图 5-2-42　蘑菇

提示：

（1）创建一个半径为 50 cm、高度为 140 cm、高度分段为 6 的圆柱体，并将其转换为可编辑对象。

（2）执行“移动”“缩放”命令，将菌盖制作出来，如图 5-2-43 所示。

（3）利用“连接点/边”“线性切割”工具和“移动”命令将菌褶制作出来，如图 5-2-44 所示。

图 5-2-43　制作菌盖

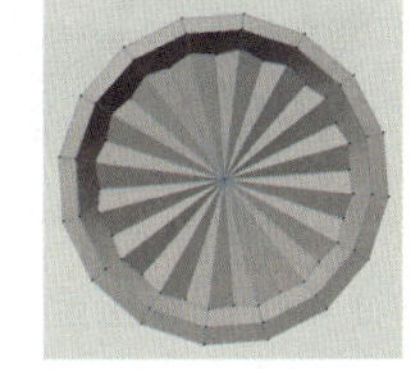

图 5-2-44　制作菌褶

（4）利用“循环/路径切割”“挤压”“坍塌”工具将菌柄制作出来，如图 5-2-45 所示。

（5）利用“倒角”工具对蘑菇进行卡线，如图 5-2-46 所示。

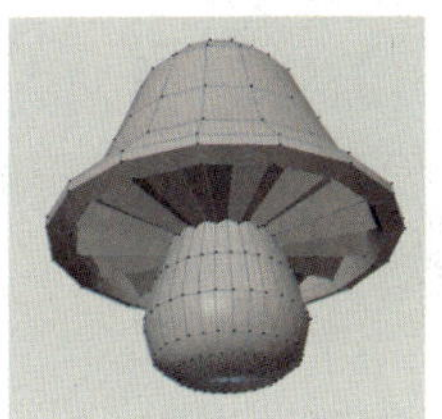

图 5-2-45　制作菌柄

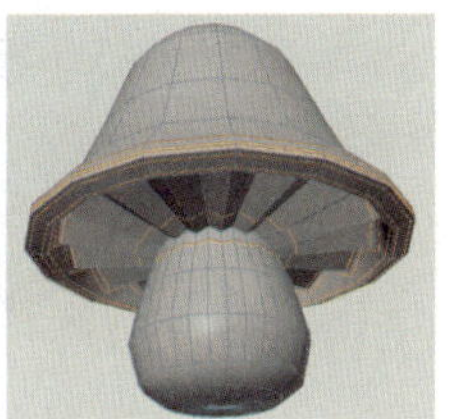

图 5-2-46　对蘑菇进行卡线

（6）利用细分曲面生成器将蘑菇细分。

习题 2 制作元宝

利用本项目所学知识制作图 5-2-47 所示的元宝。

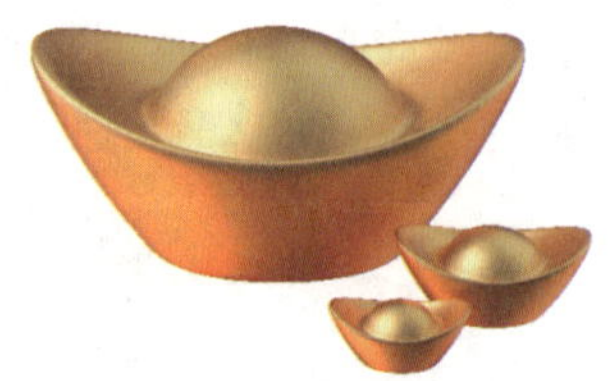

图 5-2-47　元宝

提示：

（1）创建一个半径为 40 cm、高度为 30 cm 的圆柱体，并将其转换为可编辑对象。

（2）执行“移动”“缩放”命令制作出元宝的大致形状，如图 5-2-48 所示。

（3）利用 FFD 变形器将元宝的凹陷部分制作出来，如图 5-2-49 所示。然后在对象面板中右击“圆柱体”，在弹出的快捷菜单中选择“连接对象+删除”选项，将其转换为一个新的可编辑对象。

图 5-2-48　制作元宝大致形状

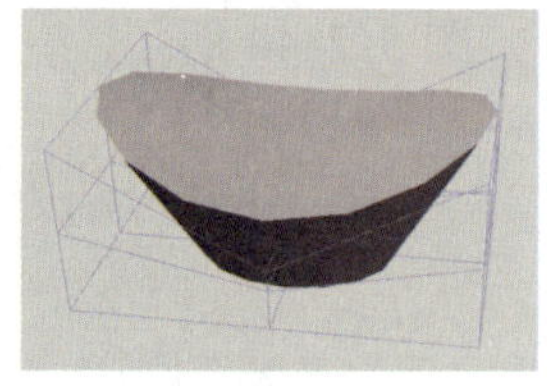

图 5-2-49　利用 FFD 变形器制作元宝的凹陷部分

（4）利用“循环/路径切割”工具与“移动”“缩放”命令制作出元宝中间的半球。

（5）选中图 5-2-50 所示的边，并利用“倒角”工具将其倒角（“倒角模式”为倒棱、“偏移”为 3 cm），做出边缘厚度。

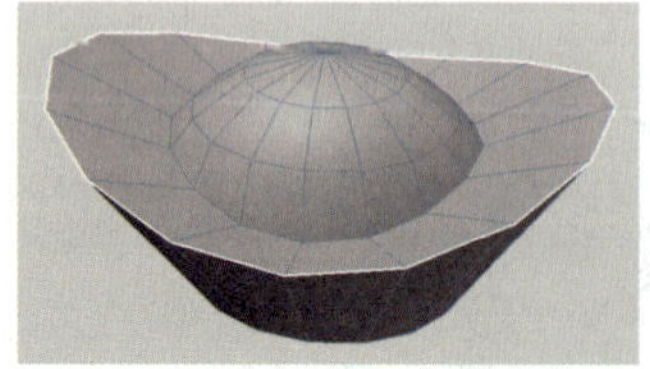

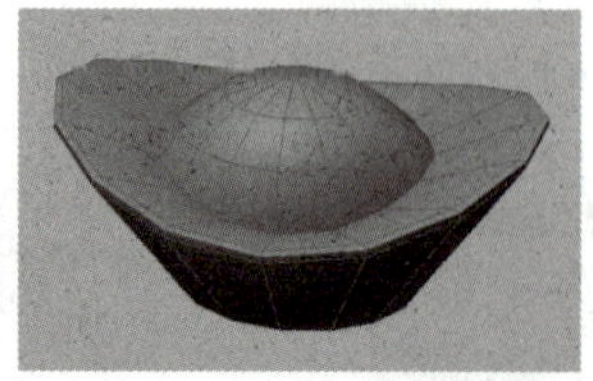

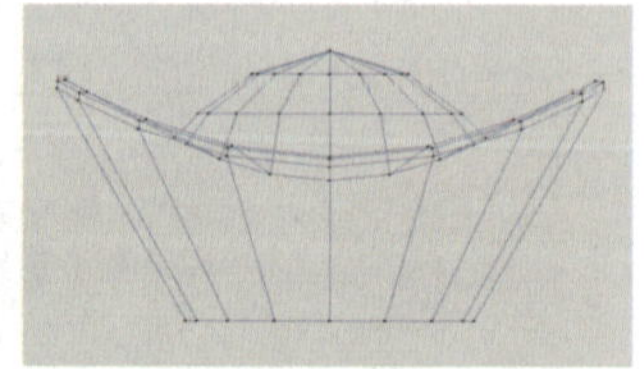

图 5-2-50　将选中的边倒角

（6）利用“循环/路径切割”工具对元宝进行卡线，如图 5-2-51 所示。

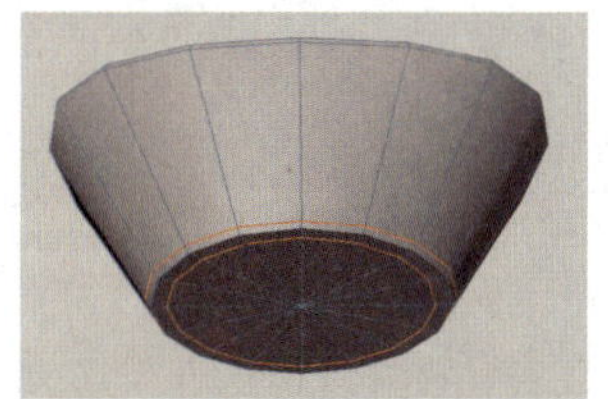

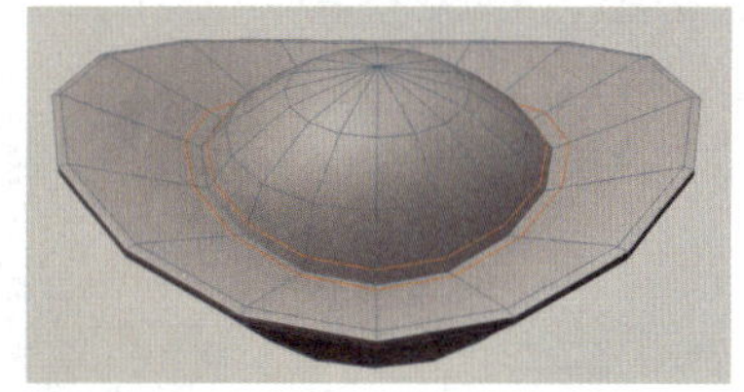

图 5-2-51　对元宝进行卡线

（7）利用细分曲面生成器将元宝细分。

学习成果评价

请进行学习成果评价，并将评价结果填入表 5-2-1 中。

表 5-2-1　学习成果评价表

<table>
<tr><th rowspan="2">评价项目</th><th rowspan="2">评价内容</th><th rowspan="2">分值</th><th colspan="3">评价分数</th></tr>
<tr><th>自评</th><th>他评</th><th>师评</th></tr>
<tr><td rowspan="2">知识
（20%）</td><td>了解多边形建模的优势</td><td>10</td><td></td><td></td><td></td></tr>
<tr><td>认识法线与卡线</td><td>10</td><td></td><td></td><td></td></tr>
<tr><td rowspan="4">技能
（60%）</td><td>能够熟练使用多边形选择工具</td><td>10</td><td></td><td></td><td></td></tr>
<tr><td>能够熟练使用点模式工具</td><td>10</td><td></td><td></td><td></td></tr>
<tr><td>能够熟练使用边模式工具</td><td>20</td><td></td><td></td><td></td></tr>
<tr><td>能够熟练使用面模式工具</td><td>20</td><td></td><td></td><td></td></tr>
<tr><td rowspan="2">素养
（20%）</td><td>积极参加教学活动，按时完成学习任务</td><td>10</td><td></td><td></td><td></td></tr>
<tr><td>能够发挥主观能动性，积极学习多边形建模的相关知识</td><td>10</td><td></td><td></td><td></td></tr>
<tr><td colspan="2">合计</td><td>100</td><td></td><td></td><td></td></tr>
<tr><td>总评</td><td>自评（20%）+他评（20%）+师评（60%）=____________</td><td colspan="4">指导教师（签名）：____________</td></tr>
<tr><td>自我评价</td><td colspan="5"></td></tr>
<tr><td>教师评价</td><td colspan="5"></td></tr>
</table>

项目六
材质与灯光

项目引言

材质是指一个物体的质地（如金属材质、玻璃材质等），可以通过设置材质来表现模型在真实世界中的质感。灯光是渲染过程中用来模拟现实世界中光线效果的工具，可以利用灯光来制作不同的场景效果。精心设计材质与灯光，可以创造出逼真的3D模型和场景。本项目主要讲解材质与灯光的基础知识和基本操作。

知识目标

- 了解材质的作用。
- 了解材质的常用属性。
- 了解灯光的作用。
- 了解灯光的布置方法。

能力目标

- 能够制作并赋予模型材质。
- 能够根据场景需要调整灯光的参数。

素质目标

- 具备主动思考、求真探索的精神。
- 具备踏实细致、认真负责的工作态度。

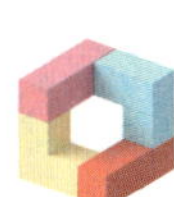

任务一　赋予模型材质

任务引入

小王在参观某艺术设计学院的毕业展时，看到了一个特别的数字雕塑作品。它整体都呈灰色，暗淡没有光泽，而其他作品不仅有各种颜色，还能看出金属、塑料、布料等材质。同样是数字雕塑作品，为什么差距这么大呢？于是，他向创作该作品的同学问了自己的不解。同学听到后笑了笑说：“模型被赋予材质后，就会有相应的颜色和质感，我想让大家的注意力放在作品的结构上，所以整个作品只用了一个黏土材质。”

想一想：

（1）材质的作用是什么？

（2）如何在 Cinema 4D 中制作材质？

理论知识

一、材质简介

制作材质是建模中关键的一环，影响着作品最终呈现的效果，如图 6-1-1 所示。材质主要被用于表现物体的色彩、纹理、光滑度、透明度、反射率、折射率、发光度等特性。在 Cinema 4D 中，可以通过设置材质的物理属性制作出各种各样的质感（如金属质感、玻璃质感、木质质感等），使模型看起来更加美观和真实。

在制作一些比较复杂的材质时，通过调整材质参数的数值并不能完全将物体的质感表现出来（如物体表面的纹理、花纹等），这时可以通过添加内置纹理或外部贴图来表现，如图 6-1-2 所示。

（a）赋予模型材质前

（b）赋予模型材质后

图 6-1-1　赋予模型材质前后对比

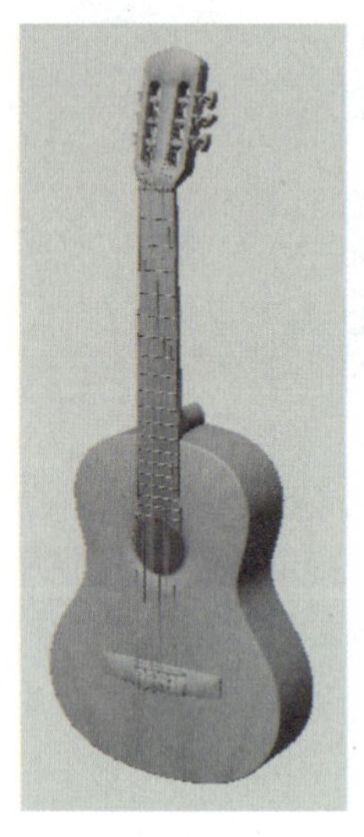
（a）添加前

（b）添加后

（c）颜色贴图

图 6-1-2　添加颜色贴图前后对比

贴图有多种类型，不同类型的贴图包含不同的信息。例如，用颜色贴图可以表现物体的颜色和花纹，用法线贴图可以表现物体表面的凹凸结构，用粗糙度贴图可以表现物体表面的粗糙程度，用发光贴图可以表现物体的发光颜色和发光强弱等。

二、材质编辑器

单击顶部工具栏中的“材质管理器 ...”图标打开材质管理器面板，如图 6-1-3 所示。在材质面板空白处双击或单击“新的默认材质”图标，可创建一个新材质，双击材质球即可打开“材质编辑器”窗口，如图 6-1-4 所示。材质编辑器包含颜色、漫射、发光、透明、反射、环境、烟雾、凹凸、法线、Alpha、辉光、置换等通道。

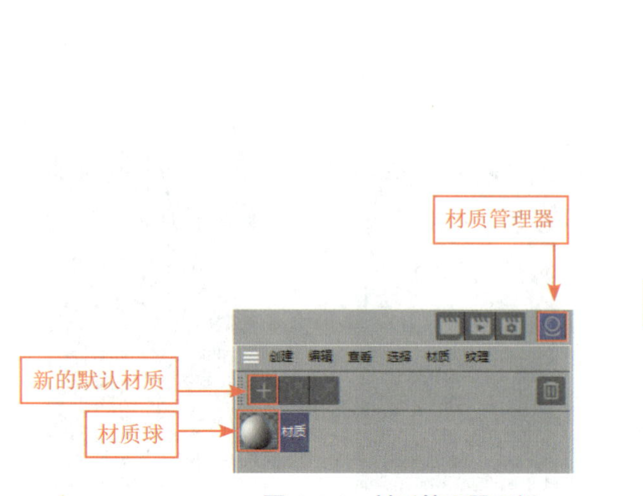

图 6-1-3　材质管理器面板

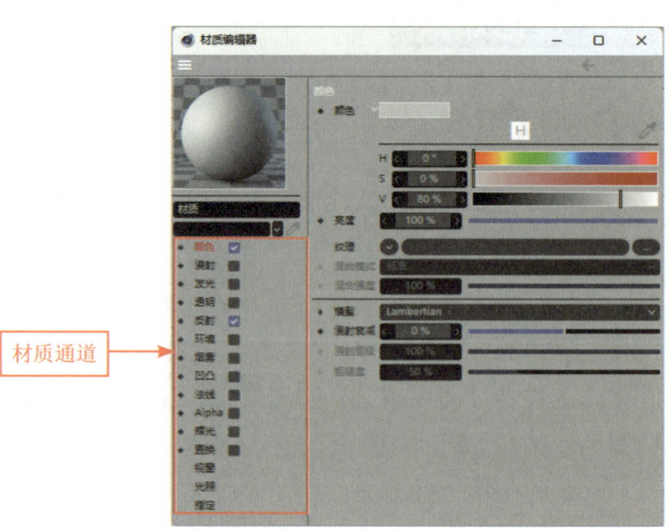

图 6-1-4　“材质编辑器”窗口

（一）颜色通道

在“材质编辑器”窗口中勾选“颜色”复选框后，可以设置材质的固有色，如图 6-1-5 所示。

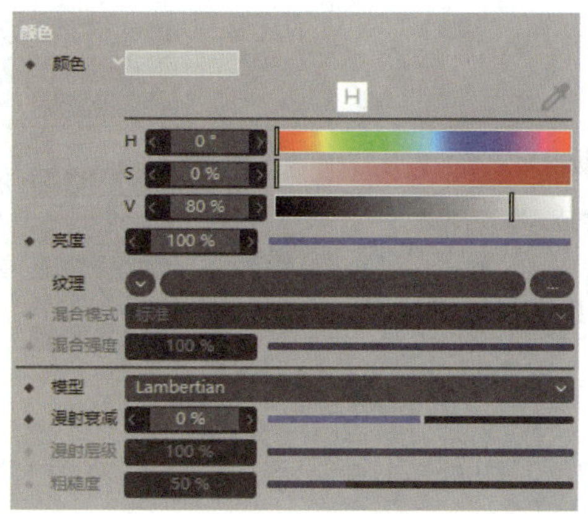

图 6-1-5 “颜色”选项卡

- 颜色：设置材质显示的固有色。
- 纹理：为颜色添加内置纹理或外部贴图。

（二）发光通道

在“材质编辑器”窗口中勾选“发光”复选框后，可以设置材质自发光的颜色、亮度等效果，如图 6-1-6 所示。

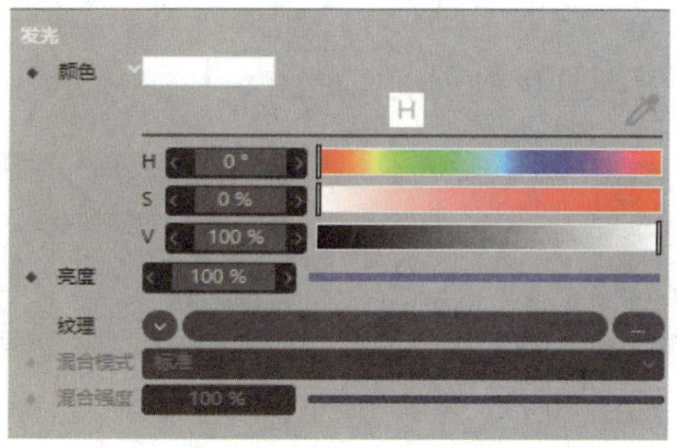

图 6-1-6 “发光”选项卡

- 颜色：设置自发光的颜色。
- 亮度：设置自发光的亮度，如图 6-1-7 所示。
- 纹理：为自发光添加内置纹理或外部贴图。

（a）0%

（b）50%

（c）100%

图 6-1-7 “亮度”效果对比

（三）透明通道

在“材质编辑器”窗口中勾选“透明”复选框后，可以设置材质的透明效果，如图 6-1-8 所示。

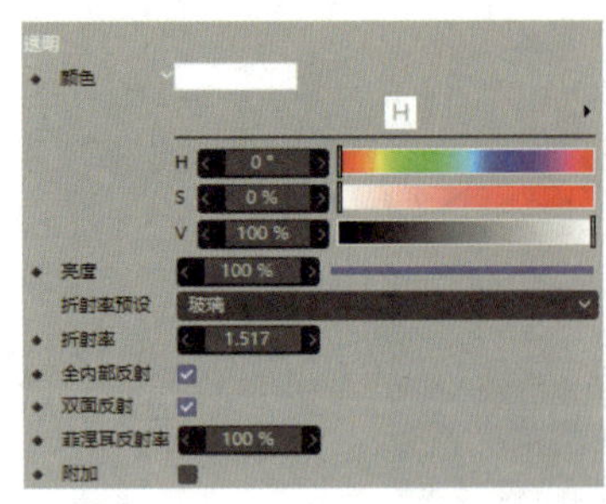

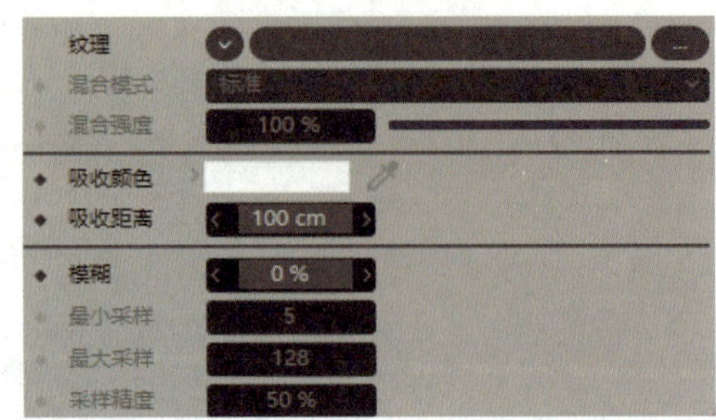

图 6-1-8 “透明”选项卡

◆ **颜色：** 设置材质的折射颜色，如图 6-1-9 所示。颜色越接近白色材质越透明。

◆ **亮度：** 设置材质的透明程度，如图 6-1-10 所示。

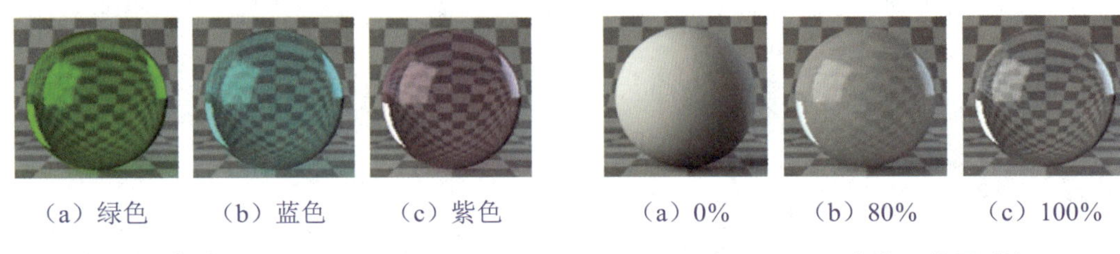

（a）绿色　（b）蓝色　（c）紫色

图 6-1-9 “颜色”效果对比

（a）0%　（b）80%　（c）100%

图 6-1-10 “亮度”效果对比

◆ **折射率预设：** 设置材质的折射率预设类型，如钻石、玻璃、水等。

◆ **折射率：** 设置材质的折射率。折射率越高，入射光发生折射的能力越强，如图 6-1-11 所示。

◆ **菲涅耳反射率：** 设置材质菲涅耳反射程度，如图 6-1-12 所示。

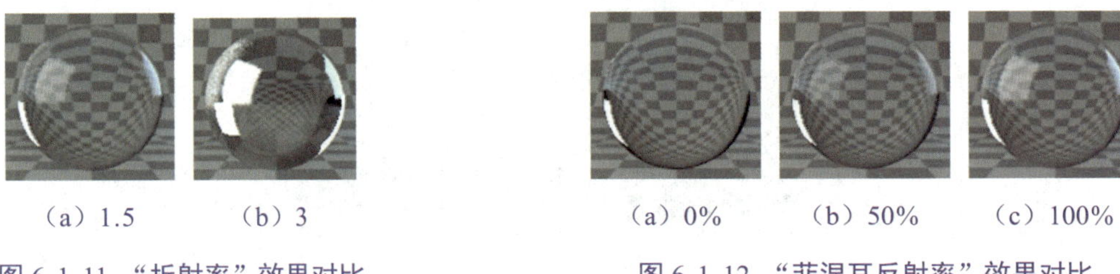

（a）1.5　（b）3

图 6-1-11 “折射率”效果对比

（a）0%　（b）50%　（c）100%

图 6-1-12 “菲涅耳反射率”效果对比

小贴士

菲涅耳反射是指光线从一种介质射入另一种介质时，部分光线会被反射回原介质的现象。菲涅耳反射率越大，光线被反射回原介质的现象越明显。

◆ **纹理：** 添加内置纹理或外部贴图。

◆ **吸收颜色：** 设置材质的颜色，此参数不会影响材质的透明度，如图 6-1-13 所示。

◆ **吸收距离：** 设置材质颜色的浓度，如图 6-1-14 所示。

（a）红色

（b）绿色

（c）蓝色

图 6-1-13　“吸收颜色”效果对比

（a）0 cm

（b）50 cm

（c）100 cm

图 6-1-14　“吸收距离”效果对比

◆ **模糊**：设置折射的模糊程度，数值越大材质越模糊。

（四）反射通道

在“材质编辑器”窗口中勾选“反射”复选框后，可以设置材质的反射效果。Cinema 4D 内置的反射类型包括 Beckmann、GGX、Phong、Ward、各向异性等。其中，Beckmann 适用于大多数非金属，如塑料、玻璃、陶瓷等；GGX 适用于具有强烈反射特性的材质，如金属、塑料、液体等；Phong 适用于需要展示精细表面质感的材质，如陶瓷等；Ward 适用于软表面的材质，如橡胶、皮肤等；各向异性通常适用于具有特定纹理或结构的材质，如纤维材料、木材等。下面以 GGX 为例进行说明。

使用 GGX 材质需要手动添加反射层，具体操作如下：在“材质编辑器”窗口中的“反射”选项卡的“层”面板中单击“添加 ...”按钮，在弹出的列表中选择“GGX”选项。添加 GGX 后的选项面板如图 6-1-15 所示。

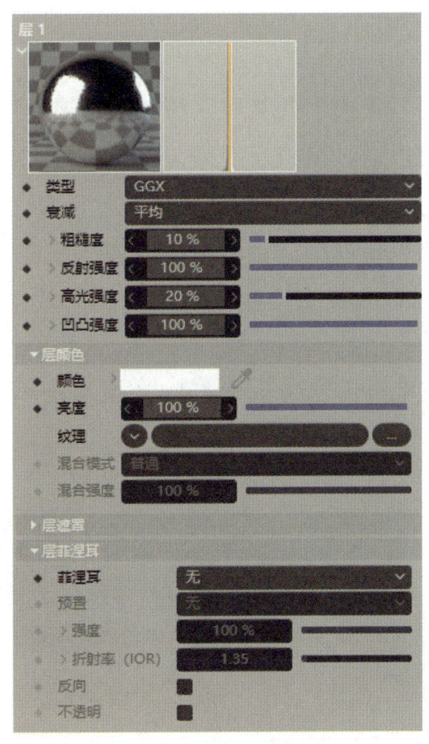

图 6-1-15　GGX 选项面板

◆ **粗糙度**：设置材质的粗糙程度，数值越大材质越粗糙，如图 6-1-16 所示。

◆ **反射强度**：设置材质的反射强度，数值越小材质越接近固有色，如图 6-1-17 所示。

（a）10%

（b）50%
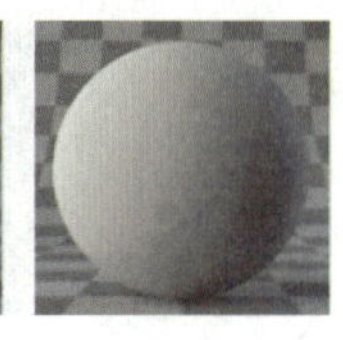
（c）100%

图 6-1-16 “粗糙度”效果对比

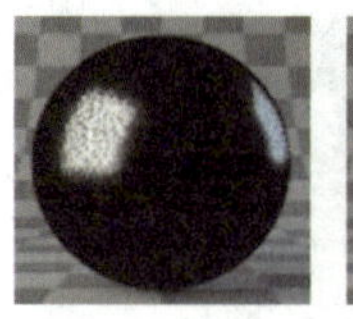
（a）10%

（b）50%
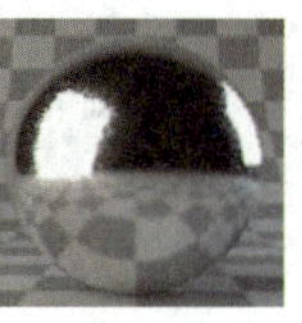
（c）100%

图 6-1-17 “反射强度”效果对比

◆ 高光强度：设置材质的高光强度，数值越大高光越强，如图 6-1-18 所示。

（a）20%

（b）100%

图 6-1-18 “高光强度”效果对比

◆ 颜色：设置材质的反射颜色。
◆ 纹理：为反射颜色添加内置纹理或外置贴图。
◆ 菲涅耳：设置材质的类型，有绝缘体和导体两种。
◆ 预置：设置菲涅耳后，可以选择相应的反射类型或自定义菲涅耳反射强度和折射率。

（五）其他通道

（1）漫射通道。利用漫射通道可以使模型的某些区域更亮或者更暗，从而使对象更加逼真。

（2）环境通道。利用环境通道可以通过模拟反射效果使模型好像处于某种环境中，如图 6-1-19 所示。

（3）烟雾通道。利用烟雾通道可以模拟雾或云。

（4）凹凸通道。利用凹凸通道可以使模型产生视觉上的凹凸效果（非实际效果）。

（5）法线通道。利用法线通道可以使模型产生视觉上的凹凸效果，这种凹凸效果比利用凹凸通道产生的凹凸效果更加真实。

（6）Alpha 通道。利用 Alpha 通道可以通过加载贴图的黑白信息对模型进行镂空处理，如图 6-1-20 所示。

（a）原对象

（b）环境通道效果

图 6-1-19 环境通道的使用效果

（a）原对象　（c）Alpha 通道效果

图 6-1-20 Alpha 通道的使用效果

（7）辉光通道。利用辉光通道可以使模型产生光晕效果。

（8）置换通道。利用置换通道可以制作真实的凹凸效果。置换通道比凹凸通道表现得细节更多，但

渲染速度会变慢。使用置换通道需要注意模型要有足够的分段数且必须是可编辑对象。

任务实施一　制作元宝材质

下面通过制作元宝材质（图 6-1-21）来巩固所学知识。

图 6-1-21　元宝材质

（1）制作地面材质。地面颜色为灰色，有一定的反光，表面为较粗糙的磨砂质感。因此，需要在颜色通道中将材质颜色设为灰色，然后在反射通道中添加一个 GGX 层，设置反射强度和高光强度使地面有一定的反光，设置粗糙度使地面看起来具有磨砂的质感，设置层遮罩使地面有近处亮、远处暗的效果。

（2）制作元宝材质。元宝为比较光滑的金材质，反射较为强烈。因此，不在颜色通道中设置颜色，而是在反射通道添加一个 GGX 层，然后设置 GGX 层中粗糙度、反射强度、高光强度，最后将菲涅耳设置为导体（金）。

经验之谈

在 Cinema 4D 中，制作金属材质时一般会取消勾选“颜色”复选框，这是因为金属材质通常具有强烈的光泽和反射特性，依靠反射模拟出来的金属光泽和颜色更加真实。

步骤 1　**打开素材文件**。打开本书配套素材“素材与实例\项目六\元宝”中的“元宝.c4d”文件。

步骤 2　**创建地面材质**。单击顶部工具栏中的“材质管理器 ...”图标，打开材质管理器面板。单击材质管理器面板中的“新的默认材质”图标，创建一个新材质，并双击该材质名称，将其重命名为“地面”。

步骤 3　**赋予地面材质**。拖动材质管理器面板中的“地面”材质至视图窗口中的地面模型上，赋予模型材质。

步骤 4 **制作地面材质。**在材质管理器面板中双击“地面”材质球，打开“材质编辑器”窗口。在“颜色”选项卡中单击“RGB”图标R，并将“R”“G”“B”均设为165，将颜色设置为灰色。在“反射”选项卡中单击“添加...”按钮，在展开的列表中选择“GGX”选项，添加一个“GGX”反射层，如图6-1-22所示。在“层1”选项卡中将“粗糙度”设为35%、“反射强度”设为85%、“高光强度”设为10%。单击“层遮罩”栏展开隐藏列表，然后单击“纹理”后面的三角箭头，在展开的列表中选择“菲涅耳（Fresnel）”选项，为材质球添加渐变效果，如图6-1-23所示。设置完毕后关闭“材质编辑器”窗口。

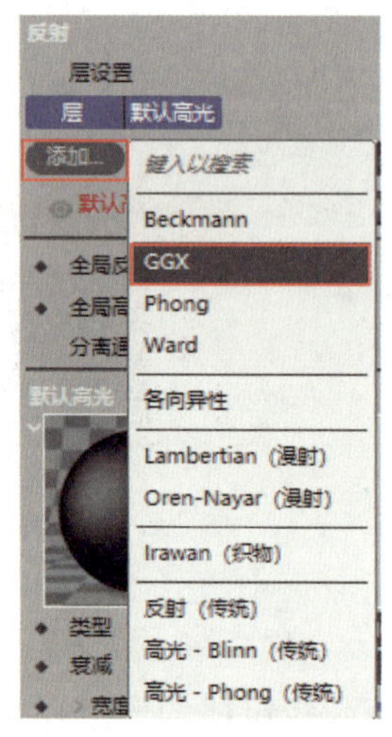

图 6-1-22　添加 GGX 反射层

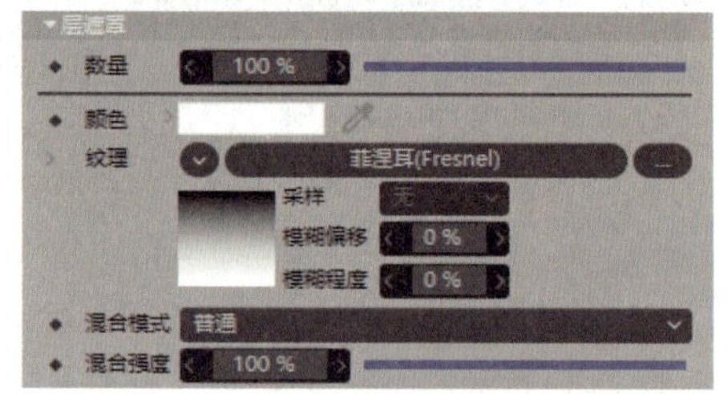

图 6-1-23　设置层遮罩

步骤 5 **创建元宝材质。**单击材质管理器面板中的“新的默认材质”图标，创建一个材质，并双击该材质名称，将其重命名为“金”。

步骤 6 **赋予元宝材质。**拖动材质管理器面板中的“金”材质至视图窗口中的元宝模型上，赋予模型材质。

步骤 7 **制作元宝材质。**在材质管理器面板中双击“金”材质球，打开“材质编辑器”窗口，取消勾选“颜色”复选框。在“反射”选项卡中单击“添加...”按钮，在展开的列表中选择“GGX”选项，添加一个“GGX”反射层，“粗糙度”“反射强度”“高光强度”等参数均采用默认值（“粗糙度”为10%、“反射强度”为100%、“高光强度”为20%）。单击“层菲涅耳”栏展开隐藏列表，将“菲涅耳”设为“导体”，将“预置”设为“金”，如图6-1-24所示。设置完毕后关闭“材质编辑器”窗口。

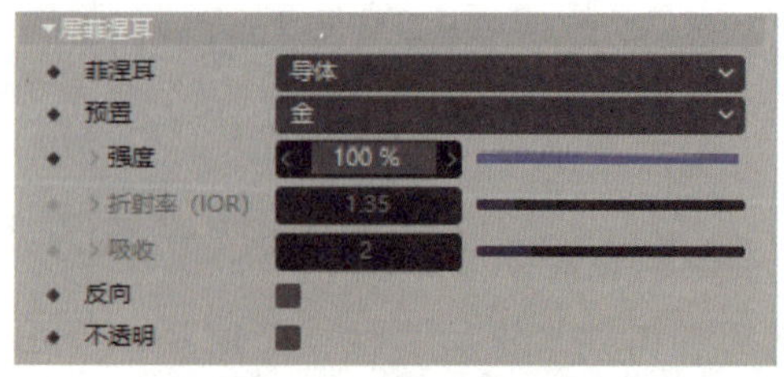

图 6-1-24　设置层菲涅耳

步骤 8 **渲染图像。**将视图调整至合适的位置，单击顶部工具栏中的“渲染到图像查看器”图标，弹出“图像查看器”并渲染图像，在图像缩放为100%的情况下像素点较少时，单击“停止渲染...”图标完成渲染。

任务实施二　制作汤锅材质

下面通过制作汤锅材质（图 6-1-25）来巩固所学知识。

图 6-1-25　汤锅材质

汤锅由锅体、锅盖、手柄组成。其中，锅体内层为磨砂面，外层为蓝色光滑漆面；锅盖为玻璃材质，其上通气孔用银色金属材质包裹；手柄为银色金属材质，其上包裹黑色塑料保护套。

步骤 1 打开素材文件。打开本书配套素材“素材与实例\项目六\汤锅”中的“汤锅.c4d”文件。

步骤 2 制作锅体外层的漆面材质。在材质管理器面板中单击“新的默认材质”图标 创建一个新材质，双击该材质名称，将其重命名为“漆面”。双击“漆面”材质球打开“材质编辑器”窗口，在“颜色”选项卡中单击颜色矩形框，在弹出的“颜色选择器”窗口中，将“颜色”的“R”“G”“B”分别设为 150、200、245，设置完成后关闭窗口。在“反射”选项卡中单击“添加 ...”按钮，在展开的列表中选择“GGX”选项，添加一个“GGX”反射层；在“层颜色”栏中单击颜色矩形框，在弹出的“颜色选择器”窗口中将“颜色”的“R”“G”“B”分别设为 240、245、255，设置完成后关闭窗口。单击“层菲涅耳”栏展开隐藏列表，并将“菲涅耳”设为“绝缘体”，将“预置”设为“聚酯”。设置完成后的漆面材质球如图 6-1-26 所示。设置完毕后关闭“材质编辑器”窗口。

步骤 3 赋予锅体外层漆面材质。将材质管理器面板中的“漆面”材质拖动至对象面板中的“锅体外层”上，出现向下箭头时释放鼠标左键，赋予模型材质。

步骤 4 制作锅体内层的磨砂材质。在材质管理器面板中单击“新的默认材质”图标 创建一个新材质，并双击该材质名称将其重命名为“磨砂”。双击“磨砂”材质球打开“材质编辑器”窗口，在“颜色”选项卡中单击颜色矩形框，在弹出的“颜色选择器”窗口中将“颜色”的“R”“G”“B”均设为 90，设置完成后关闭窗口。在“反射”选项卡中单击“添加...”按钮，在展开的列表中选择“GGX”选项，添加一个“GGX”反射层，并将“粗糙度”设为85%；在“层颜色”栏中将“颜色”的“R”“G”“B”均设为55。单击“层菲涅耳”栏展开隐藏列表，将“菲涅耳”设为“绝缘体”，将“预置”设为“聚酯”。设置完成后的磨砂材质球如图 6-1-27 所示。设置完毕后关闭“材质编辑器”窗口。

图 6-1-26 漆面材质球

图 6-1-27 磨砂材质球

步骤 5 赋予锅体内层磨砂材质。将材质管理器面板中的“磨砂”材质拖动至对象面板中的“锅体内层”上，出现向下箭头时释放鼠标左键，赋予模型材质。

步骤 6 制作锅盖的玻璃材质。在材质管理器面板中单击“新的默认材质”图标 + 创建一个新材质，并双击该材质名称，将其重命名为“玻璃”。双击“玻璃”材质球打开“材质编辑器”窗口，取消勾选“颜色”复选框，勾选“透明”复选框。在“透明”选项卡中单击颜色矩形框，在弹出的“颜色选择器”窗口中将“R”“G”“B”均设为235，让玻璃略显浅灰色，使玻璃效果更加真实，设置完成后关闭窗口；将“折射率预设”设为“有机玻璃”。在“反射”选项卡的“透明度”选项卡中，将“粗糙度”设为5%。设置完成后的玻璃材质球如图 6-1-28 所示。设置完毕后关闭“材质编辑器”窗口。

步骤 7 赋予锅盖玻璃材质。将材质管理器面板中的“玻璃”材质拖动至对象面板中的“锅盖”上，出现向下箭头时释放鼠标左键，赋予模型材质。

步骤 8 制作把手、通气孔的银色金属材质。在材质管理器面板中单击“新的默认材质”图标 + 创建一个新材质，并双击该材质名称，将其重命名为“银色金属”。双击“银色金属”材质球打开“材质编辑器”窗口，取消勾选“颜色”复选框。在“反射”选项中单击“添加...”按钮，在展开的列表中选择“GGX”选项，添加一个“GGX”反射层，并将“粗糙度”设为5%，将“反射强度”设为50%；在“层颜色”栏中单击颜色矩形框，在弹出的“颜色选择器”窗口中将“R”“G”“B”均设为245，将颜色设为浅灰色，设置完成后关闭窗口。单击“层菲涅耳”栏展开隐藏列表，将“菲涅耳”设为“导体”，将“预置”设为“钢”。设置完成后的银色金属材质球如图 6-1-29 所示。设置完毕后关闭“材质编辑器”窗口。

图 6-1-28 玻璃材质球

图 6-1-29 银色金属材质球

步骤 9 赋予把手、通气孔银色金属材质。将材质管理器面板中的“银色金属”材质拖动至对象面板中的“把手、通气孔”上，出现向下箭头时释放鼠标左键，赋予把手材质。按同样方法赋予通气孔材质。

步骤 10 制作保护套的黑色塑料材质。在材质管理器面板中单击“新的默认材质”图标 + 创建一个新材质，并双击该材质名称，将其重命名为“黑色塑料”。双击“黑色塑料”材质球打开“材质编辑器”窗

口，在“颜色”选项卡中单击颜色矩形框，在弹出的“颜色选择器”窗口中，将“颜色”的“R”“G”“B”均设为30；在“反射”选项卡中单击“添加 ...”按钮，在展开的列表中选择“GGX”选项，添加一个“GGX”反射层，将“粗糙度”设为15%，将“高光强度”设为40%。在“层颜色”栏中将“颜色”的“R”“G”“B”均设为140。单击“层菲涅耳”栏展开隐藏列表，将“菲涅耳”设为“绝缘体”，将“预置”设为“聚酯”。设置完成后的黑色塑料材质球如图6-1-30所示。设置完毕后关闭“材质编辑器”窗口。

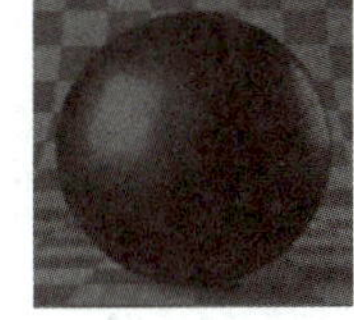

图6-1-30 黑色塑料材质球

步骤11 赋予保护套黑色塑料材质。将材质管理器面板中的“黑色塑料”材质拖动至对象面板中的“保护套”上，出现向下箭头时释放鼠标左键，赋予模型材质。

步骤12 渲染图像。将视图调整至合适的位置，单击顶部工具栏中的“渲染到图像查看器”图标，弹出“图像查看器”并渲染图像，在图像缩放为100%的情况下像素点较少时，单击“停止渲染 ...”图标完成渲染。

任务实施三 制作纸袋材质

下面通过制作纸袋材质（图6-1-31）来巩固所学知识。

图6-1-31 纸袋材质

制作思路

由图6-1-31可知，纸袋整体较为粗糙、反射不强烈、有凹凸不平的纹理，利用纹理贴图可制作出颜色、反射与凹凸纹理。

制作步骤

步骤1 打开素材文件。打开本书配套素材“素材与实例\项目六\纸袋”中的“纸袋.c4d”文件。

步骤2 创建纸袋材质。单击顶部工具栏中的“材质管理器 ...”图标打开材质管理器面板，然后单击“新的默认材质”图标创建一个新材质，双击该材质名称，将其重命名为“纸”。

步骤 3 调整材质颜色参数。双击“纸”材质球打开“材质编辑器”窗口。在“颜色”选项卡中单击“纹理”后的箭头按钮，在展开的列表中选择“加载图像 ...”，在打开的“打开文件”对话框中选择本书配套素材“素材与实例\项目六\纸袋”中的“颜色贴图.png”文件并单击“打开”按钮，导入外部贴图。在导入外部贴图时，通常会出现图 6-1-32 所示的提示。单击“是”按钮，会将该贴图备份保存在模型文件夹中的“tex”文件夹中；单击“否”按钮，则不会将该贴图备份保存。为防止贴图丢失，通常选择单击“是”按钮。导入后的材质球如图 6-1-33 所示。

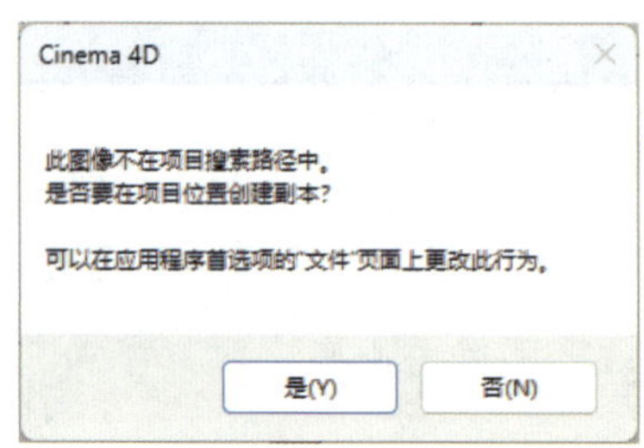

图 6-1-32　提示

图 6-1-33　材质球

步骤 4 调整材质反射参数。在“反射”选项卡中单击“添加 ...”按钮，在展开的列表中选择“Lambertain（漫射）”选项，添加一个反射层，并在“层”选项卡中将“默认高光”拖动至“层 1”的上方，如图 6-1-34 所示。在“默认高光”选项卡中将“高光强度”设为 35%。单击“层 1”选项卡，将“反射强度”设为 60%，将“高光强度”设为 50%。然后单击“层颜色”栏中“纹理”后的箭头按钮，在展开的列表中选择“加载图像 ...”，在“打开文件”对话框中选择本书配套素材“素材与实例\项目六\纸袋”中的“颜色贴图.png”文件并单击“打开”按钮，导入外部贴图。

步骤 5 调整材质凹凸参数。勾选“凹凸”复选框，并单击“纹理”后的箭头按钮，在展开的列表中选择“加载图像 ...”，在打开的“打开文件”对话框中选择本书配套素材“素材与实例\项目六\纸袋”中的“颜色贴图.png”文件并单击“打开”按钮，导入外部贴图，然后将“强度”设为 5%。设置完成后的纸材质球如图 6-1-35 所示。设置完毕后关闭“材质编辑器”窗口。

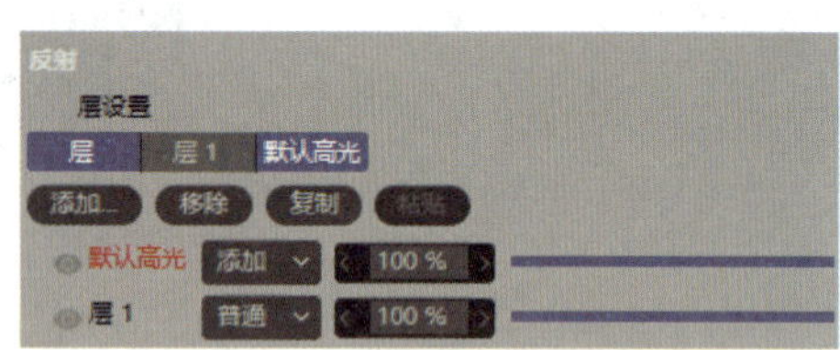

图 6-1-34　设置反射层

图 6-1-35　纸材质球

步骤 6 赋予模型材质。拖动材质管理器面板中的“纸”材质至视图窗口中的纸袋模型上时释放鼠标左键，赋予模型材质。

步骤 7 渲染图像。将视图调整至合适的位置，单击顶部工具栏中的“渲染到图像查看器”图标，弹出“图像查看器”并渲染图像，在图像缩放为 100% 的情况下像素点较少时，单击“停止渲染 ...”图标完成渲染。

任务二　认识灯光

任务引入

小吴近日报名参加了一个大学生设计作品大赛，她制作了一个古代簪子饰品。在参观博物馆展览时，她被一个唐代仕女俑深深吸引住了。在博物馆幽暗的环境中，仕女俑的顶部有一个暖色的主体光投射下来，使它看起来更加立体。它的侧面投射了一个微弱的辅助光，这使它的细节看起来更加清晰。小吴灵机一动：是不是可以参照博物馆的灯光来渲染自己的参赛作品呢？回去后，小吴在 Cinema 4D 中模拟了博物馆的灯光环境，将自己的作品重新渲染出来。果然，效果比之前好多了。

想一想：

（1）灯光对模型渲染效果能产生什么样的影响？

（2）Cinema 4D 中有哪些灯光类型？

理论知识

一、灯光的作用及布置方法

（一）灯光的作用

灯光是 3D 艺术中非常重要的一部分，它具有照亮场景、增强物体立体感、丰富明暗关系、突出画面细节等作用。不同的灯光可以营造出不同的氛围，给人以不同的感受，如图 6-2-1 所示。灯光的强弱、冷暖、颜色等都影响着作品呈现的最终效果。

图 6-2-1　不同灯光下的场景氛围

（二）灯光的布置方法

Cinema 4D 常用的布光方法有两点布光和三点布光。其中，两点布光包括主体光和辅助光，三点布光包括主体光、辅助光和轮廓光，如图 6-2-2（a）所示。

主体光是最重要的光源，亮度最高，决定了画面最主要的明暗关系、冷暖色调等，如图 6-2-2（b）所示；辅助光通常被用于照亮主体光照不到的阴暗面，具有增加暗部亮度、增强前后冷暖对比等作用，如图 6-2-2（c）所示；轮廓光通常用来勾勒对象的边缘轮廓，具有突出主体、丰富明暗关系、分离主体和背景、增加形式美感等作用，如图 6-2-2（d）所示。

（a）主体光+辅助光+轮廓光

（b）主体光

（c）辅助光

（d）轮廓光

图 6-2-2　三点布光示意

二、灯光的类型及常用参数

（一）灯光的类型

Cinema 4D 中共有 9 种灯光类型，分别为泛光灯（灯光）、聚光灯、目标聚光灯、区域光、PBR 灯光、IES 灯、无限光、日光、物理天空。创建灯光的具体操作如下：长按右侧工具栏的“灯光”图标，在展开的列表中选择灯光类型。

（1）泛光灯（灯光）。利用泛光灯可以创建类似电灯泡的点光源效果，如图 6-2-3 所示。

（2）聚光灯。利用聚光灯可以创建类似手电筒的光源效果，如图 6-2-4 所示。

图 6-2-3　泛光灯

图 6-2-4　聚光灯

（3）**目标聚光灯**。利用目标聚光灯可以创建沿目标点发射的聚光光源效果。

（4）**区域光**。利用区域光可以创建类似柔光箱的面光源效果，如图 6-2-5 所示。

（5）**PBR 灯光**。利用 PBR 灯光可以创建更真实的光源效果，如图 6-2-6 所示。

图 6-2-5　区域光

图 6-2-6　PBR 灯光

（6）**IES 灯**。利用 IES 灯可以创建类似台灯或壁灯的光源效果，如图 6-2-7 所示。

（7）**无限光**。利用无限光可以创建带方向的直线光源效果，如图 6-2-8 所示。

图 6-2-7　IES 灯

图 6-2-8　无限光

（8）**日光**。利用日光可以创建模拟太阳光的光源效果，如图 6-2-9 所示。

（9）**物理天空**。利用物理天空可以创建模拟室外天空的光源效果，如图 6-2-10 所示。

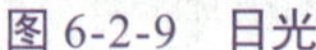
图 6-2-9　日光

图 6-2-10　物理天空

（二）灯光的常用参数

Cinema 4D 中灯光的参数大同小异，本任务以灯光与区域光为例进行讲解。

1. 灯光

灯光属性面板中“常规”选项卡的重点参数如图 6-2-11 所示。

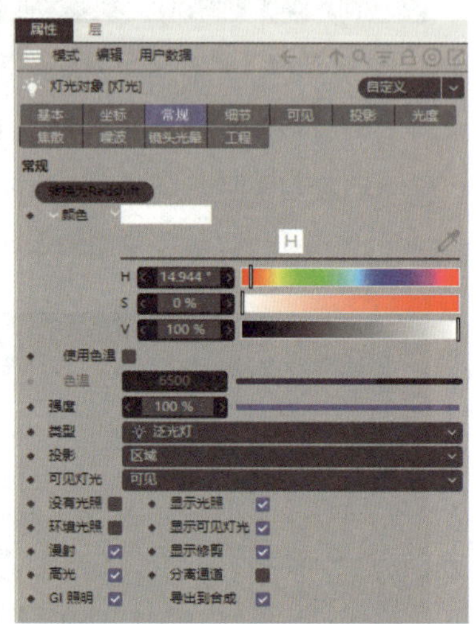

图 6-2-11　“常规”选项卡

- **颜色**：设置不同的灯光颜色。
- **使用色温**：勾选后，可以通过设置“色温”的数值来调整灯光颜色，数值越小，灯光颜色越暖；数值越大，灯光颜色越冷。
- **强度**：设置灯光的强度，数值越大，灯光越强烈。
- **类型**：设置灯光的类型。
- **投影**：设置投影的类型，包括无、阴影贴图（软阴影）、光线跟踪（强烈）、区域。其中，阴影贴图（软阴影）的投影边缘会产生虚化效果，渲染速度中等，图像质量中等；光线跟踪（强烈）的投影边缘生硬，渲染速度快，图像质量低；区域的投影效果最真实，渲染速度较慢，图像质量高。
- **可见灯光**：设置灯光是否可见。当灯光类型为泛光灯或聚光灯时，此参数才会被激活。
- **没有光照**：勾选后，灯光自身可见，对环境的照明效果不可见。
- **显示光照**：勾选后，显示可见灯的线框，可以通过调整线框来调整灯光范围。
- **高光**：勾选后，灯光对对象产生高光效果。

2. 区域光

区域光属性面板中“细节”选项卡的重点参数如图 6-2-12 所示。

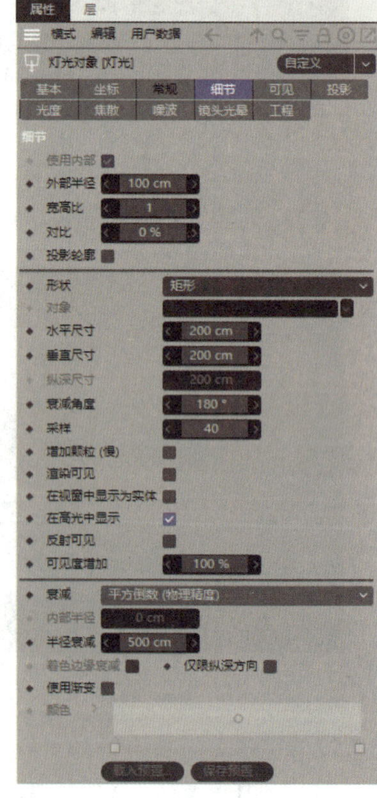

图 6-2-12　“细节”选项卡

- **形状**：设置灯光的形状。
- **水平尺寸、垂直尺寸**：设置所选灯光形状的尺寸。
- **衰减**：启用衰减后，灯光有明显的明暗过渡效果。“平方倒数（物理精度）”的效果最为真实，是比较常用的衰减方式。

小贴士

在 Cinema 4D 中，天空是一种模拟真实世界天空环境的工具。它可以影响场景中物体的光照和阴影效果，并将纹理和颜色映射到场景中的物体上，从而产生反射和折射效果。

下面介绍天空的使用方法：

首先，单击右侧工具栏中的“天空”图标，在对象面板中添加一个天空；其次单击顶部工具栏中的“材质管理器…”图标，在打开的材质管理器面板中双击创建一个材质，并将其设置为天空的材质；最后，在该材质的“材质编辑器”窗口中取消勾选“颜色”“反射”复选框，勾选“发光”复选框，并通过控制“发光”选项卡中的“颜色”“亮度”等参数来调整天空的颜色、亮度。此外，还可以在“纹理”中导入外置 HDR 贴图，通过调整贴图来控制环境。

HDR 贴图是在 3D 场景中使用的环境贴图，如图 6-2-13 所示。HDR 贴图通常被用来作为背景环境、物体反射光源等，它不但具有灯光照射效果，也可以使被渲染物体表面产生丰富逼真的自然反光效果。

图 6-2-13 HDR 贴图

任务实施 为千纸鹤布置灯光

下面通过为千纸鹤布置灯光（图 6-2-14）来巩固所学知识。

（a）布置灯光前

（b）布置灯光后

图 6-2-14 为千纸鹤布置灯光

先设置好渲染环境，以更好地观察布光后的效果。创建一个聚光灯作为主体光以照亮模型；创建一个区域光作为辅助光，以提升画面整体亮度、丰富明暗关系、增加画面前后冷暖对比。

步骤 1 **打开素材文件。**打开本书配套素材“素材与实例\项目六\千纸鹤”中的“千纸鹤.c4d”文件。

步骤 2 **查看实时渲染效果。**Cinema 4D 视图窗口预览的灯光效果与实际渲染效果差距很大，所以需要利用“交互式渲染”工具来实时观察灯光渲染效果。本书配套的“千纸鹤.c4d”素材文件已经设置好了摄像机和渲染器参数（具体设置方法将在项目七中详细讲解）。在第一个视图中单击，然后长按顶部工具栏中的“渲染活动视图”图标，在展开的列表中选择“交互式区域渲染（IRR）”选项，在第一个视图窗口中弹出交互式区域渲染框，框内将实时更新渲染效果。拖动该框边缘可以调整框的大小，如图 6-2-15 所示。

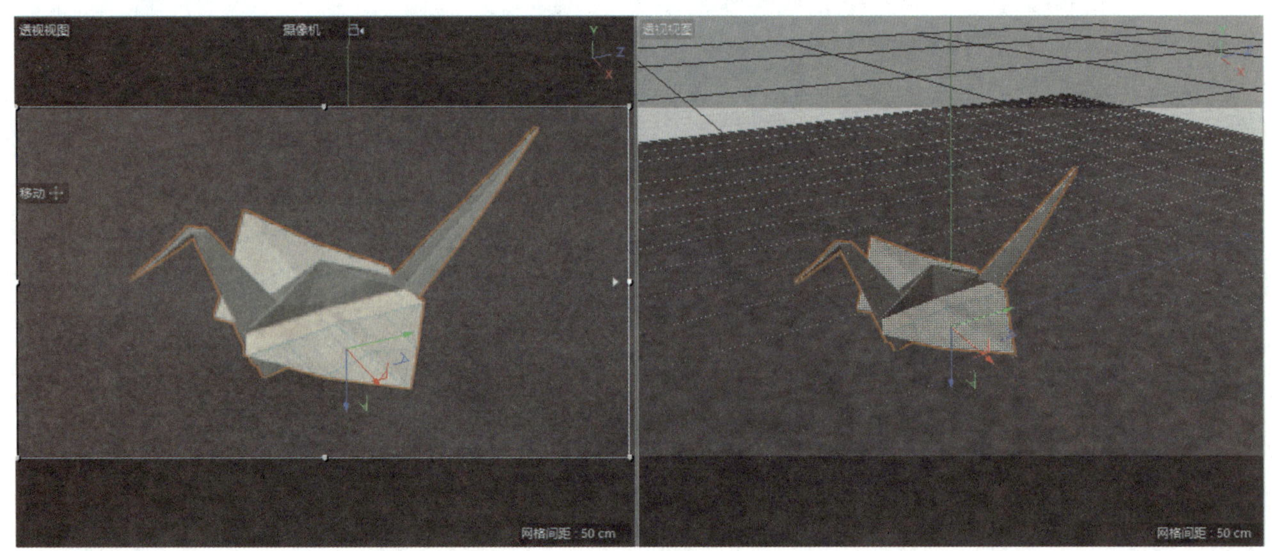

图 6-2-15　交互式区域渲染效果

小贴士

（1）渲染后，再次单击顶部工具栏中的“交互式区域渲染（IRR）”图标可取消渲染。

（2）在第一个视图中设置好交互式区域渲染框后，便不再调整该视图了。这是因为第一个视图窗口为摄像机视图，对该视图窗口的调整会直接影响渲染画面。

步骤3 创建一个天空。单击右侧工具栏中的“天空”图标，在对象面板中添加一个天空。

步骤4 为天空赋予材质。单击顶部工具栏中的“材质管理器 …”图标，在展开的面板中单击“新的默认材质”图标创建一个新材质，双击材质名称将其命名为“HDR”。将材质管理器面板中的“HDR”材质拖动至对象面板中的“天空”上，赋予天空材质。

步骤5 编辑 HDR 材质。双击“HDR”材质球打开“材质编辑器”窗口，取消勾选“颜色”“反射”复选框，勾选“发光”复选框。在“发光”选项卡中单击“纹理”后的箭头，在展开的列表中选择“加载图像 …”选项，在打开的对话框中选择本书配套素材“素材与实例\项目六\千纸鹤\tex”中的“Studio.hdr”文件并单击“打开”按钮，导入 HDR 贴图。单击“纹理”后的箭头，在展开的列表中选择“过滤”选项，添加一个“过滤”着色器，用来调整贴图的明度。单击“纹理”后的“过滤”按钮进入着色器编辑面板，然后将“明度”设为 −85%。

步骤6 创建主灯光。长按右侧工具栏中的“灯光”图标，在展开的列表中选择“目标聚光灯”选项，创建一个灯光，并将其重命名为“主灯光”。选择“主灯光”属性面板的“目标”选项卡，将对象面板中的“千纸鹤”拖动到“目标对象”后释放鼠标左键，将“目标对象”设为“千纸鹤”，如图 6-2-16 所示。这样，移动“主灯光”时灯光将一直朝向千纸鹤。

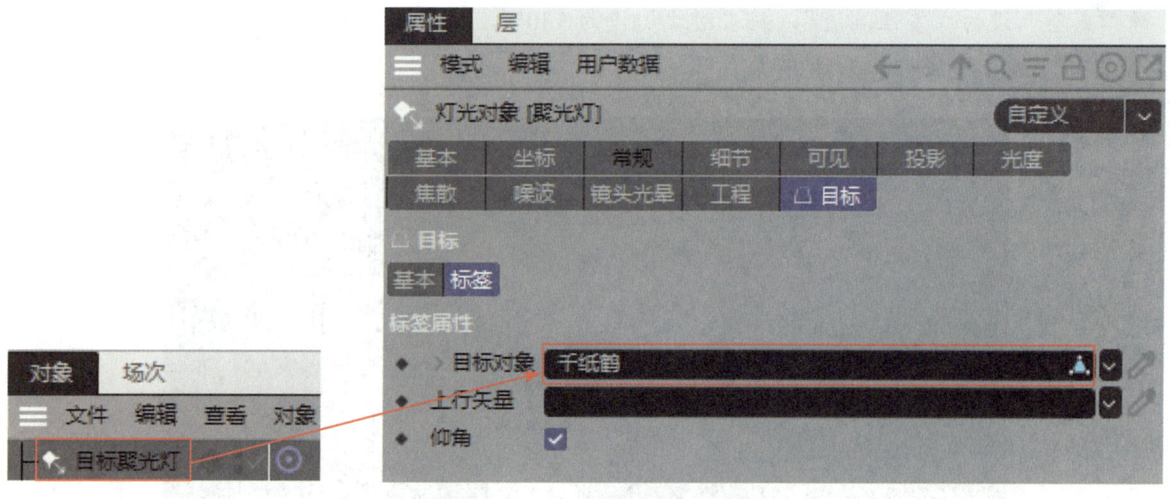

图 6-2-16 设置目标对象标签

小贴士

添加灯光后，Cinema 4D 将自动关闭默认照明。

步骤7 调整主灯光位置。在视图窗口（第一个视图窗口除外）中调整主灯光的位置，如图 6-2-17 所示。

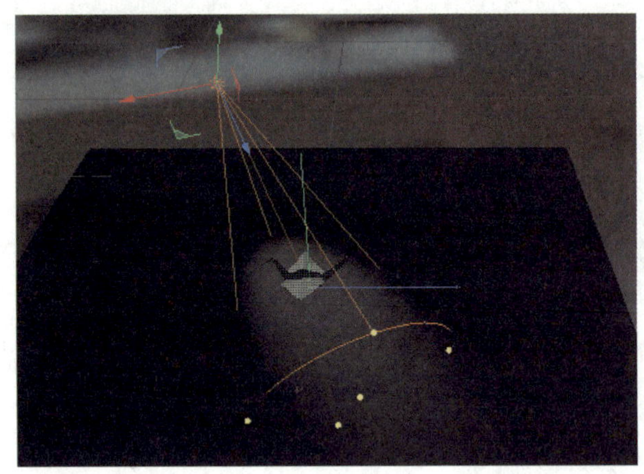
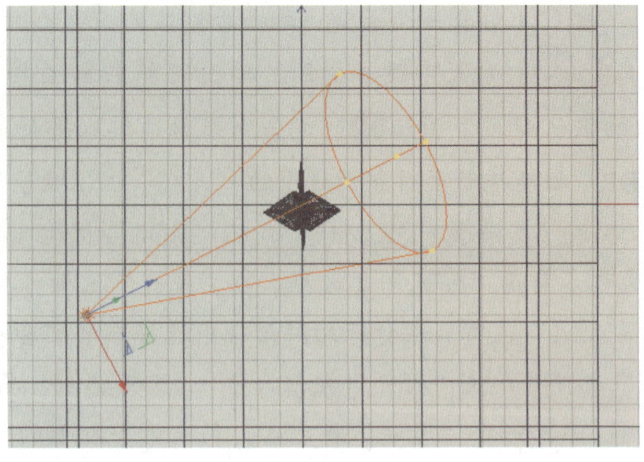

图 6-2-17　主灯光的位置示意

步骤 8 **调整主灯光参数。**在“主灯光”属性面板的“常规”选项卡中，勾选“使用色温”复选框，将“色温”设为 6850 K，将“强度”设为 300%，将“投影”设为“区域”；在“细节”选项卡中，将“衰减”设为“平方倒数（物理精度）”，将“半径衰减”设为 350 cm。

步骤 9 **为主灯光添加噪波效果。**在“主灯光”属性面板的“噪波”选项卡中将“噪波”设为“光照”，将“类型”设为“柔性湍流”，将“对比”设为 130%，使灯光有一些斑驳的变化，丰富画面效果。设置完成后的渲染效果如图 6-2-18 所示。

图 6-2-18　主灯光渲染效果

步骤 10 **创建辅灯光。**观察图 6-2-18 可以发现虽然千纸鹤主体被照亮了，但是某些细节因为亮度不够，没有很好地呈现出来，同时画面缺少暖色，所以需要添加辅灯光。长按右侧工具栏中的“灯光”图标，在展开的列表中选择“区域光”，创建一个灯光，并将其重命名为“辅灯光”。

步骤 11 **为辅灯光添加目标标签并调整至合适的位置。**在对象面板中右击“辅灯光”，在展开的列表中选择“动画标签”→“目标”选项，为辅灯光添加一个目标标签，然后将对象面板中的“千纸鹤”拖动到属性面板中的“目标对象”后松开鼠标左键，将“目标对象”设为“千纸鹤”。接着移动“辅灯光”至图 6-2-19 所示的位置。

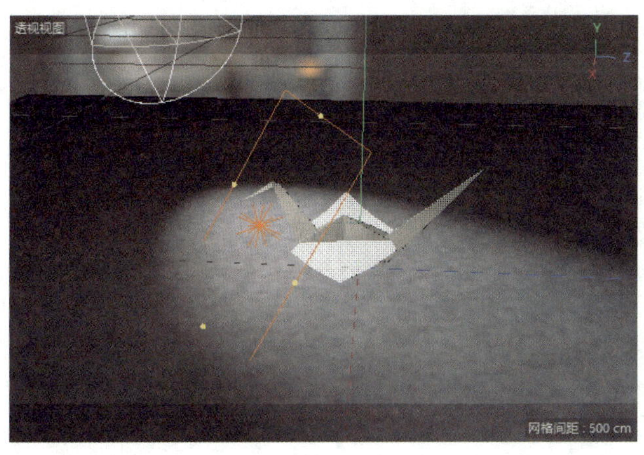

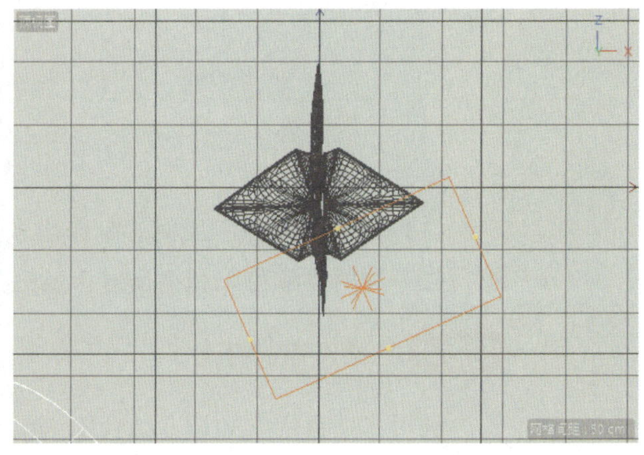

图 6-2-19　布置辅灯光

步骤12 调整辅灯光参数。在“灯光”属性面板的“常规”选项卡中勾选“使用色温”复选框，并将“色温”设为 5900 K，将辅灯光设置为暖色，与主灯光前后形成对比；将“投影”设为“区域”，将“强度”设为 90%。在“细节”选项卡中，将“水平尺寸”“垂直尺寸”均设为 50 cm，将“衰减”设为“平方倒数（物理精度）”，将“半径衰减”设为 70 cm。

步骤13 渲染图像。单击顶部工具栏中的“渲染到图像查看器...”图标，打开“图像查看器”窗口，等待一段时间后图像渲染完成。

学习成果检测

习题 1 制作水壶材质

利用本项目所学知识，结合本书配套素材“素材与实例\项目六\水壶”中的“水壶.c4d”文件，制作如图 6-2-20 所示的水壶材质。

图 6-2-20　水壶材质

提示：

（1）利用“GGX”反射层制作出水壶的不锈钢材质，并赋予模型。

（2）利用“颜色”和“反射”属性制作出水壶的磨砂塑料材质，并赋予模型。

习题 2 为茶壶布置灯光

利用本项目所学知识，结合本书配套素材“素材与实例\项目六\茶壶”中的“茶壶.c4d”文件，为茶壶布置如图 6-2-21 所示的灯光。

图 6-2-21　布置的灯光

提示：

（1）调整渲染设置，添加“全局光照”“环境吸收”效果。

（2）创建天空，将本书配套素材“素材与实例\项目六\千纸鹤”中的“Studio.hdr”文件制作成材质并赋予天空，然后根据图 6-2-21 进行调整。

（3）创建一个灯光并设置为远光灯类型，然后为其添加一个目标标签，将目标对象设置为茶壶。设置好后根据图 6-2-21 进行调整。

（4）创建一个区域光为辅灯光，并根据图 6-2-21 进行调整。

学习成果评价

请进行学习成果评价，并将评价结果填入表 6-2-1 中。

表 6-2-1　学习成果评价表

评价项目	评价内容	分值	评价分数		
			自评	他评	师评
知识（20%）	认识材质	10			
	认识灯光的作用及布置方法	10			
技能（60%）	能够熟练创建和赋予模型材质	10			
	能够熟练使用材质编辑器编辑材质	20			
	能够熟练创建灯光	10			
	能够熟练编辑并布置灯光	20			
素养（20%）	积极参加教学活动，按时完成学习任务	10			
	主动学习不同领域中材质和灯光的相关知识，提升知识水平和专业技能	10			
合计		100			
总评	自评（20%）+他评（20%）+师评（60%）=________	指导教师（签名）：________			
自我评价					
教师评价					

项目七 摄像机与渲染器

项目引言

模型制作完成后，需要使用摄像机与渲染器将作品的最终效果渲染出来。摄像机具有固定画面角度、增强画面空间感、美化渲染效果等作用，渲染器可以将模型和动画渲染成高质量的图像或视频。本项目主要讲解摄像机与渲染器的基础知识和基本操作。

知识目标

- 了解摄像机的类型。
- 了解渲染工具。

能力目标

- 能够合理布置摄像机。
- 能够使用渲染器渲染作品。

素质目标

- 提高空间想象能力和抽象思维能力。
- 养成勤学奋进、善思乐学的学习习惯。

任务一 认识摄像机

任务引入

某日，小张在网站上看到了一个分析电影的视频，讲解者对电影经典片段中的每个镜头都进行了细致分析。例如，分析不同景别的镜头对观众情绪的影响、不同运动镜头的设计思路等。小张想起了自己刚制作的三维动画作业从头到尾都只用了一个固定镜头。他决定重新布置摄像机，像拍电影一样设计分镜头，并将每个分镜头的动画渲染出来，再使用剪辑软件将它们拼接在一起。老师看了小张改后的作业，惊喜不已，给了他很高的分数。

想一想：

（1）摄像机的作用有哪些？

（2）在 Cinema 4D 中应如何设置摄像机？

理论知识

一、摄像机的类型

在 Cinema 4D 中，摄像机具有固定构图视角、设置景深效果、制作动态图像等作用。单击右侧工具栏中的“摄像机”图标，可创建一个摄像机；长按右侧工具栏中的“摄像机”图标，在展开的列表中可以选择目标摄像机和立体摄像机。其中，摄像机提供了基本的摄像功能，能够满足基本的渲染需求和动画制作需求；目标摄像机具有目标点，用户通过设置目标对象可以调整摄像机的角度，使摄像机的视角始终朝向目标对象；立体摄像机由两个摄像机组成，可用于模拟人眼的视觉效果，能够制作出具有立体视觉效果的动画。

二、摄像机的参数设置

摄像机的参数可在属性面板中进行设置。摄像机属性面板的“对象”选项卡如图 7-1-1 所示。

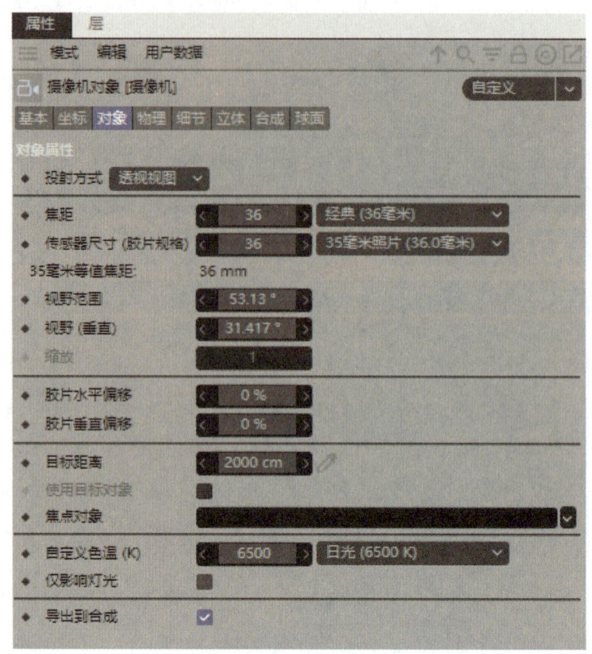

图 7-1-1　摄像机属性面板的“对象”选项卡

- **投射方式**：设置摄像机视图的类型，包括透视视图、左视图、绅士视图等，如图 7-1-2 所示。

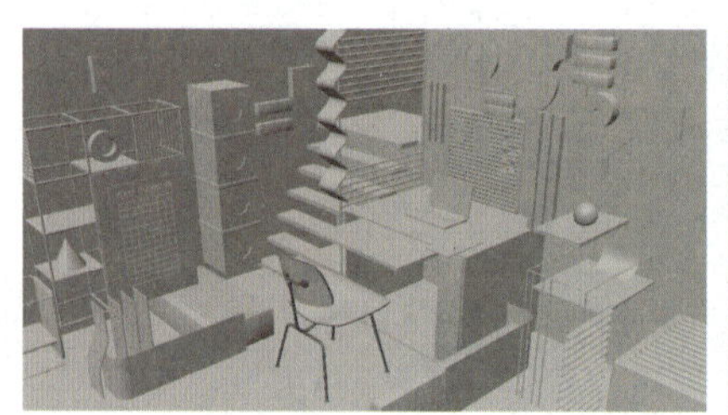
（a）透视视图

（b）左视图

（c）绅士视图

图 7-1-2　投射方式效果

- **焦距**：设置摄像机的焦距数值。数值越小，视角越大；数值越大，视角越小。焦距效果如图 7-1-3 所示。

（a）焦距为 40 mm

（b）焦距为 80 mm

图 7-1-3　焦距效果

- **视野范围、视野（垂直）**：设置摄像机所能看到的水平方向和垂直方向上场景的范围。数值越大，

摄像机的视角就越大，场景中的物体看起来就越远；数值越小，摄像机的视角就越小，场景中的物体看起来就越近。

- 目标距离：设置摄像机到焦点的距离。当选中摄像机并切换为该摄像机视图时，视图窗口中心处会出现一个小圆点，即焦点。
- 焦点对象：将摄像机的焦点集中在场景中的某个特定对象上。设置焦点对象，可以确保在渲染或制作动画时，该对象始终清晰，而其他对象则可能呈现出不同程度的失焦效果。

摄像机属性面板的“物理”选项卡如图 7-1-4 所示。

- 光圈（f/#）：光圈是调节曝光量和景深的重要参数。f 后面的数值越大，光圈越小，画面越亮，景深越小；f 后面的数值越小，光圈越大，画面越暗，景深越大。
- 曝光：勾选后可设置 ISO 数值。
- ISO：控制图像的明度，数值越大，图像越亮。一般使用较小数值的 ISO 模拟白天效果，使用较大数值的 ISO 模拟夜晚效果。
- 快门速度（秒）：控制快门的开关速度，数值越大，快门关闭越慢，图像越亮；也可用于制作动画的运动模糊效果，数值越大，运动图像越模糊。

摄像机属性面板的“细节”选项卡如图 7-1-5 所示。

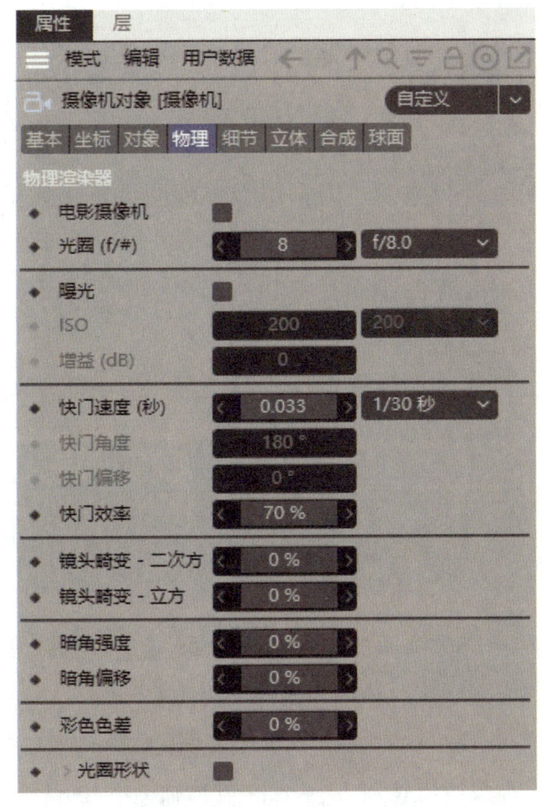

图 7-1-4　摄像机属性面板的“物理”选项卡

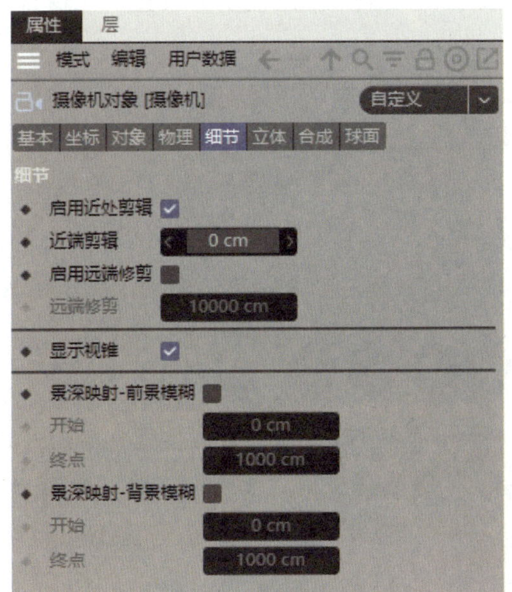

图 7-1-5　摄像机属性面板的“细节”选项卡

- 启用近处剪辑、启用远端修剪：勾选后，可设置摄像机视图的显示范围，近端剪辑距离前面和远端修剪距离后面的对象将被切除。
- 景深映射 - 前景模糊、景深映射 - 背景模糊：勾选后，可以使前景或背景产生失焦效果。

任务实施　制作水晶球旋转动画

下面通过制作水晶球旋转动画（图 7-1-6）来巩固所学知识。

制作水晶球旋转动画

图 7-1-6　水晶球旋转动画

本动画虽然为水晶球旋转动画，但实际上水晶球并未旋转，而是摄像机绕着水晶球旋转，且在旋转过程中，摄像机镜头始终对着水晶球。

（1）打开本书配套素材文件，创建一个摄像机。在设置摄像机时，需要一边观察摄像机视图，一边调整摄像机的位置，因此需要再设置一个透视视图。视图设置完成后，根据摄像机视图调整摄像机的具体参数。

（2）创建一个圆环样条作为摄像机运动的路径，并使用对齐曲线标签将其与摄像机联系起来，使摄像机绕着水晶球旋转。

（3）添加一个目标标签并将水晶球设为摄像机的目标对象，使摄像机在旋转过程中，其镜头始终对着水晶球。

（4）制作关键帧，水晶球旋转动画制作完成。

步骤 1　打开素材文件。打开本书配套素材“素材与实例\项目七\摄像机动画”中的“摄像机动画.c4d”文件。

步骤 2　创建摄像机。在透视视图显示下，单击右侧工具栏中的“摄像机”图标创建一个摄像机。

步骤 3　调整视图窗口。在透视视图窗口的菜单栏中选择“摄像机”→“使用摄像机”→“摄像机”选项，或单击对象面板中“摄像机”后的图标，切换为摄像机视图。在此视图中调整摄像机，在其他视图中观察调整结果。按鼠标滚轮，显示四个视图。在顶视图窗口的菜单栏中，选择“摄像机”→“透视视图”选项和“显示”→“光影着色”选项，将顶视图设置为透视视图和光影着色的显示样式。在正视图窗口的菜单栏中，将正视图设置为顶视图。调整完成后的视图窗口如图 7-1-7 所示。

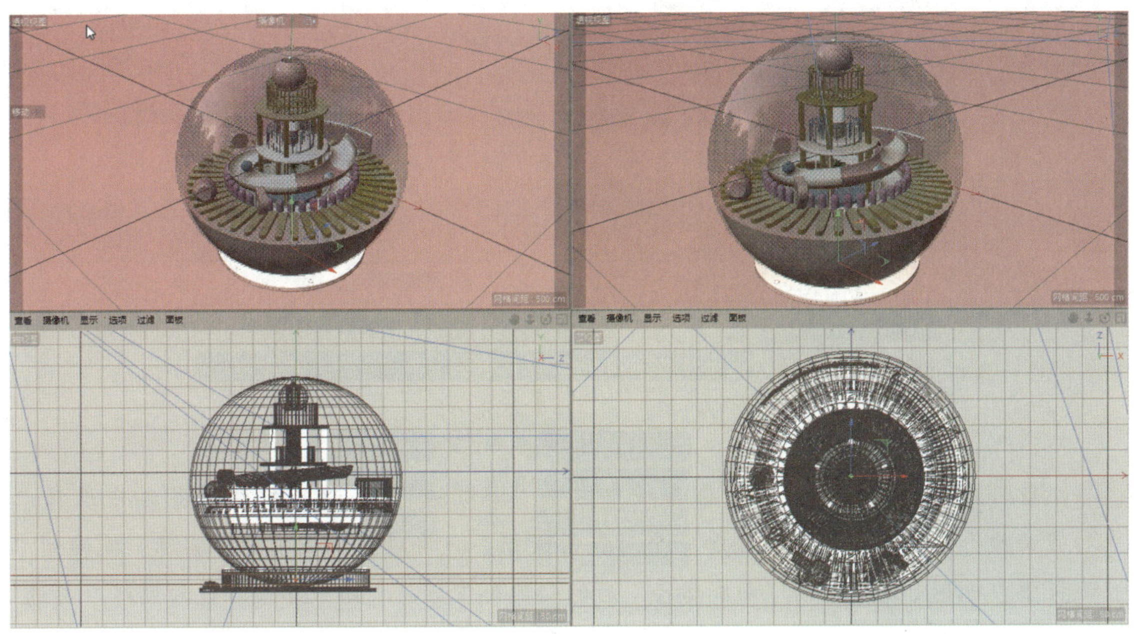

图 7-1-7　调整后的视图窗口

步骤 4 **设置摄像机**。在“摄像机”属性面板的“对象”选项卡中，将“焦距”设为 50 mm，将对象面板中的“水晶球”拖动至“焦点对象”后的矩形框中，如图 7-1-8 所示。在第一个视图窗口中将模型调整到视图的中心，如图 7-1-9 所示。

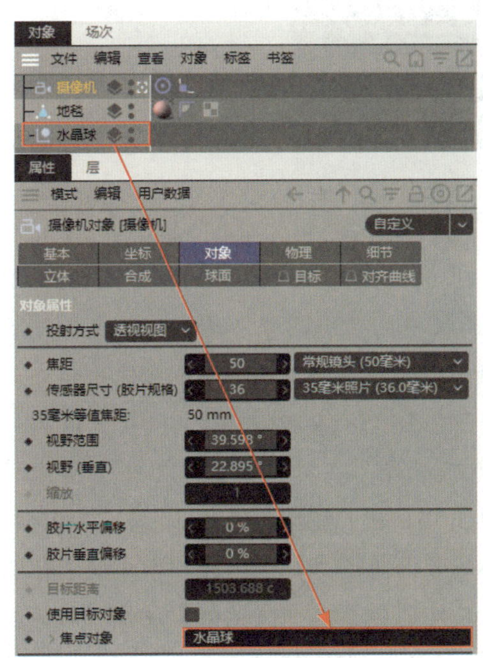

图 7-1-8　设置摄像机

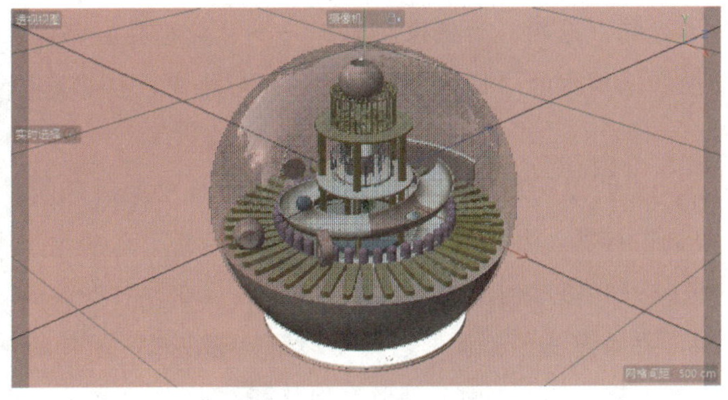

图 7-1-9　摄像机视图

步骤 5 **创建运动轨迹样条**。创建一个位于 *XZ* 平面上的圆环。在顶视图中调整圆环大小，使其刚好穿过摄像机，如图 7-1-10（a）所示；在右视图中向上移动圆环，使其与摄像机平齐，如图 7-1-10（b）所示。

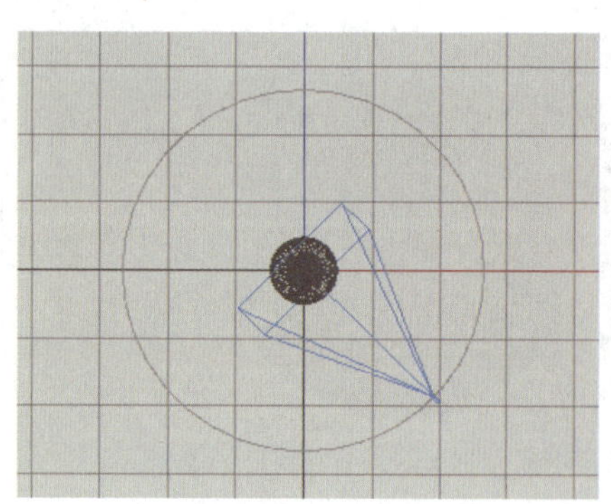

（a）调整圆环大小　　　　（b）调整圆环位置

图 7-1-10　创建圆环

步骤 6　**添加对齐曲线标签**。在对象面板中右击“摄像机”，在弹出的快捷菜单中选择“动画标签”→“对齐曲线”选项，为摄像机添加一个对齐曲线标签。将对象面板中的“圆环”拖动到“对齐曲线”属性面板中“标签”选项卡的“曲线路径”后的矩形框中，将“曲线路径”设为圆环，勾选“切线”复选框，如图 7-1-11 所示。

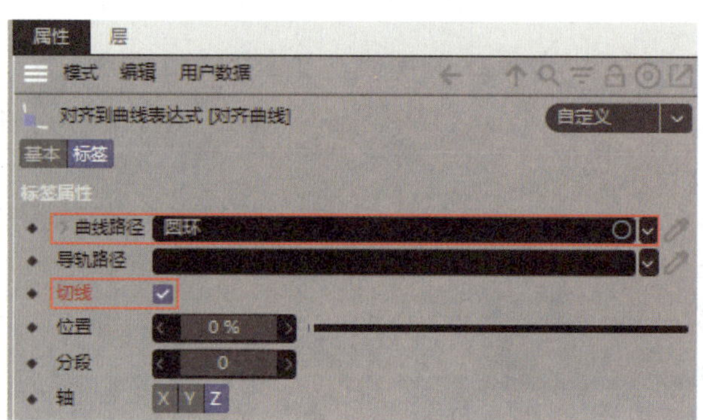

图 7-1-11　添加对齐曲线标签

步骤 7　**添加目标标签**。在对象面板中右击“摄像机”，在弹出的快捷菜单中选择“动画标签”→“目标”选项，为摄像机添加一个目标标签。将对象面板中的“水晶球”拖动到“目标”属性面板“标签”选项卡的“目标对象”后的矩形框中，将“目标对象”设为“水晶球”，使摄像机始终朝向场景中心。

步骤 8　**创建关键帧动画**。确保动画面板中的时间滑块在 0F 处，在对象面板中单击“摄像机”的“对齐曲线”标签，然后在其属性面板的“标签”选项卡中单击“位置”前的菱形图标，在 0F 处创建第一个关键帧。将时间滑块移动至 90F，然后在“对齐曲线”属性面板的“标签”选项卡中将“位置”设为 100%，再次单击“位置”前的菱形图标，在时间轴的 90F 处创建第二个关键帧。设置后的时间轴如图 7-1-12 所示。单击“向前播放”图标可播放动画。至此，该动画制作完成。

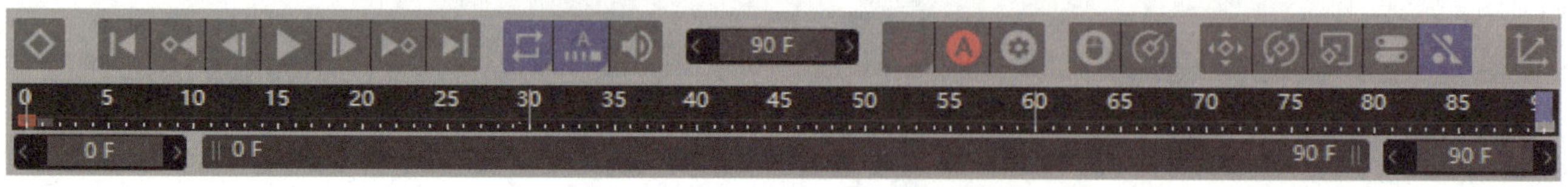

图 7-1-12　创建关键帧动画

任务二　认识渲染器

任务引入

近日，教师布置了一项作业——制作一个自然场景并进行渲染。其他同学作品的画面比较暗淡、光影效果也不够真实，唯独小张的作品画面十分真实，犹如一幅摄影图。原来，在渲染自然场景时，其他同学只进行了简单的设置，而小张根据画面的特点设置了渲染参数，如增加了全局光照、环境吸收等效果，使渲染图的品质大幅提升，小张也凭借这个作品拿到了高分。

想一想：

（1）渲染器有什么作用？

（2）Cinema 4D 中有哪些常用的渲染器设置？

理论知识

一、渲染器的参数设置

视图窗口中显示的是作品的模拟效果，使用渲染器渲染后，才能得到作品的最终效果，如图 7-2-1 所示。

（a）渲染前

（b）渲染后

图 7-2-1　渲染前后对比

渲染前，应设置渲染器的参数，具体操作如下：单击顶部工具栏中的“编辑渲染设置”图标打开“渲染设置”窗口，在该窗口中设置渲染器的参数。渲染器的常用参数如下。

（1）**渲染器的类型**。Cinema 4D 中的渲染器有标准、物理、视窗渲染器等。其中，标准渲染器和物理渲染器较为常用。标准渲染器为默认渲染器，渲染速度较快；物理渲染器的渲染效果更加真实，渲染速度较慢。

（2）**输出**。输出可以设置输出的图像和动画画面的尺寸、分辨率等参数，如图 7-2-2 所示。

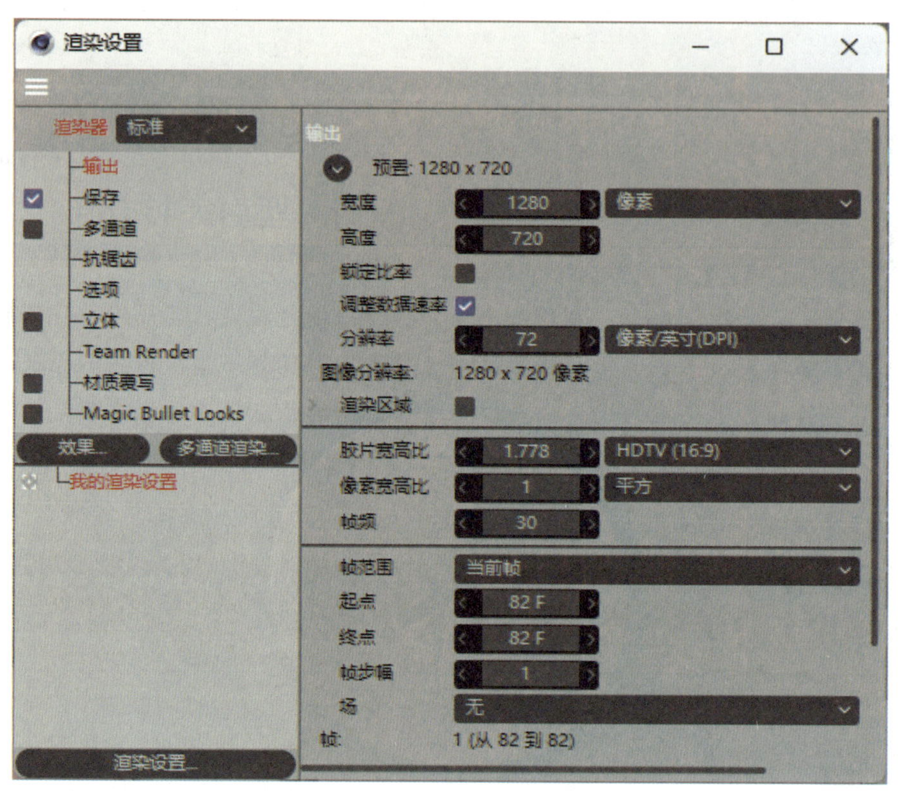

图 7-2-2　输出设置

- **宽度、高度**：设置渲染输出的图像和动画画面的宽度、高度。
- **锁定比率**：勾选后可锁定像素纵横比。
- **帧范围**：设置渲染的帧范围，包括手动、当前帧、全部帧、预览范围。渲染单张图像时，可以设置为当前帧；渲染动画时，可以将帧范围设置为手动、全部帧或预览范围。其中，预览范围是指渲染动画面板中时间轴上显示的帧范围。

（3）**保存**。保存可以设置文件的保存路径和格式。在保存选项卡中，单击“文件 ...”选项后的“...”按钮，打开“保存文件”对话框，选择文件保存位置并输入文件名称后单击“保存”按钮即可保存文件；单击“格式”后的列表框，在下拉列表中可选择文件保存的格式，如 JPG、PNG、PSD、TIF 等。

（4）**抗锯齿**。抗锯齿可以消除图像中物体边缘出现的锯齿。当渲染器为“物理”时，该选项不可用。

（5）**物理**。选择物理渲染器后，可设置相关参数，如图 7-2-3 所示。

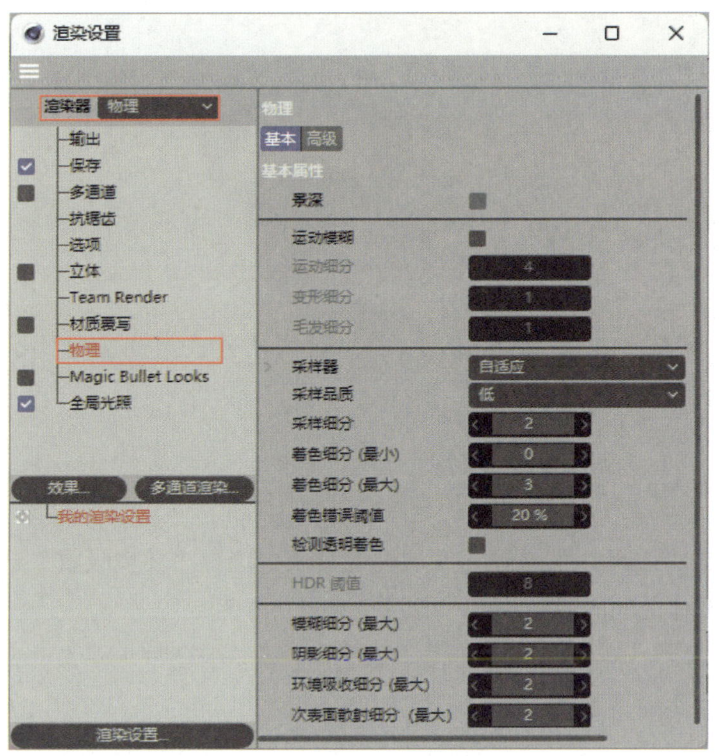

图 7-2-3　物理渲染器设置

- **景深**：勾选后可渲染出在摄像机中设置的景深效果。
- **运动模糊**：勾选后可渲染出场景中物体的运动模糊效果。
- **采样器**：设置采样器的类型，包括固定的、自适应、递增三种。其中，选择递增采样器时，渲染器会一直渲染，渲染时间越长，渲染质量就越高；若要停止渲染，可单击“图像查看器”顶部工具栏中的“停止渲染”图标。
- **采样品质**：设置采样的品质，品质越高，渲染时间越长。

（6）**全局光照**。单击“效果 ...”按钮，在展开的列表中选择“全局光照”选项可设置全局光照效果。全局光照可以模拟光反弹现象，使渲染的场景更加真实，如图 7-2-4 所示。

（a）添加前

（b）添加后

图 7-2-4　全局光照效果

（7）**焦散**。单击“效果 ...”按钮，在展开的列表中选择“焦散”选项，可设置焦散效果。焦散是指光线经过曲面物体反射和折射之后，会形成聚焦或非均匀发散的光斑，如图 7-2-5 所示。

图 7-2-5 焦散效果

（8）环境吸收。单击“效果 ...”按钮，在展开的列表中选择“环境吸收”选项，可设置环境吸收效果。环境吸收可以模拟物体之间的阴影效果，增强模型的立体感。

二、渲染工具

设置完渲染器参数后，可利用渲染工具进行渲染。Cinema 4D 中常用的渲染工具包括渲染活动视图、渲染到图像查看器、交互式区域渲染（IRR）等。

（1）渲染活动视图。单击顶部工具栏中的“渲染活动视图”图标即可渲染活动视图，渲染进度会在 Cinema 4D 界面左下角显示，如图 7-2-6 所示。该工具常被用于测试渲染效果。

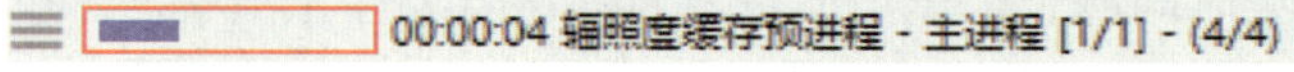

图 7-2-6 渲染进度条

（2）渲染到图像查看器。单击顶部工具栏中的“渲染到图像查看器”图标，可打开“图像查看器”窗口并在该窗口中渲染图像。在“图像查看器”窗口中，单击顶部工具栏中的“将图像另存为 ...”图标可打开“保存”对话框（图 7-2-7），单击“确定”按钮即可保存图像或动画。

- **类型**：包括静帧、动画、已选择帧三种。若选择静帧，则只保存“图像查看器”窗口中显示的当前帧的渲染图像；若选择动画，则保存该动画所有帧的渲染图像；若选择已选择帧，则保存选中帧的渲染图像。
- **格式**：包括 JPG、PNG、TIF、AVI、MP4 等格式。

（3）交互式区域渲染（IRR）。长按顶部工具栏中的“渲染活动视图”图标，在展开的列表中选择“交互式区域渲染（IRR）”选项，可在当前活动视图中创建一个实时渲染区域。拖动渲染区域边框可调整渲染区域的位置，拖动边框上的点可调整渲染区域的大小。

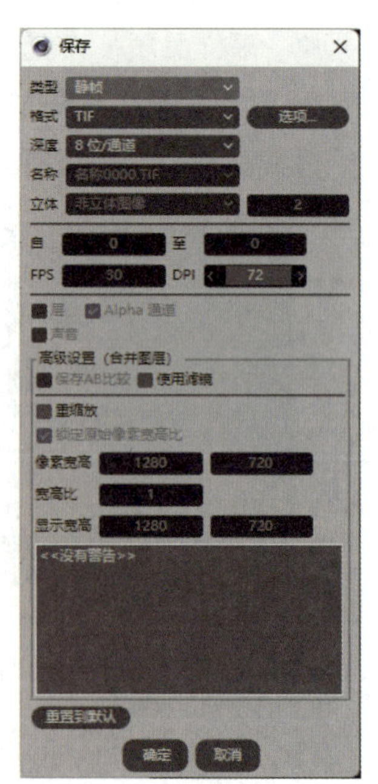

图 7-2-7 “保存”对话框

任务实施一　利用物理渲染器渲染新年场景

下面通过渲染新年场景（图 7-2-8）来巩固所学知识。

图 7-2-8　新年场景

利用物理渲染器
渲染新年场景

新年场景图像有景深效果，需要分别设置摄像机与渲染器。打开素材文件后，首先创建一个摄像机，调整摄像机视图，并设置摄像机的景深效果；然后打开“渲染设置”窗口，选择物理渲染器并进行设置；最后渲染并保存渲染的图像。

步骤 1　**打开素材文件**。打开本书配套素材“素材与实例\项目七\新年场景”中的“新年场景.c4d”文件。

步骤 2　**创建摄像机**。单击右侧工具栏中的“摄像机”图标，创建一个摄像机。

步骤 3　**调整摄像机视图**。单击对象面板“摄像机”后的图标（图 7-2-9），切换为摄像机视图。在“摄像机”属性面板的“对象”选项卡中，将“焦距”设为 80 mm；然后按照图 7-2-10 调整摄像机视图。

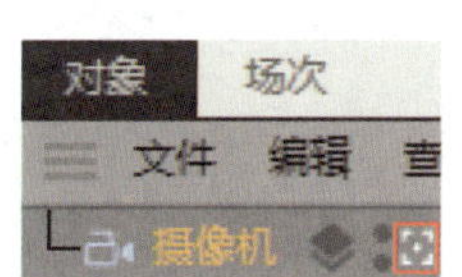

图 7-2-9　对象面板

图 7-2-10　调整摄像机视图

步骤 4 **设置摄像机的参数**。在“摄像机”属性面板的“对象”选项卡中，单击“目标距离”后的吸管图标，然后在视图中吸取“年”字，将焦点设置在“年”字上；在“物理”选项卡中将“光圈（f/#）”设为 2.2。

步骤 5 **设置渲染器**。单击顶部工具栏中的“编辑渲染设置 ...”图标，打开“渲染设置”对话框。将“渲染器”设为“物理”；在“物理”选项卡中勾选“景深”复选框，将“采样器”设为“递增”；在“输出”选项卡中将“宽度”“高度”分别设为 1280 像素、720 像素，勾选“锁定比率”复选框，将“分辨率”设为 300 像素。单击“效果 ...”按钮，在展开的列表中选择“全局光照”选项，添加“全局光照”效果；在“全局光照”的“常规”选项卡中将“预设”设为“内部 - 高”，以提高渲染质量。设置完毕后，关闭“渲染设置”对话框。

步骤 6 **渲染并保存图像**。单击顶部工具栏中的“渲染到图像查看器”图标，打开“图像查看器”窗口并开始渲染。待达到满意的渲染效果后，在“图像查看器”窗口中单击顶部工具栏中的“将图像另存为 ...”图标，在打开的“保存”对话框中将“类型”设为“静帧”，“格式”设为 PNG，然后单击“确定”按钮，在打开的“保存对话”对话框中选择文件保存位置并输入“新年场景”文件名，最后单击“保存”按钮保存图像。

任务实施二 利用标准渲染器渲染蛋糕

下面通过渲染蛋糕（图 7-2-11）来巩固所学知识。

图 7-2-11 蛋糕

打开素材文件，设置抗锯齿，然后通过设置渲染器添加全局光照效果。

步骤 1 **打开素材文件**。打开本书配套素材“素材与实例\项目七\蛋糕”中的“蛋糕.c4d”文件。

步骤 2 **调整渲染设置**。单击顶部工具栏中的“编辑渲染设置 ...”图标，打开“渲染设置”对话

框。将“渲染器”设为“标准”，选择“抗锯齿”选项，将“抗锯齿”设为“最佳”。单击“效果 ...”按钮，在展开的列表中选择“全局光照”选项，添加“全局光照”效果；在“全局光照”的“常规”选项卡中将“预设”设为“内部 - 高”，以提高渲染质量。设置完毕后，关闭“渲染设置”对话框。

步骤 3 渲染并保存。单击顶部工具栏中的“渲染到图像查看器”图标，打开“图像查看器”窗口并开始渲染。待渲染完毕后，在“图像查看器”窗口中单击顶部工具栏中的“将图像另存为 ...”图标，在打开的“保存”对话框中将“类型”设为“静帧”，“格式”设为 PNG，然后单击“确定”按钮，在打开的“保存对话”对话框中选择文件路径并输入文件名，最后单击“确定”按钮保存图像。

科技之光

三维建模技术应用于城市规划与设计

三维建模技术能够精确呈现城市的地理、地貌、建筑物和其他基础设施。利用高精度的地形数据、建筑物数据及植被数据等，三维建模软件能够生成高度逼真的城市模型。这些模型不仅展示了城市的外观，还能够反映城市的内在结构和功能，如道路网络、交通流线、公共设施分布等。

三维建模技术为智慧城市建设提供了有力支持。城乡规划师可以利用三维模型进行日照分析、视线分析、风环境分析等，以评估不同规划方案对城市环境的影响。此外，通过模拟城市在不同时间段和不同季节的光照条件、人流、车流等，城乡规划师还可以更好地预测城市的运行状况，从而制订更加合理的规划。

总体来说，三维建模技术为城市规划与设计带来了革命性的变革，已经成为现代城市规划不可或缺的一部分。随着科学技术的不断进步和应用场景的不断拓展，三维建模技术将在未来城市规划中发挥更加重要的作用，更好地推动城市的健康、和谐、可持续发展。

学习成果检测

习题 1 渲染甜品屋

打开本书配套素材“素材与实例\项目七\甜品屋”中的“甜品屋.c4d”文件，利用本项目所学知识渲染图 7-2-12 所示的甜品屋。

图 7-2-12 甜品屋

提示：

（1）创建摄像机并调整摄像机视图。

（2）设置景深效果。

（3）使用物理渲染器，并添加景深和全局光照效果。

习题 2 渲染水晶摆件

打开本书配套素材“素材与实例\项目七\水晶摆件”中的“水晶摆件.c4d”文件，利用本项目所学知识渲染图 7-2-13 所示的水晶摆件。

图 7-2-13 水晶摆件

提示：

（1）创建摄像机并调整摄像机视图。

（2）在标准渲染器中设置抗锯齿效果并添加全局光照和环境吸收效果。

学习成果评价

请进行学习成果评价，并将评价结果填入表 7-2-1 中。

表 7-2-1　学习成果评价表

<table>
<tr><th rowspan="2">评价项目</th><th rowspan="2">评价内容</th><th rowspan="2">分值</th><th colspan="3">评价分数</th></tr>
<tr><th>自评</th><th>他评</th><th>师评</th></tr>
<tr><td rowspan="2">知识
（20%）</td><td>了解摄像机的类型</td><td>10</td><td></td><td></td><td></td></tr>
<tr><td>了解渲染工具</td><td>10</td><td></td><td></td><td></td></tr>
<tr><td rowspan="4">技能
（60%）</td><td>能够利用摄像机制作景深效果</td><td>20</td><td></td><td></td><td></td></tr>
<tr><td>能够利用摄像机制作轨迹动画</td><td>20</td><td></td><td></td><td></td></tr>
<tr><td>能够合理设置物理渲染器的常用参数</td><td>10</td><td></td><td></td><td></td></tr>
<tr><td>能够合理设置标准渲染器的常用参数</td><td>10</td><td></td><td></td><td></td></tr>
<tr><td rowspan="2">素养
（20%）</td><td>积极参加教学活动，按时完成学习任务</td><td>10</td><td></td><td></td><td></td></tr>
<tr><td>具有良好的审美素养，能够合理地设置摄像机并渲染图像</td><td>10</td><td></td><td></td><td></td></tr>
<tr><td colspan="2">合计</td><td>100</td><td></td><td></td><td></td></tr>
<tr><td>总评</td><td>自评（20%）+他评（20%）+师评（60%）=＿＿＿＿＿＿</td><td colspan="4">指导教师（签名）：＿＿＿＿＿＿</td></tr>
<tr><td>自我评价</td><td colspan="5"></td></tr>
<tr><td>教师评价</td><td colspan="5"></td></tr>
</table>

项目八 动画

项目引言

在 Cinema 4D 中制作动画时，只需要制作每个动画序列的起始画面、结束画面和必要的关键画面，软件就可以自动生成中间画面，这样形成的动画称为关键帧动画。Cinema 4D 的运动图形模块功能十分强大，可以高效地制作出运动图形动画，为其添加动力学标签后可以得到更真实的动画效果。本项目主要讲解动画的基础知识和基本操作。

知识目标

- 认识关键帧动画。
- 认识运动图形动画。
- 认识动力学。

能力目标

- 能够独立制作关键帧动画。
- 能够根据需要使用运动图形工具制作动画。
- 能够掌握动力学标签的使用方法。

素质目标

- 培养细致专注、一丝不苟的工作态度。
- 培养精益求精的工匠精神和良好的职业精神。

任务一 制作关键帧动画

任务引入

小明制作的PPT中需要一个简单的动画，但是小明不知道怎么制作动画。同学看他愁眉不展，便告诉他，可以使用Cinema 4D制作动画，再将动画插入PPT中。在Cinema 4D中，只需要将模型发生变化的节点作为关键帧记录下来，软件就会自动生成中间的动画，非常方便。很快，小明便在同学的指导下完成了动画的制作。

想一想：

（1）什么是关键帧？

（2）在Cinema 4D中如何制作关键帧动画？

理论知识

一、关键帧

动画是指利用人眼的视觉暂留特性，使连续播放的静态画面相互衔接而形成的动态效果。其中，每一幅静态画面就是一帧，每秒的帧数越多，动画播放效果越流畅。关键帧是指在动画中起决定性作用的帧，常被用于定义一组动作的起始状态和终止状态。在属性面板中，任何可以被动画化的属性旁边都有一个菱形图标◆，单击该图标即可创建关键帧；同时，软件会在两个相邻的关键帧之间自动生成动画轨迹。

二、动画面板

Cinema 4D中用于制作动画的工具基本位于动画面板中，如图8-1-1所示。

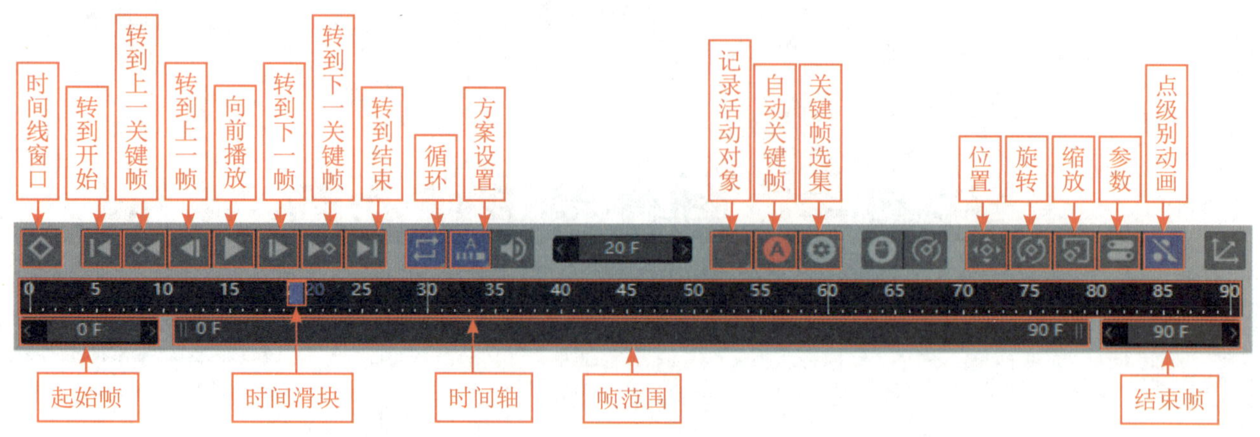

图 8-1-1　动画面板

（1）时间轴。在时间轴中拖动时间滑块或在帧上单击，即可将时间滑块移至目标帧。

（2）记录活动对象。单击“记录活动对象”图标可在时间滑块处为所选对象记录关键帧。

（3）自动关键帧。单击“自动关键帧”图标可激活自动关键帧模式。在该模式下，移动或调整对象的属性都将在时间轴上自动记录关键帧。

（4）循环。默认为循环播放动画。长按“循环”图标，在展开的列表中可以选择其他播放模式。

三、时间线窗口

在 Cinema 4D 中，时间线窗口是用于编辑和管理动画的时间和关键帧的核心。在时间线窗口中，用户可以直接查看和编辑动画的关键帧，包括它们的位置、属性和形状等。此外，通过时间线窗口的曲线编辑器，用户还可以更深入地查看和编辑动画曲线，以实现更精细的动画控制。

（1）摄影表。摄影表可以显示场景中所有的关键帧与运动曲线。在菜单栏中选择“窗口”→“时间线窗口（摄影表）”选项（或按“Shift+F3”组合键）可打开时间线窗口（摄影表），如图 8-1-2 所示。在关键帧区域按住“Alt”键和鼠标滚轮并拖动鼠标，可平移关键帧区域；按住“Alt”键和鼠标右键并向左或向右拖动鼠标，可缩小或放大关键帧区域。

图 8-1-2　时间线窗口（摄影表）

（2）函数曲线。函数曲线窗口可以显示对象的运动曲线。在菜单栏中选择“窗口”→“时间线窗口（函数曲线）”选项（或按“Shift+Alt+F3”组合键）可打开时间线窗口（函数曲线），如图 8-1-3 所示。

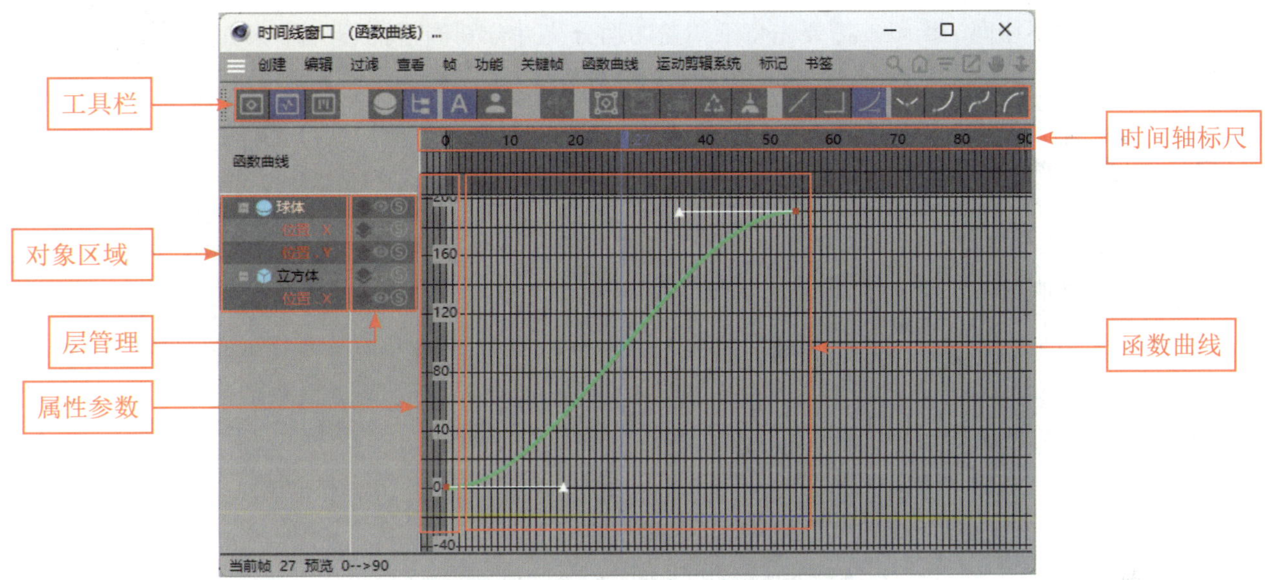

图 8-1-3　时间线窗口（函数曲线）

在关键帧区域选择函数曲线后，在工具栏单击相应图标即可修改函数曲线。函数曲线较为常用的有 5 种类型。

- 线性：从开始到结束都匀速运动。
- 步幅：运动中间没有过渡，直接从上一个关键帧跳转到下一个关键帧。
- 样条：较为柔和，可以通过调节手柄修改函数曲线。
- 缓入：对象开始运动时较慢，在运动过程中逐渐加速。
- 缓出：对象开始运动时较快，在运动过程中逐渐减速。

任务实施　制作纸箱打开动画

下面通过制作纸箱打开动画（图 8-1-4）来巩固所学知识。

图 8-1-4　纸箱打开动画

制作思路

纸箱盖是以和纸箱侧面连接的线为轴心，向外旋转打开的。纸箱顶盖、左盖、右盖的旋转轴心均不相同。所以，需要先将纸箱盖的面分离并分别调整轴心，再制作关键帧动画。

制作步骤

步骤 1 打开素材文件。打开本书配套素材“素材与实例\项目八\纸箱”中的“纸箱.c4d”文件。

步骤 2 分离纸箱盖。单击顶部工具栏中的“多边形”图标，切换为面模式，选中纸箱顶盖（图 8-1-5），按“Ctrl+X”组合键剪切；然后单击对象面板空白区域，在不选择任何对象的情况下按“Ctrl+V”组合键粘贴，将纸箱顶盖创建为一个单独对象——“纸箱.1”，将其重命名为“顶盖”。使用同样的方法将纸箱左盖、纸箱右盖分离，并分别重命名为“左盖”“右盖”。

图 8-1-5 选中纸箱顶盖

步骤 3 调整纸箱各个面的轴心。单击顶部工具栏中的“模型”图标，切换为模型模式。选中纸箱顶盖，单击顶部工具栏中的“启用轴心”图标进入调整轴心模式。单击顶部工具栏中的“建模设置”图标，在打开的“捕捉”选项卡中勾选“捕捉”“边”复选框。移动轴心将轴心吸附在图 8-1-6（a）所示的边上，再次单击“启用轴心”图标，退出调整轴心模式。使用同样的方法将纸箱左盖、纸箱右盖的轴心位置分别调整至对应的边上，如图 8-1-6（b）和图 8-1-6（c）所示。

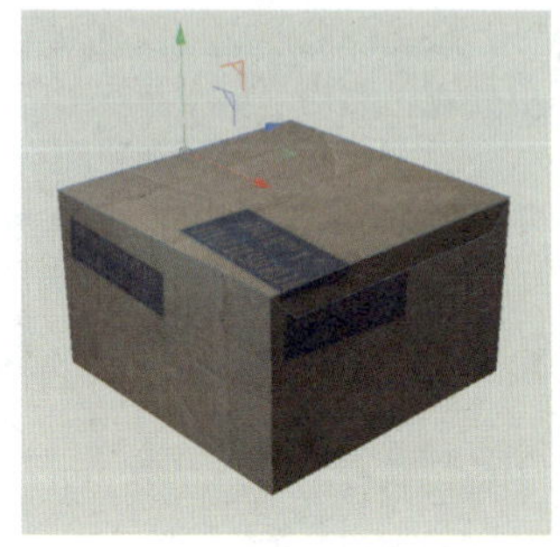

（a）调整纸箱顶盖的轴心

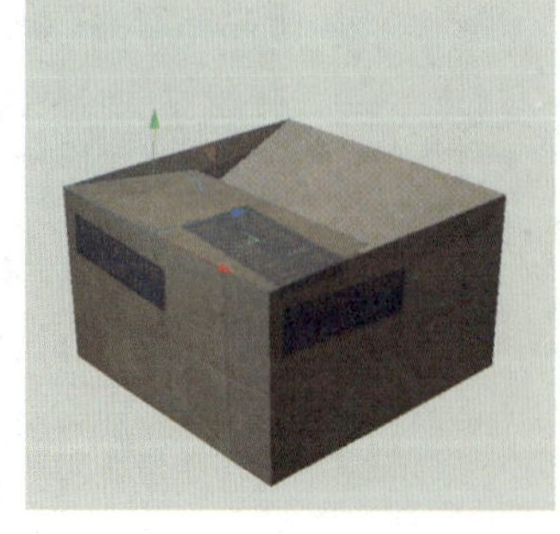

（b）调整纸箱左盖的轴心

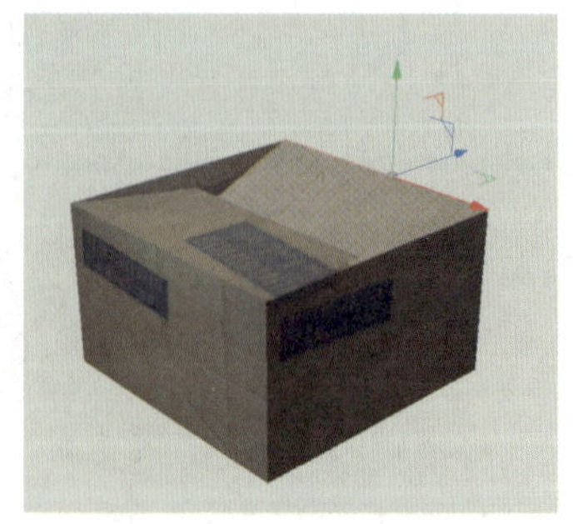

（c）调整纸箱右盖的轴心

图 8-1-6 调整纸箱各个面的轴心

步骤 4 制作顶盖打开动画。选中“顶盖”，在属性面板的“坐标”选项卡中，单击“R.B”前的菱形图标◆，在0帧处记录一个关键帧。拖动时间滑块到30帧，将“R.B”设为−150°，即向后旋转“顶盖”150°，再次单击“R.B”前的菱形图标◆，在30帧处记录一个关键帧，如图8-1-7和图8-1-8所示。单击“向前播放”图标▶可在视图窗口预览动画。

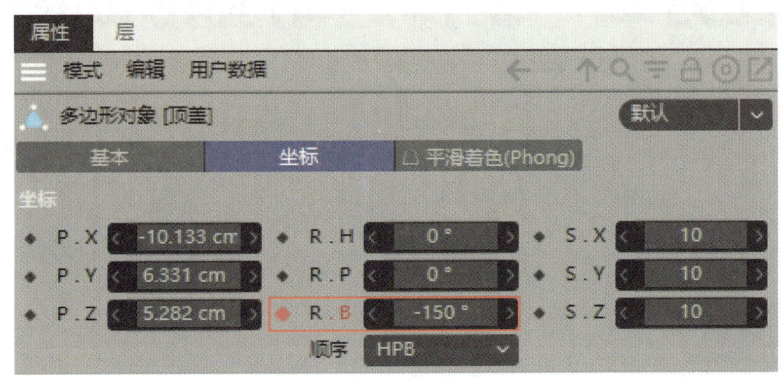

图 8-1-7 记录关键帧

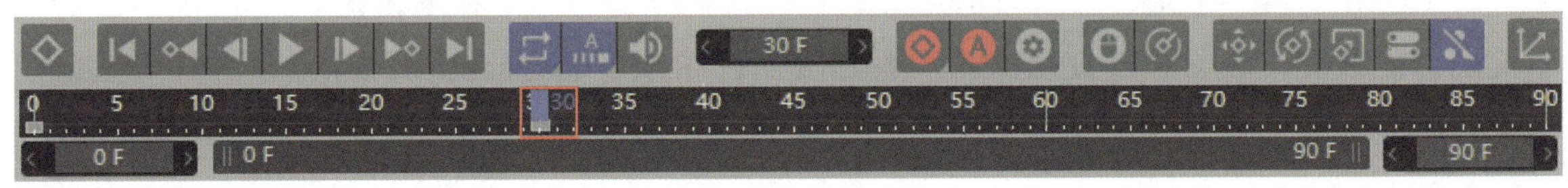

图 8-1-8 时间轴

步骤 5 制作纸箱左盖打开动画。选中“左盖”，确保时间滑块在30帧处，在“左盖”属性面板的“坐标”选项卡中单击“R.P”前的菱形图标◆，在30帧处记录一个关键帧。拖动时间滑块至60帧，将“R.P”设为165°，即向左旋转“左盖”165°；再次单击“R.P”前的菱形图标◆，在60帧处记录一个关键帧。

步骤 6 制作纸箱右盖打开动画。选中“右盖”，在“右盖”属性面板的“坐标”选项卡中单击“R.P”前的菱形图标◆，在60帧处记录一个关键帧。拖动时间滑块到90帧，将“R.P”设为−160°，即向右旋转“右盖”160°；再次单击“R.P”前的菱形图标◆，在90帧处记录一个关键帧。至此，纸箱打开动画制作完成。

任务二　制作运动图形动画

任务引入

小赵计划去公司实习以丰富自己的履历，但是他投递的简历都石沉大海了，而他的同学小孙早早找到了实习公司。于是，他便向小孙请教如何找实习公司。小孙跟他说："Cinema 4D 的运动图形模块功能强大，在制作栏目动画、广告动画方面有着非常大的优势，你可以有针对性地制作几个运动图形动画，同简历一起发送给对方。"果然，小赵凭借精心制作的运动图形动画，找到了心仪的实习公司。

想一想：

（1）Cinema 4D 中有哪些运动图形工具？

（2）利用运动图形工具可以制作出哪些动画效果？

理论知识

一、运动图形生成器

运动图形生成器包括克隆生成器、分裂生成器、破碎生成器、追踪对象生成器等。

（一）克隆生成器

使用克隆生成器可以复制对象，具体操作如下：单击右侧工具栏中的"克隆"图标，创建一个克隆生成器，并将其设置为对象的父级。克隆生成器的模式包括对象模式、线性模式、放射模式、网格模式、蜂窝模式 5 种，如图 8-2-1 所示。

（1）**对象模式**。使用对象模式可使对象沿着样条复制。

（2）**线性模式**。使用线性模式可使对象沿直线复制。

（3）**放射模式**。使用放射模式可使对象呈放射状复制。

（4）**网格模式**。使用网格模式可使对象生成 3 个轴向的网格复制效果。

（5）**蜂窝模式**。使用蜂窝模式可使对象生成类似蜂窝的复制效果。

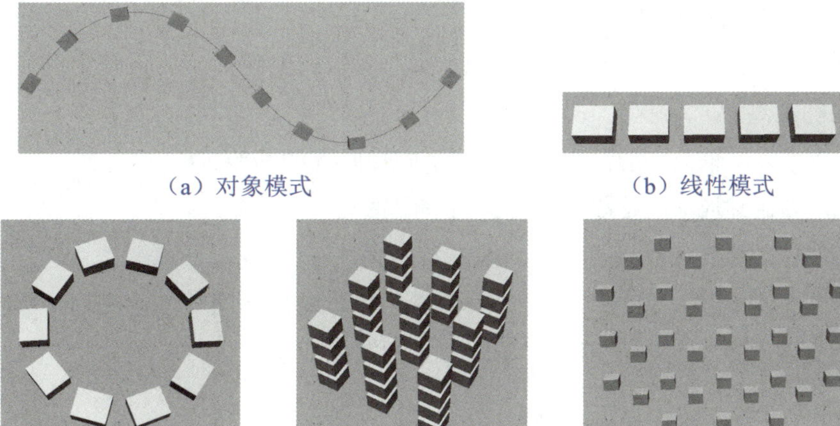

（a）对象模式　　（b）线性模式

（c）放射模式　　（d）网格模式　　（e）蜂窝模式

图 8-2-1　克隆生成器

克隆生成器的参数可在属性面板中进行设置，如图 8-2-2 所示。

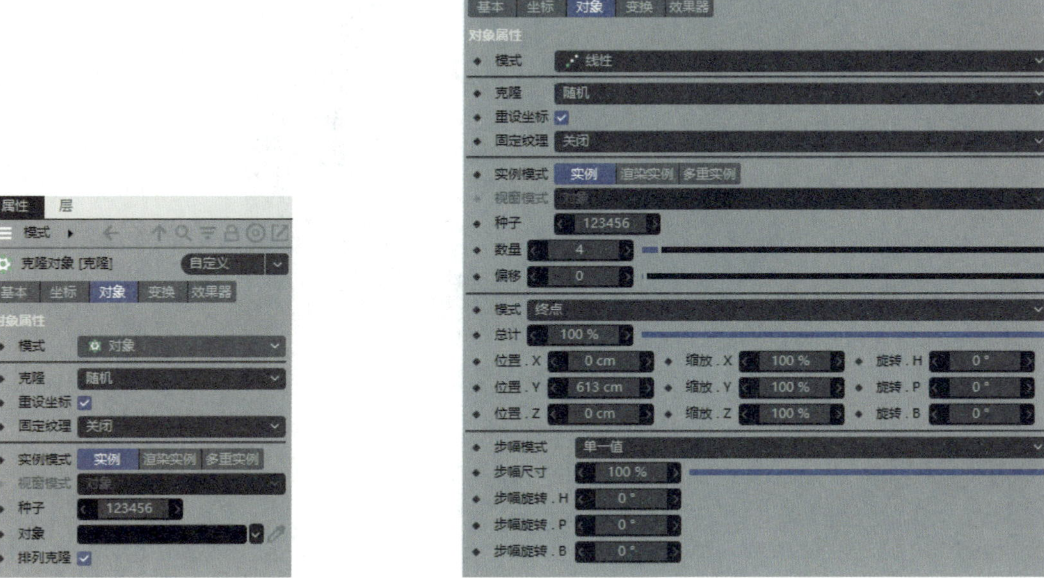

（a）对象模式　　（b）线性模式

图 8-2-2　克隆生成器的属性面板

- **克隆**：设置克隆对象的变化规律，在有两个及两个以上克隆对象时起作用，包括迭代、随机、混合、类别等类型。迭代表示按顺序重复排列复制对象；随机表示随机排列复制对象；混合表示将不同子对象的属性有序变化复制，如从大到小等；类别表示复制第一个子对象。
- **对象**：将样条拖动至编辑框中即可沿样条路径复制。
- **排列克隆**：勾选后，克隆的物体会随着样条的路径改变朝向。

- **数量**：设置克隆对象的数量。
- **偏移**：设置克隆对象的偏移数值。
- **模式**：包括每步、终点两种。每步规定的是每个对象间的距离，终点规定的是第一个对象与最后一个对象间的距离。
- **位置.*X*、位置.*Y*、位置.*Z***：设置克隆对象在不同轴向上的间距。
- **缩放.*X*、缩放.*Y*、缩放.*Z***：设置克隆对象在不同轴向上的缩放比例。
- **旋转.*H*、旋转.*P*、旋转.*B***：设置克隆对象的旋转角度。
- **步幅模式**：包括单一值和累计两种。单一值表示每个对象之间的步幅相同；累计与步幅尺寸结合使用，表示克隆对象的步幅在前一个基础上累积发生变化。

同步案例 8-1　制作钟表模型

下面通过制作钟表模型（图 8-2-3）来介绍克隆生成器的使用方法。

图 8-2-3　钟表模型

钟表由表盘、数字、指针组成。首先用几何体制作出表盘，利用克隆生成器制作数字。首先创建一个内容为 1 的文本，再创建一个内容为 12 的文本，将它们设置为克隆生成器的子级，利用克隆生成器的“混合”属性，将两个子级有序地变化复制，自动生成 1 ～ 12 中间的数字。此时数字 1 在表盘的中间，如果要将 12 按顺时针方向移动到 1 的位置，需要偏移 30°（360°÷12=30°）。最后利用多边形制作出指针。

步骤 1　制作表盘。创建一个圆柱体，在属性面板的“对象”选项卡中将“半径”设为 200 cm，将“高度”设为 10 cm，将“旋转分段”设为 60，将“方向”设为+*Z*。创建一个管道，在属性面板的“对象”选项卡中将其“外部半径”设为 220 cm，将“内部半径”设为 200 cm，将“旋转分段”设为 60，将“高

度”设为 30 cm，将“方向”设为+Z。

步骤 2　创建文本。长按右侧工具栏中的“文本样条”图标，在展开的列表中选择“文本”选项，创建一个文本对象。在“文本”属性面板的“对象”选项卡中的“文本样条”编辑框中输入“1”，将“深度”设为 10 cm，将“字体”设为黑体，将“对齐”设为“中对齐”，将“高度”设为 40 cm。在对象面板中选中“文本”，按“Ctrl+C”组合键复制，再按“Ctrl+V”组合键粘贴。然后在“文本样条.1”属性面板的“对象”选项卡中的“文本样条”编辑框中输入“12”。

步骤 3　克隆文本。单击右侧工具栏中的“克隆”图标创建一个克隆生成器。然后将“文本”设置为“克隆”的第一个子级，将“文本.1”设置为“克隆”的第二个子级。在“克隆”属性面板的“对象”选项卡中将“模式”设为“放射”，将“克隆”设为“混合”，将“数量”设为 12，将“半径”设为 170 cm，将“平面”设为 *XY*，取消勾选“对齐”复选框。此时“1”在表盘的最中间，需要偏移 360°÷12=30°，所以将“偏移”设为 30°。最后移动“克隆”至表盘中间，如图 8-2-4 所示。

步骤 4　制作指针。创建一个多边形，在属性面板的“对象”选项卡中，将“宽度”设为 20 cm，将“高度”设为 150 cm，勾选“三角形”复选框。创建一个布料曲面生成器，将“多边形”设置为“布料曲面”的子级，在属性面板的“对象”选项卡中将“厚度”设为 5 cm。选中“布料曲面”，按住“Ctrl”键，同时按顺时针方向旋转 120°，将其旋转复制。在“布料曲面.1”子级“多边形”属性面板的“对象”选项卡中将“高度”设为 200 cm。按图 8-2-5 调整指针的位置。至此，模型制作完成。

图 8-2-4　克隆文本

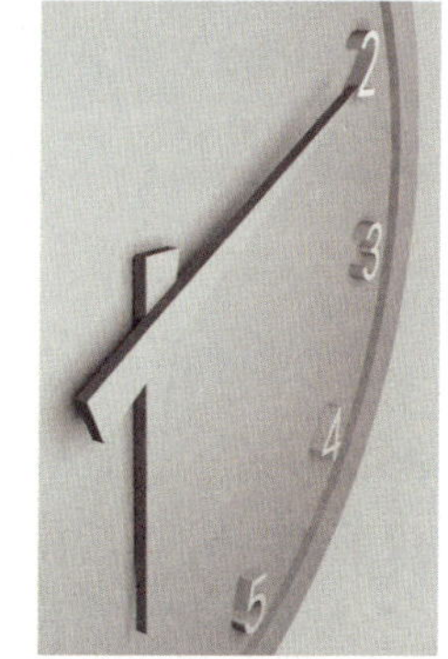

图 8-2-5　移动指针

（二）分裂生成器

使用分裂生成器可将对象变为运动图形对象，具体操作如下：长按右侧工具栏中的“克隆”图标，在展开的列表中选择“分裂”选项，创建一个分裂生成器，并将其设置为对象的父级。分裂生成器有直接、分裂片段、分裂片段 & 连接三种模式。

- **直接**：将每个子级都当成一个运动图形对象。
- **分裂片段**：将独立的对象当成一个运动图形对象。
- **分裂片段 & 连接**：将独立的对象或有共同边的对象当成一个运动图形对象。

（三）破碎生成器

使用破碎生成器可将一个完整的模型随机分裂为多个碎片，具体操作如下：长按右侧工具栏中的

“克隆”图标，在展开的列表中选择“破碎”选项，创建一个破碎生成器，并将其设置为对象的父级。破碎生成器的参数可在属性面板中进行设置，如图 8-2-6 所示。

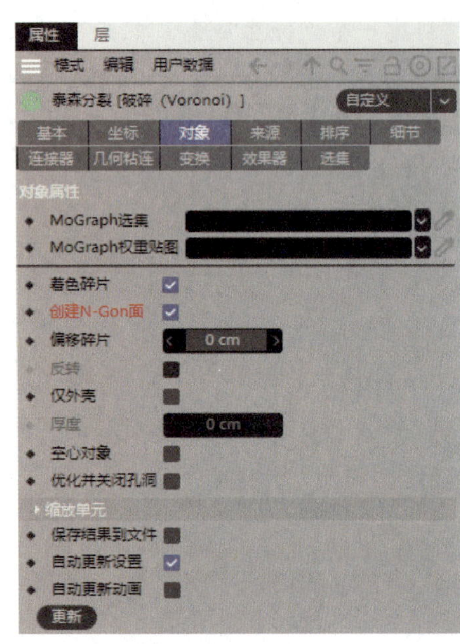

（a）“对象”选项卡

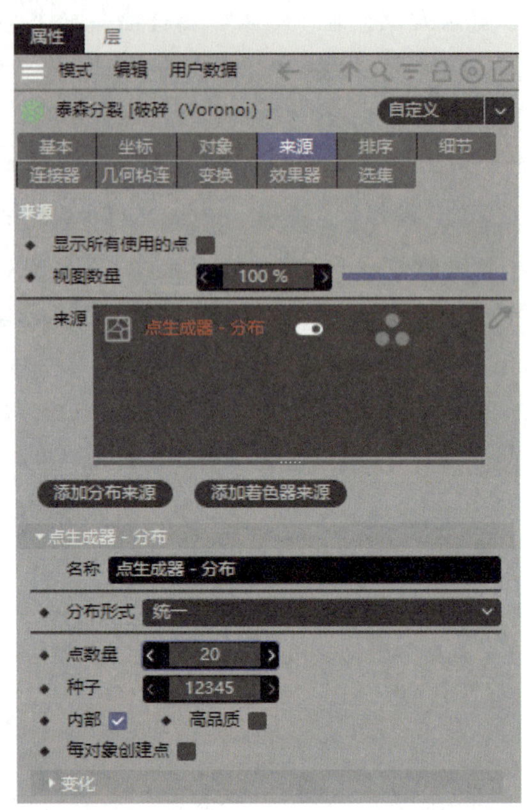

（b）“来源”选项卡

图 8-2-6　破碎生成器的属性面板

- **偏移碎片**：设置碎片之间的距离，如图 8-2-7 所示。
- **仅外壳**：勾选后模型将成为空心状态，如图 8-2-8 所示。

（a）偏移碎片 0 cm

（b）偏移碎片 5 cm

图 8-2-7　偏移碎片效果

（a）原对象

（b）勾选后

图 8-2-8　勾选“仅外壳”效果

- **点数量**：设置模型产生碎片的数量，如图 8-2-9 所示。

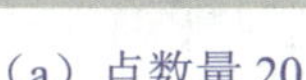

（a）点数量 20

（b）点数量 50

图 8-2-9　点数量效果对比

（四）追踪对象生成器

使用追踪对象生成器可以将对象运动的路径转换为样条。追踪对象生成器的参数可在属性面板中进行设置，如图 8-2-10 所示。需要注意的是，静态的对象不可追踪。

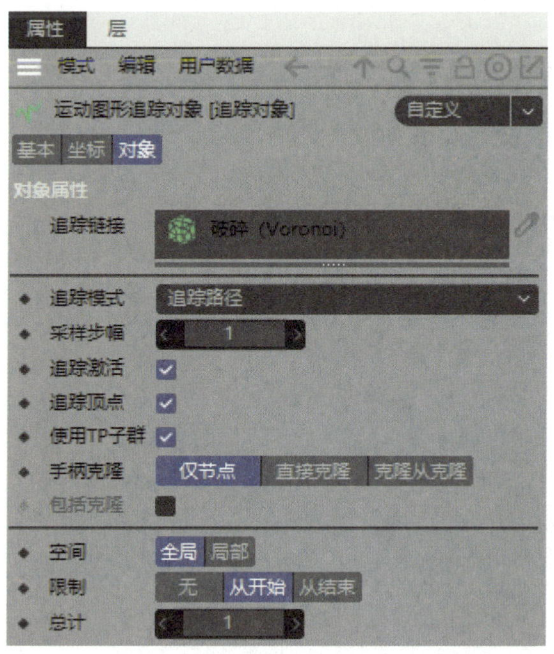

图 8-2-10　追踪对象生成器的属性面板

- **追踪链接：**设置要追踪的对象。
- **追踪模式：**设置追踪路径的生成方式，包括追踪路径、连接所有对象、连接元素。其中，追踪路径表示以对象顶点为追踪目标；连接所有对象表示在有多个追踪对象时，追踪每个物体的顶点并连接；连接元素表示连接每个元素，但不连接对象。
- **采样步幅：**仅在追踪模式为“追踪路径”时激活，数值越大，生成的样条精细度越低。
- **追踪顶点：**勾选后，追踪对象的每个顶点；取消勾选后，只追踪对象的中心点。
- **限制：**包括无、从开始、从结束 3 种。其中，无表示追踪所有运动；从开始表示追踪从对象运动的开始帧生成到“总计”设置的帧数；从结束表示在对象运动的后面生成拖动轨迹，“总计”值越高，生成的样条越长。

同步案例 8-2　制作追踪立方体动画

下面通过制作追踪立方体动画来介绍追踪对象生成器的使用方法。

步骤 1 制作立方体动画。创建一个立方体，在属性面板的“坐标”选项卡中，单击“P.Y”和“R.H”前的菱形图标◆，分别在 0F 处记录一个关键帧。在动画面板中拖动时间滑块到 90F 处，在“立方体”属性面板的“坐标”选项卡中将“P.Y”设为 1000 cm，将“R.H”设为 360°，单击“P.Y”和“R.H”前的菱形图标◆，分别在 90F 处记录一个关键帧。

步骤 2 创建追踪对象生成器。长按右侧工具栏中的“克隆”图标，在展开的列表中选择“追踪对象”选项，创建一个追踪对象生成器。

步骤 3 将“立方体”设置为追踪对象。将对象面板中的“立方体”拖动到“追踪对象”属性面板“对象”选项卡的“追踪连接”中，单击“向前播放”图标▶可观察追踪路径，如图 8-2-11 所示。

步骤 4 将“立方体”隐藏。在对象面板中分别单击两次“立方体”后的两个圆形按钮，将“立方体”隐藏，如图 8-2-12 所示。

步骤 5 将“追踪对象”曲线转换为三维模型。长按右侧工具栏中的“细分曲面”图标，在展开的列表中选择“扫描”选项，创建一个扫描生成器。创建一个圆环，将“圆环”设置为“扫描”的第一个子级，将“追踪对象”设置为“扫描”的第二个子级。单击“向前播放”图标▶可预览三维模型动画，生成的三维模型如图 8-2-13 所示。

图 8-2-11　追踪路径

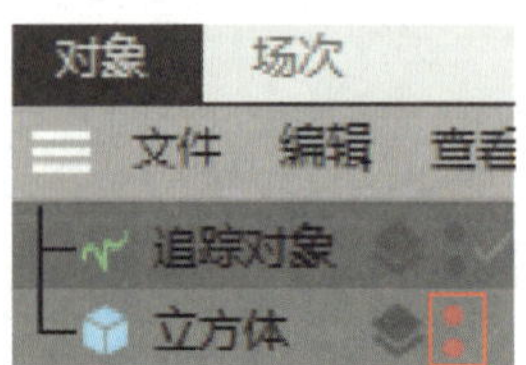

图 8-2-12　隐藏“立方体”

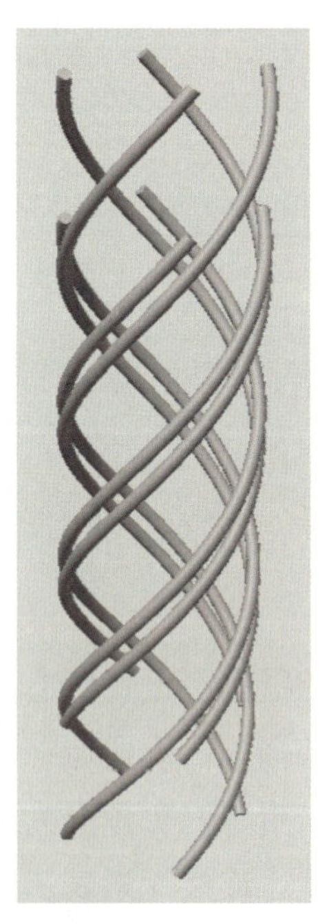

图 8-2-13　三维模型

二、运动图形效果器

利用运动图形效果器可以影响和调整运动图形的属性，改变运动图形的运动轨迹、速度、形状等属性，从而创建更加复杂的动画效果。运动图形效果器需要结合运动图形生成器使用，具体操作如下：长按右侧工具栏中的“简易”图标，在展开的列表中选择相应的运动图形效果器，然后在对象面板中将其拖动至运动图形生成器属性面板的“效果器”选项卡的矩形框中。图 8-2-14 所示为随机效果器结合克隆生成器的使用方法。

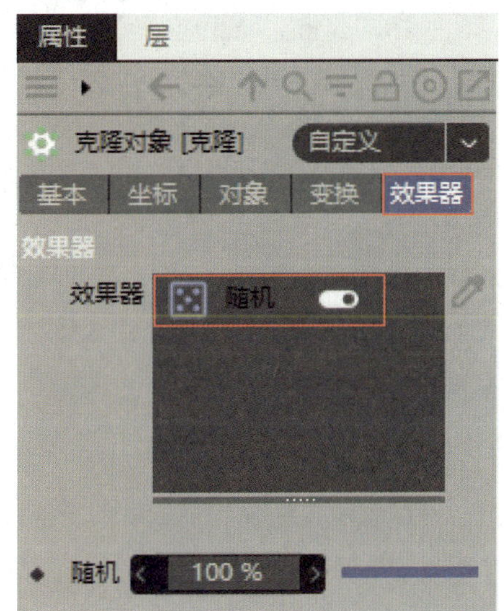

图 8-2-14　随机效果器结合克隆生成器的使用方法

运动图形效果器的类型及作用见表 8-2-1。

表 8-2-1　运动图形效果器的类型及作用

类型	作用	类型	作用
简易	影响运动图形元素的位置、缩放、旋转、颜色	群组	将运动图形效果器合并成组，同时影响运动图形
延迟	使对象的动画产生延迟效果	公式	通过公式来控制运动图形的效果
继承	将原对象的状态或动画继承到指定对象	推散	将克隆对象沿中心推离
Python	通过编写程序影响运动图形效果	随机	使运动图形产生随机效果
重置	重置效果器的影响	着色	通过着色器或图片影响运动图形
声音	通过添加声音影响运动图形变化	样条	让样条的形状变成另一种形状
步幅	让运动图形元素沿步幅分布	目标	让运动图形元素朝向指定对象
时间	影响运动图形元素产生变化的时间	体积	通过指定体积对象影响运动图形效果

下面主要介绍 6 种运动图形效果器。

（一）简易效果器

使用简易效果器可以影响运动图形元素的位置、缩放、旋转等属性。简易效果器的参数可在属性面板中进行设置，如图 8-2-15 所示。

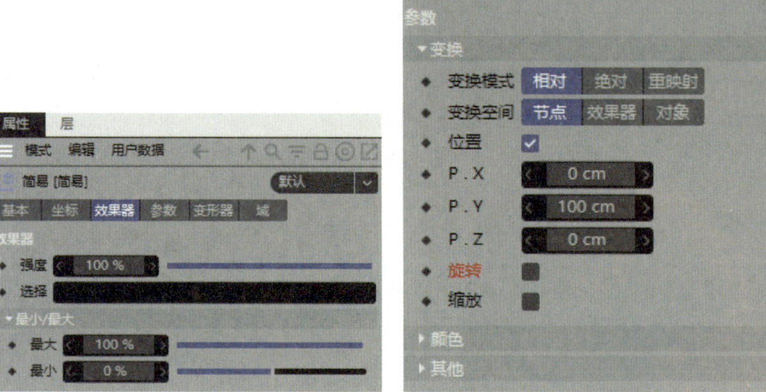

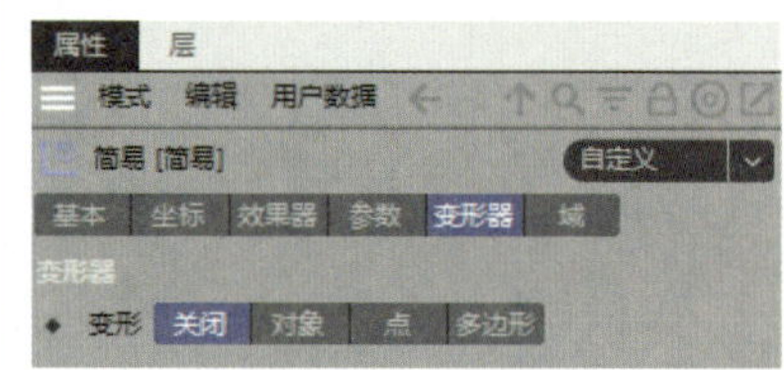

（a）“效果器”选项卡　　（b）“参数”选项卡　　（c）“变形器”选项卡

图 8-2-15　简易效果器的属性面板

- **强度**：设置效果器的生效强度。
- **最大、最小**：设置当前变化的作用范围。
- P.*X*、P.*Y*、P.*Z*：设置每个运动图形子元素在位置上的变化量。
- **变形**：“关闭”表示变形不起作用；“对象”表示变形作用于每一个对象；“点”表示变形作用于物体每一个顶点；“多边形”表示变形作用于物体的每一个多边形，如图 8-2-16 所示。

（a）关闭

（b）对象

（c）点

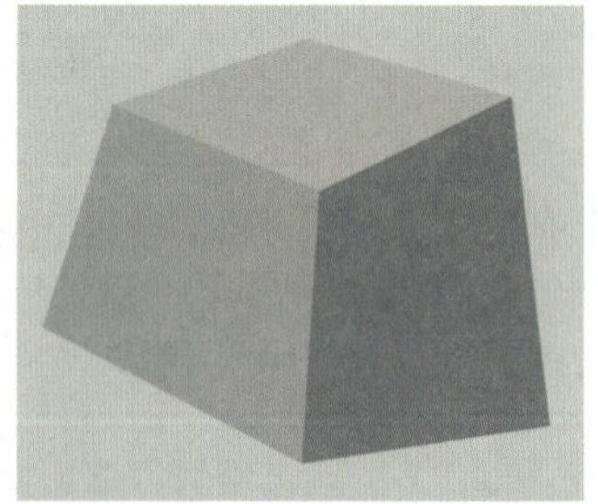

（d）多边形

图 8-2-16　“变形”各个选项对比

（二）随机效果器

使用随机效果器可以使运动图形元素的位置、大小、角度及外观等具有不规则的特点。随机效果器的参数可在属性面板中进行设置，如图 8-2-17 所示。

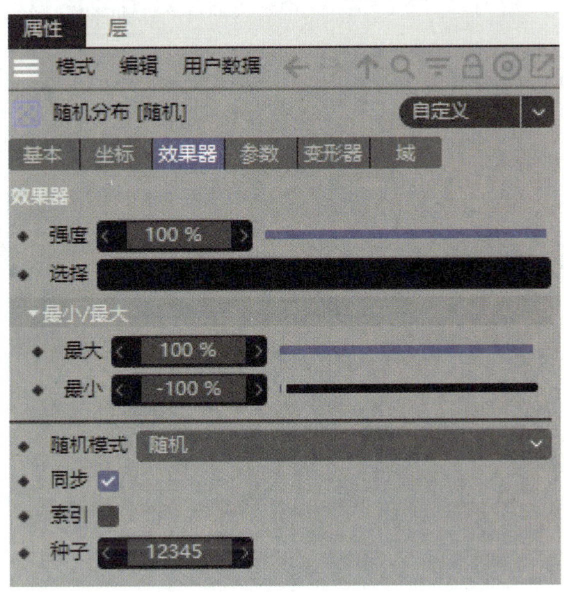

图 8-2-17　随机效果器的属性面板

- **随机模式：** 设置对象的随机变化模式，包括随机、高斯、噪波、湍流、类别 5 种，如图 8-2-18 所示。其中，噪波和湍流自带动画。

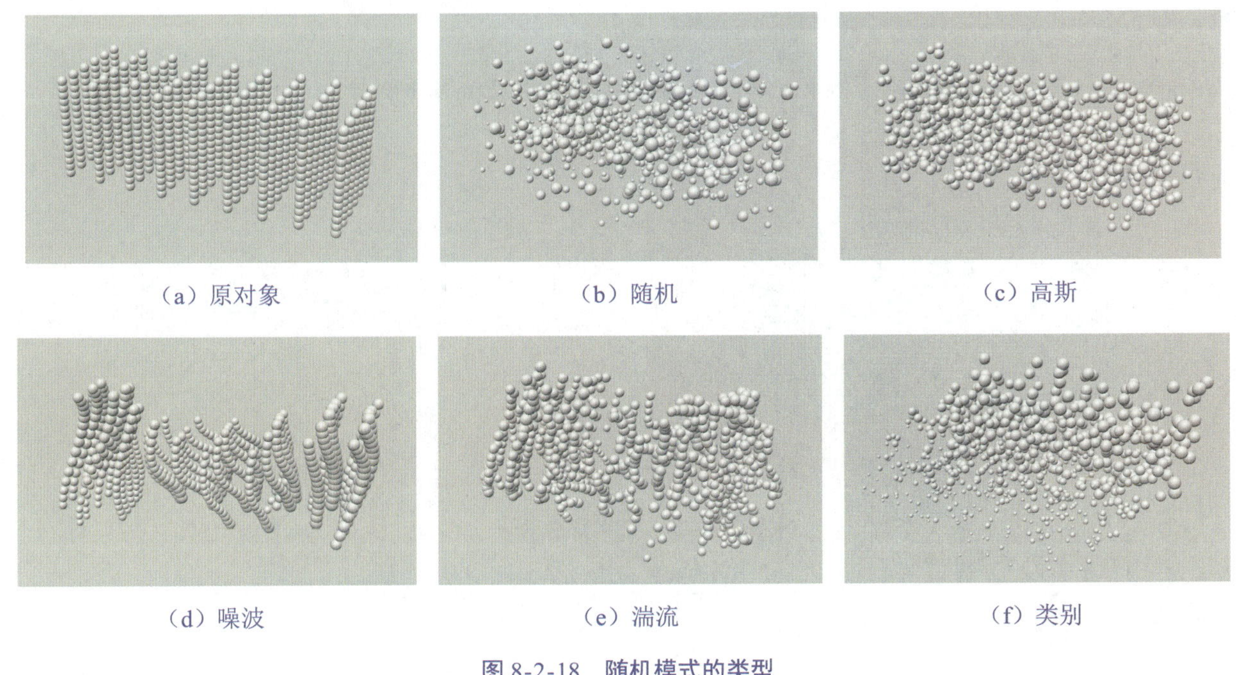

（a）原对象　（b）随机　（c）高斯

（d）噪波　（e）湍流　（f）类别

图 8-2-18　随机模式的类型

（三）继承效果器

使用继承效果器可以将原对象的状态或动画继承到指定对象。继承效果器的参数可在属性面板中进行设置，如图 8-2-19 所示。

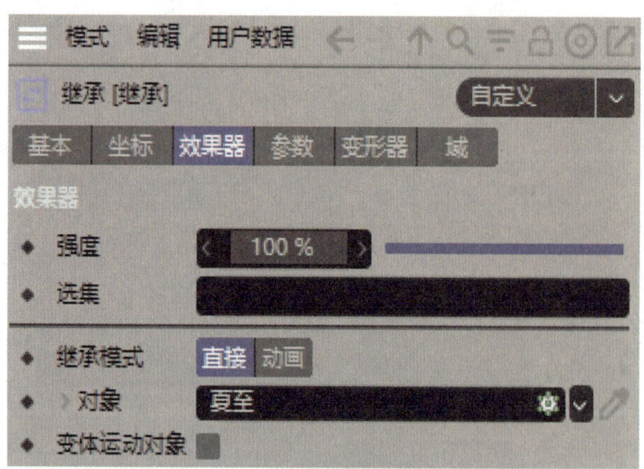

图 8-2-19　继承效果器的属性面板

- 强度：设置继承的强度。
- 继承模式：包括“直接”“动画”两种。“直接”表示继承原对象的位置、比例、旋转设置，“动画”表示继承原对象的动画设置。
- 对象：设置继承的原对象。
- 变体运动对象：勾选后，继承效果器作用的对象会向原对象转变。

同步案例 8-3　制作文字变换动画

下面通过制作文字变换动画（图 8-2-20）来介绍继承效果器的使用方法。

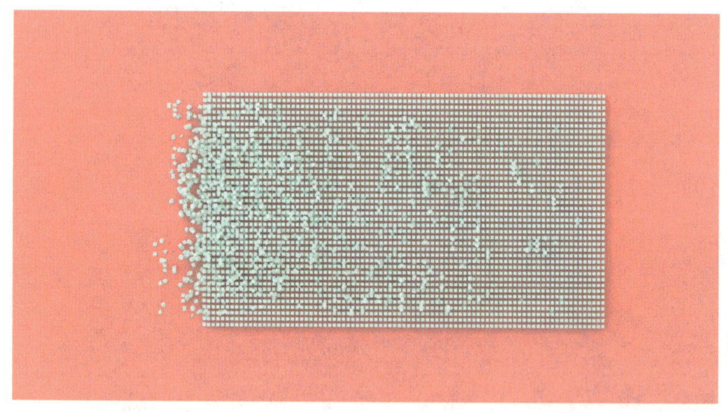
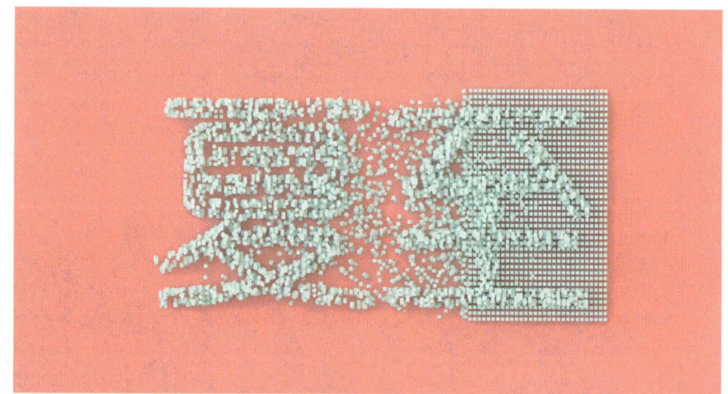

图 8-2-20　文字变换动画

文字变换动画是矩形阵列从左到右变换为文本阵列的动画。利用继承效果器可以将文本阵列的属性继承至矩形阵列。先利用克隆生成器制作出矩形阵列作为变换对象，再制作出文本阵列作为原对象，创建一个继承效果器，将文本阵列设置为其原对象，再将其添加到矩形阵列的效果器中。最后利用线性域制作出从左到右变成文本的关键帧动画。

制作步骤

步骤 1 **制作立方体矩形阵列**。创建一个 3 cm×3 cm×3 cm 的立方体。单击右侧工具栏中的“克隆”图标，创建一个克隆生成器。在对象面板中将“立方体”设置为“克隆”的子级。在“克隆”属性面板的“对象”选项卡中，将“数量”设为 100、40、3，将“模式”设为端点，将“尺寸”设为 400 cm、200 cm、15 cm。设置完成后的模型如图 8-2-21 所示。

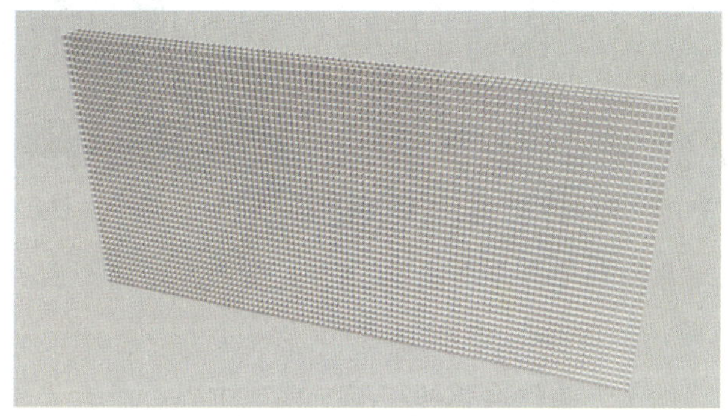

图 8-2-21 制作立方体矩形阵列

步骤 2 **创建文本**。长按右侧工具栏中的“文本样条”图标，在展开的列表中选择“文本”选项创建一个文本。在“文本”属性面板的“对象”选项卡中的“文本样条”编辑框中输入“夏至”，将“字体”设为“幼圆”，将“对齐”设为“中对齐”。在对象面板中右击“文本”，在快捷菜单中选择“连接对象+删除”，将“文本”转换为可编辑对象。将“文本”移动至矩形阵列的中间，如图 8-2-22 所示。

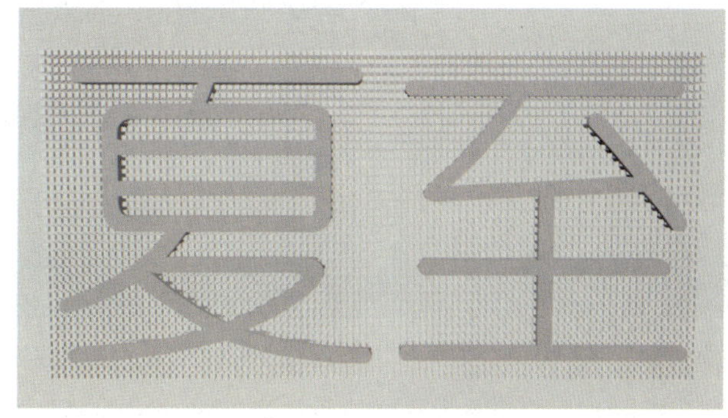

图 8-2-22 创建文本

步骤 3 **制作文本阵列**。在对象面板中选中“克隆”，按“Ctrl+C”组合键复制，再按“Ctrl+V”组合键粘贴，原位置复制一个克隆生成器，并将“克隆.1”重命名为“夏至”。在“夏至”属性面板的“对象”选项卡中，将“模式”设为“对象”，将对象面板中的“文本”拖动至“对象”矩形框中，将“数量”设为 5000，制作完成后的文本阵列如图 8-2-23 所示。

步骤 4 **继承克隆对象**。长按右侧工具栏的“简易”图标，在展开的列表中选择“继承”选项，创建一个继承效果器。在“继承”属性面板的“效果器”选项卡中将“继承模式”设为“直接”，将对象面板中的“夏至”选项拖动至“对象”矩形框中，勾选“变体运动对象”复选框。在对象面板中拖动“继承”效果器到“克隆”属性面板的“效果器”选项卡中，如图 8-2-24 所示。此时拉动“继承”滑动条可以看到矩形变成文本的过程。

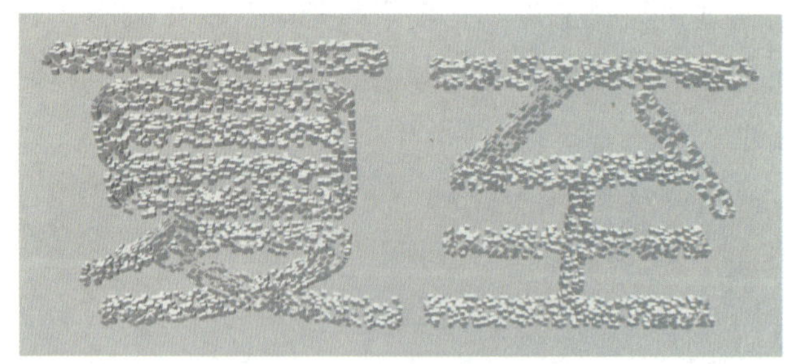

图 8-2-23 制作文本阵列

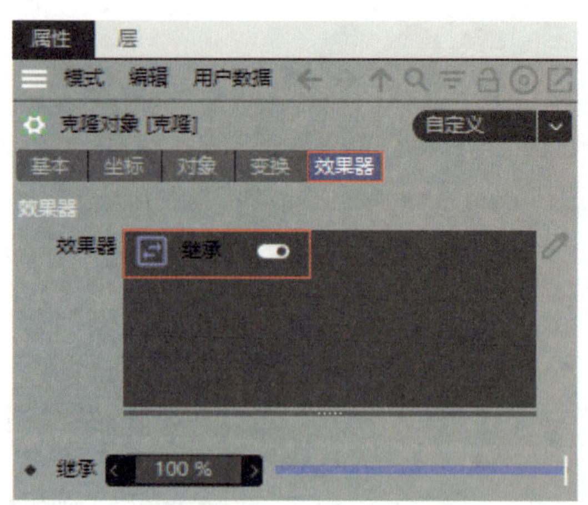

图 8-2-24 添加继承效果器

步骤 5 **隐藏原对象**。在对象面板中分别单击两次“夏至”后的两个圆形按钮，将“夏至”隐藏，使用同样的方法将“文本”也隐藏，如图 8-2-25 所示。

步骤 6 **创建线性域**。在“继承”属性面板的“域”选项卡中，单击“线性域”按钮，创建一个线性域，如图 8-2-26 所示。在“线性域”属性面板的“坐标”选项卡中将“R.H”设为 -180°；在“域”选项卡中将“长度”设为 20 cm。

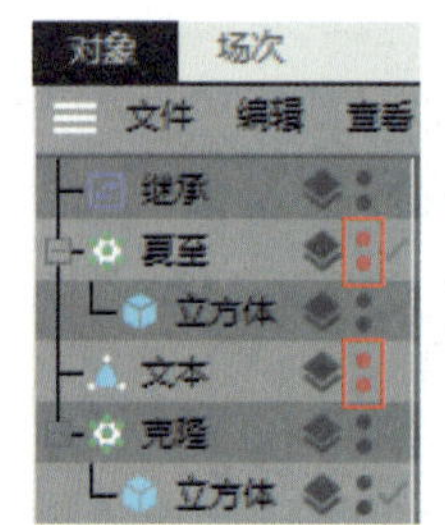

图 8-2-25 隐藏原对象

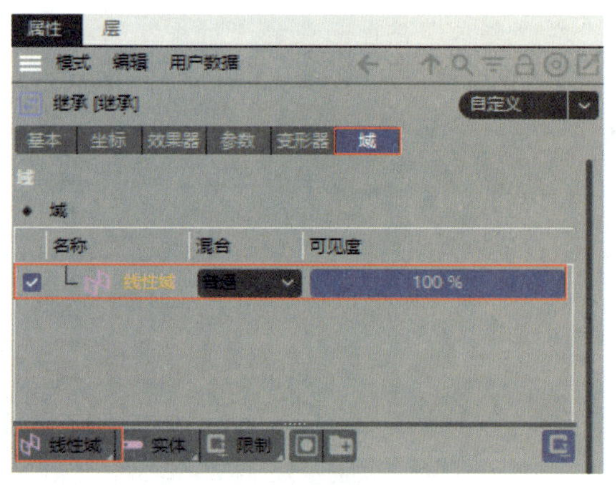

图 8-2-26 创建线性域

步骤 7 **制作关键帧动画**。选中“线性域”，在“线性域”属性面板的“坐标”选项卡中将“P.X”设为 -300 cm。单击“P.X”前的菱形按钮，在时间轴 0F 处记录一个关键帧。在动画面板中拖动时间滑块到 90F，将“P.X”设为 300 cm，再次单击“P.X”前的菱形按钮，在 90F 中记录一个关键帧。

步骤 8 **调整速度为匀速**。在菜单栏中选择“窗口”→“时间线窗口（函数曲线）”选项，打开时间线窗口。在时间线窗口中选中函数曲线的起点和终点。单击工具栏中的“线性”图标，将函数曲线设置为斜直线，速度设置为匀速。至此，文字动画制作完成，单击“向前播放”图标可播放动画。

（四）延迟

延迟效果器可以使对象的动画具有弹性延迟效果，显得更加生动、真实，其参数可在属性面板中进行设置，如图 8-2-27 所示。延迟效果器一般和其他效果器配合使用。

◆ 强度：设置延迟效果的强度。

◆ 模式：设置延迟效果的模式，包括平均、混合、弹簧 3 种。其中，平均表示均匀混合效果器之间的效果，可以利用强度来调整速度；混合表示对象首先快速混合，之后缓慢混合；弹簧表示延迟产生弹簧效果。

图 8-2-27　延迟效果器的属性面板

（五）声音

声音效果器可以通过添加声音影响运动图形的变化，其参数可在属性面板中进行设置，如图 8-2-28 所示。

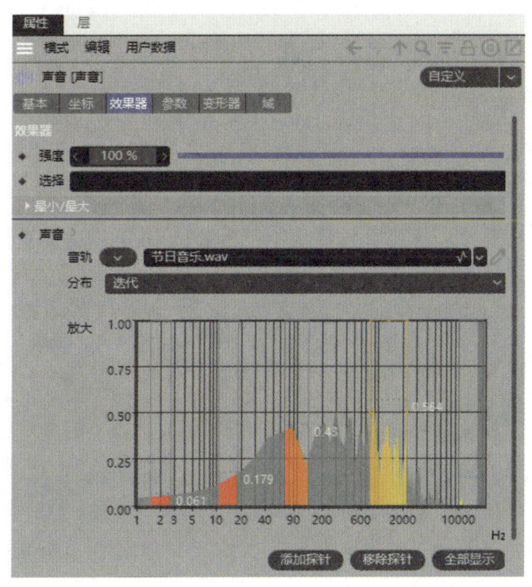

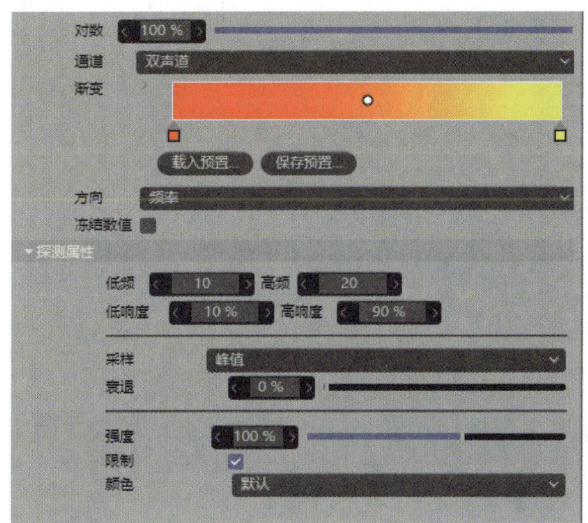

图 8-2-28　声音效果器的属性面板

◆ 音轨：单击三角形按钮可载入外部音频文件，载入后声音效果器才能生效。

◆ 分布：设置振幅影响元素模型，包括迭代、分布、混合 3 种类型。

◆ 放大：声音的振幅图，图中显示声音的幅值/音量，黄色矩形框为探针，其覆盖的范围为效果器的作用范围，拖动黄色矩形框边线可以调整矩形框的大小。

◆ 添加探针：单击“添加探针”按钮，在振幅图中添加一根探针。

◆ 移除探针：删除选中的探针。

◆ 衰退：单独设置每根探针的衰退值。

◆ 强度：单独设置每根探针的效果器强度。

（六）推散

推散效果器可以将克隆对象沿中心推离，其参数可在属性面板中进行设置，如图 8-2-29 所示。

◆ 强度：设置推散效果的强度。

◆ 模式：设置推散效果的模式，包括隐藏、推离、分散缩放、沿着

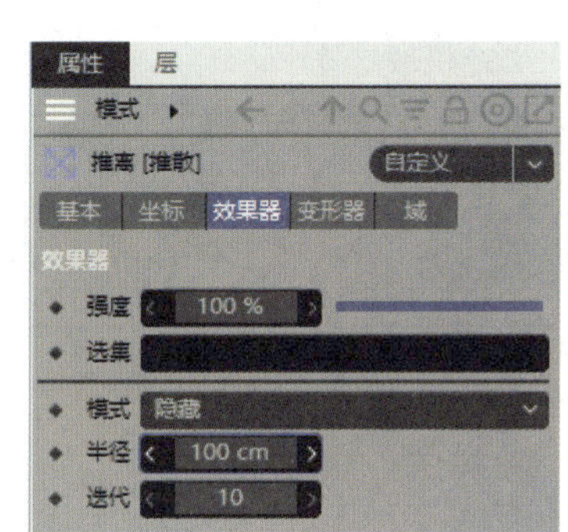

图 8-2-29　推散效果器的属性面板

X、沿着 Y、沿着 Z 6 种。其中，常用的有推离和分散缩放。推离表示将克隆对象推离开，“半径”越大推离得越远，如图 8-2-30（b）所示；分散缩放表示将克隆对象以各自的中心缩小，“半径”越大（大于克隆对象的半径时），克隆对象越小，如图 8-2-30（c）所示。

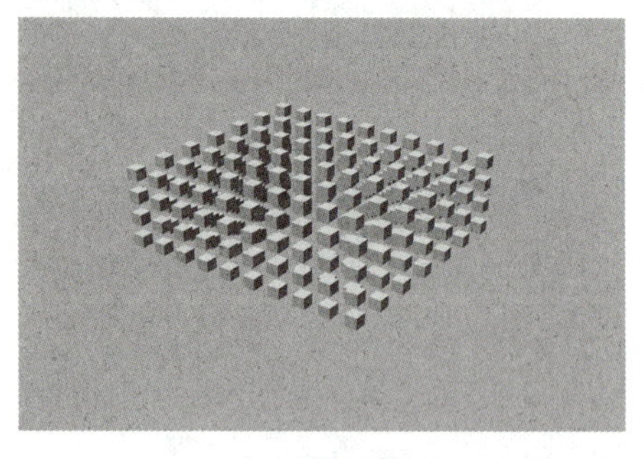
（a）原对象

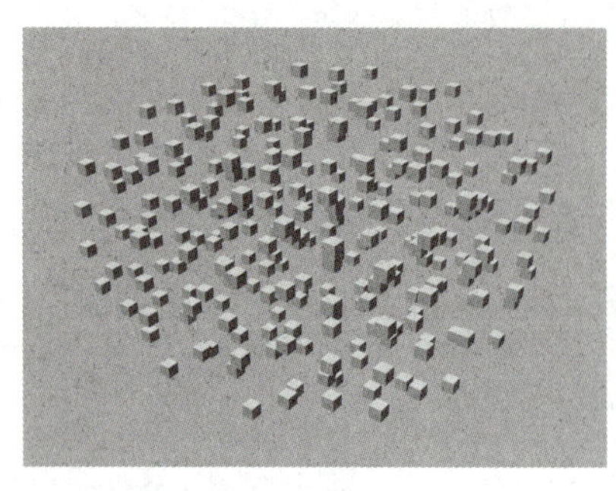
（b）推离

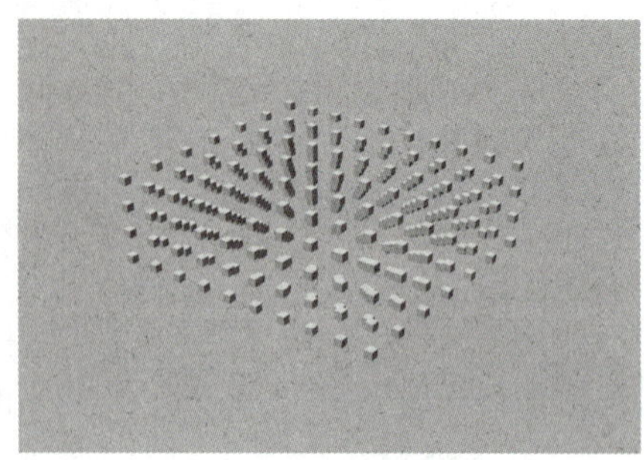
（c）分散缩放

图 8-2-30 推散模式对比

三、域

域是 Cinema 4D 中控制强度范围的工具。利用域可以影响变形器、运动图形效果器等的变形效果，具体操作如下：① 长按右侧工具栏中的“线性域”图标，在展开的列表中选择相应的域，并将其拖动到变形器、运动图形效果器等属性面板的“域”选项卡中；② 在变形器、运动图形效果器等属性面板的“域”选项卡中长按“线性域”按钮，在展开的列表中选择相应的域。Cinema 4D 中共有 14 种域，见表 8-2-2。

表 8-2-2 域

类型	作用	类型	作用
线性域	生成线性衰减范围	径向域	在径向平面内通过轴心生成衰减范围
球体域	生成球体衰减范围	立方体域	生成立方体衰减范围
圆柱体域	生成圆柱体衰减范围	圆锥体域	生成圆锥体衰减范围
胶囊域	生成胶囊衰减范围	圆环体域	生成圆环体衰减范围
随机域	生成随机的衰减范围	着色器域	通过图片或颜色生成衰减范围
声音域	根据声音频率生成衰减强度	公式域	通过公式生成衰减范围
Python 域	通过编写程序生成衰减范围	组域	可以将多个域合并成组

在 Cinema 4D 中，同一个对象可以添加多个域，域和域之间可以像图层一样进行管理，如图 8-2-31 所示。

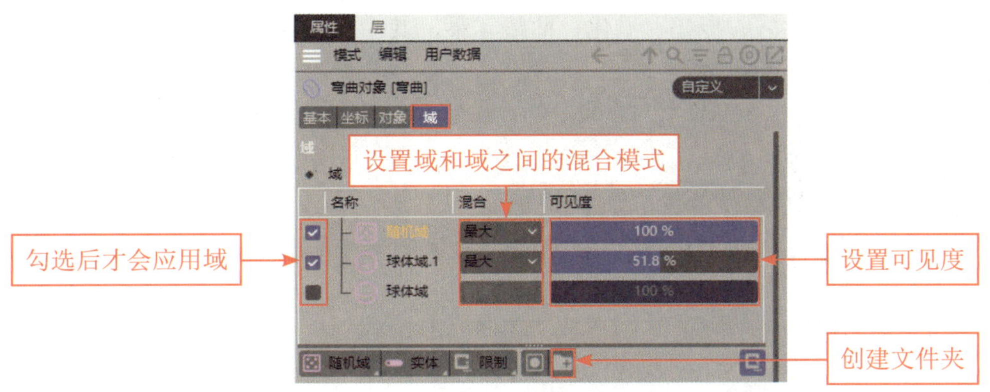

图 8-2-31　域层管理面板

下面主要介绍 3 种域。

（一）线性域

使用线性域可以生成线性衰减范围，如图 8-2-32 所示。线性域的参数可在属性面板中设置，线性域属性面板的“域”选项卡如图 8-2-33 所示。

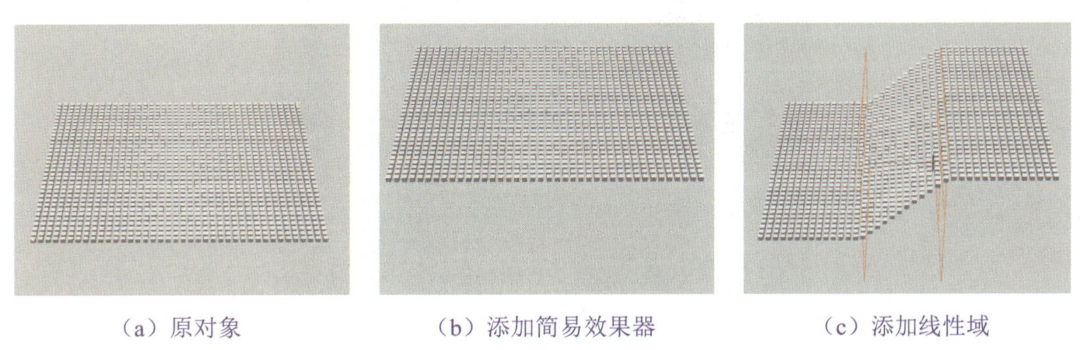

（a）原对象　　（b）添加简易效果器　　（c）添加线性域

图 8-2-32　线性域效果

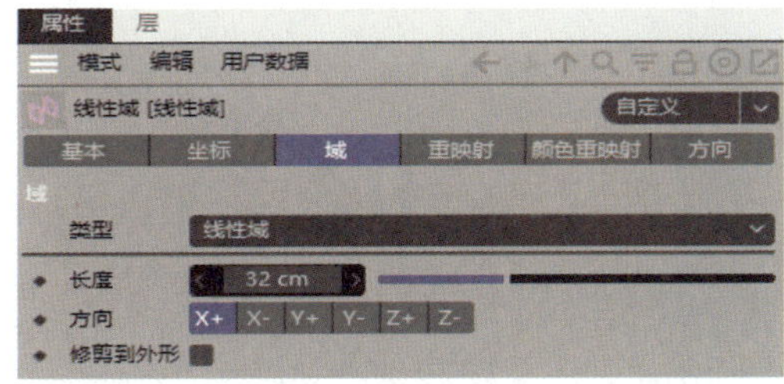

图 8-2-33　线性域属性面板的“域”选项卡

- ◆ **类型：**设置域的类型。
- ◆ **长度：**设置域的长度，长度越长，过渡越平缓。
- ◆ **方向：**设置域的方向。

线性域属性面板的“重映射”选项卡如图 8-2-34 所示。

- ◆ **允许重映射：**勾选后可以设置线性域的过渡效果。
- ◆ **强度：**设置线性域的强度。

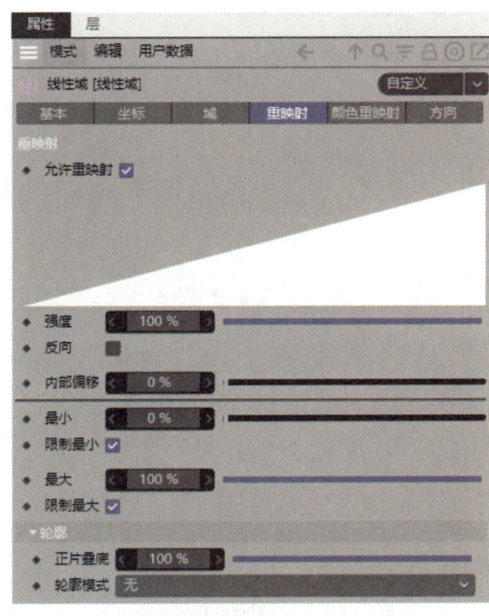

图 8-2-34　线性域属性面板的“重映射”选项卡

◆ **轮廓模式：**包括二次方、步幅、量化、曲线 4 种，其中，曲线较为常用，可以通过绘制曲线来控制过渡效果，如图 8-2-35 所示。

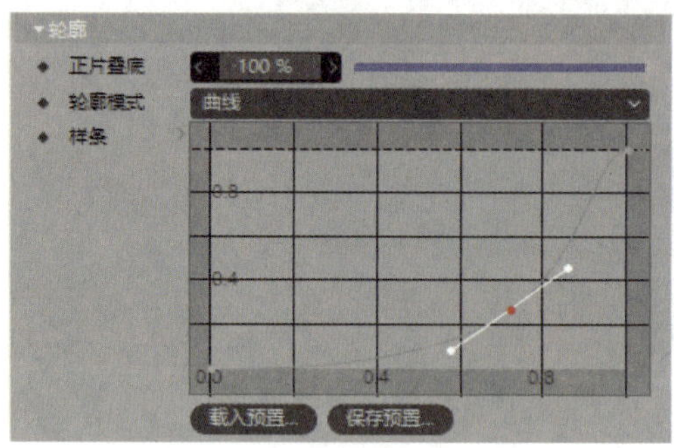

（a）曲线图

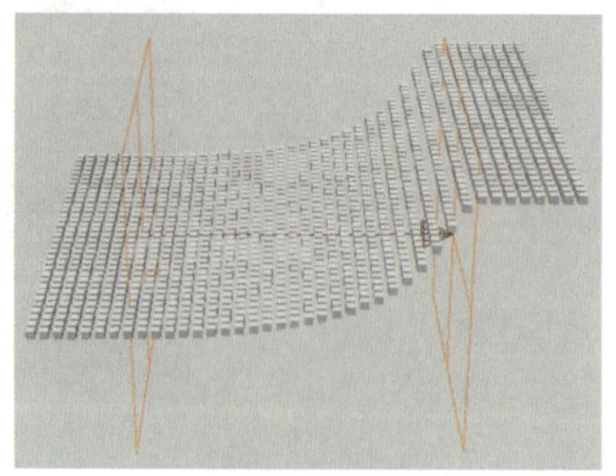
（b）模型效果

图 8-2-35　曲线效果

线性域属性面板的“颜色重映射”选项卡如图 8-2-36 所示。

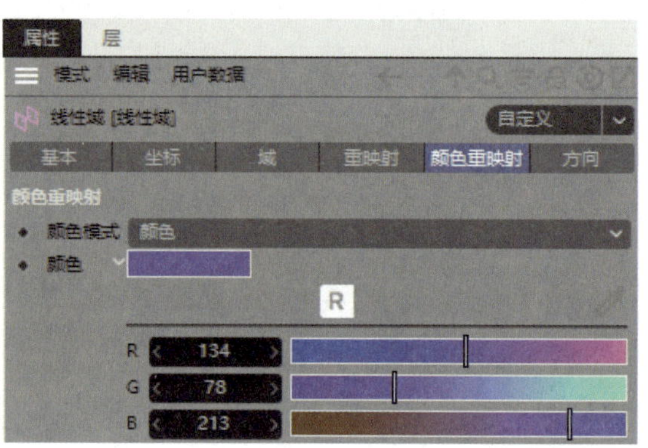

图 8-2-36　线性域属性面板“颜色重映射”选项卡

◆ **颜色模式：**可以根据线性域的强度范围影响元素的颜色，包括“颜色”“渐变”，如图 8-2-37 所示。

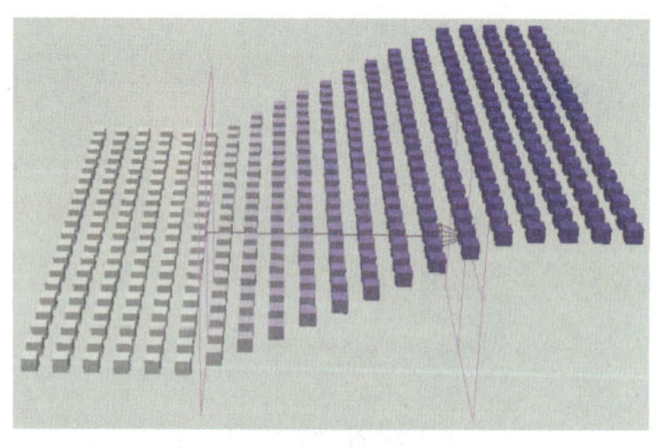
（a）颜色

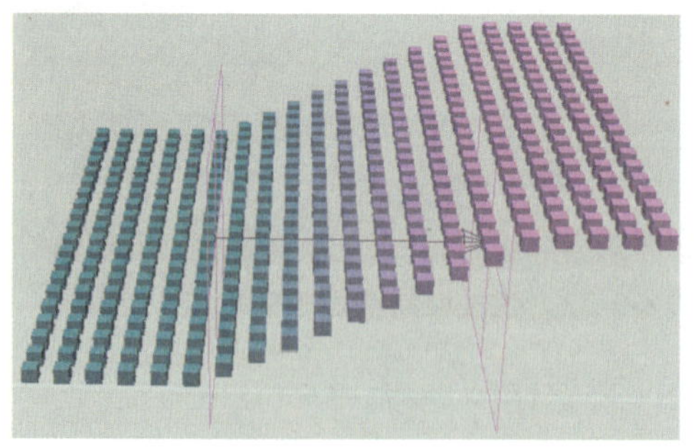
（b）渐变

图 8-2-37　颜色重映射效果

（二）球体域

使用球体域可以生成球体衰减范围，如图 8-2-38 所示。

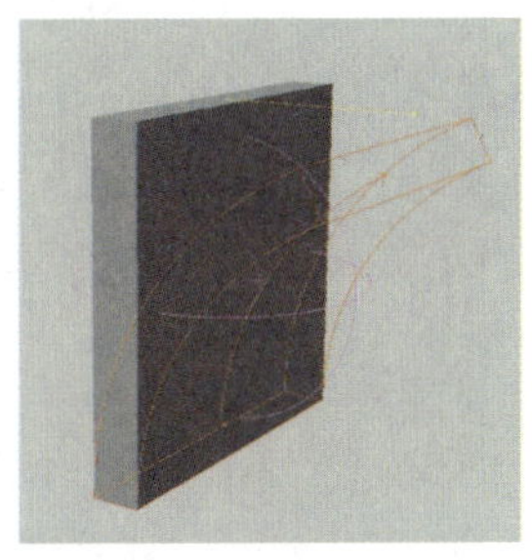

（a）原对象

（b）添加弯曲变形器

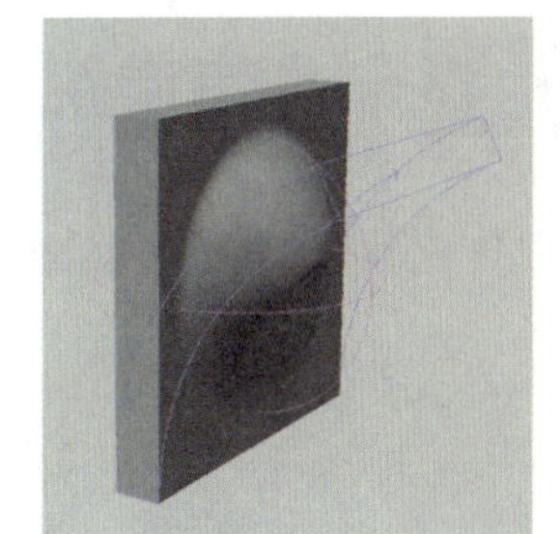

（c）为弯曲变形器添加球体域

图 8-2-38　**球体域效果**

（三）随机域

使用随机域可以生成随机的衰减范围，并能随机改变运动图形元素的颜色，如图 8-2-39 所示。随机域的参数可在属性面板中进行设置，如图 8-2-40 所示。

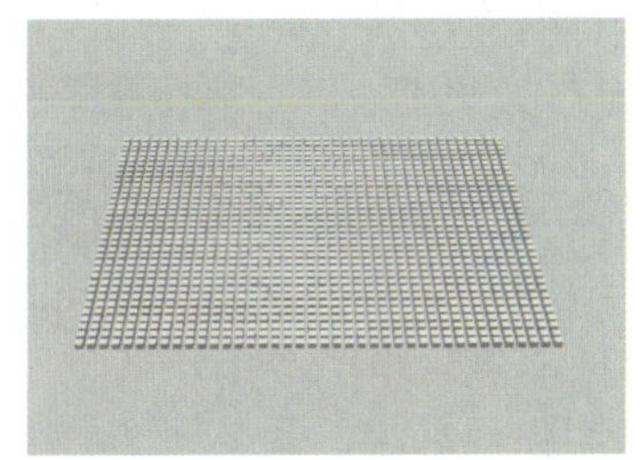

（a）原对象

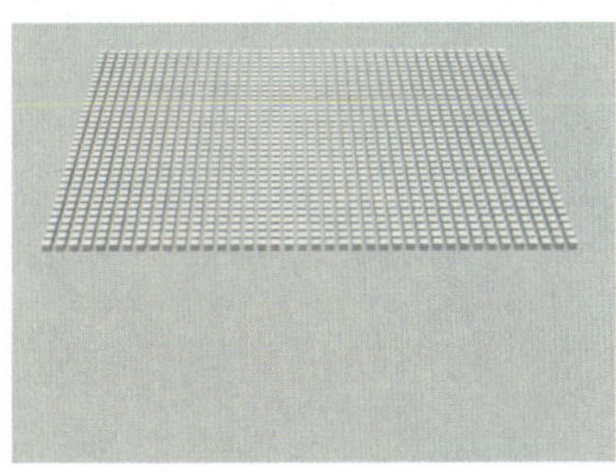

（b）添加简易效果器

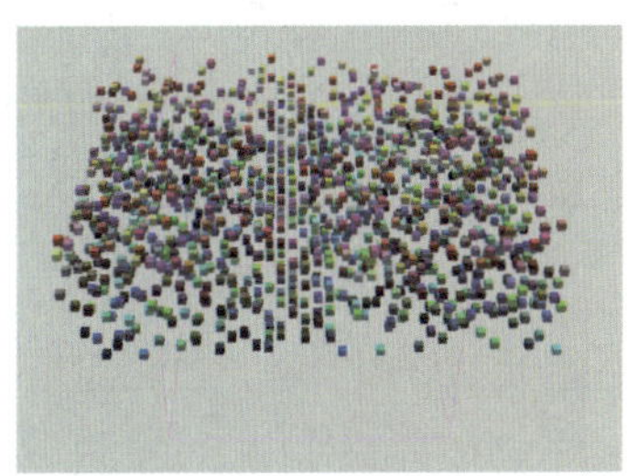

（c）添加随机域

图 8-2-39　**随机域效果**

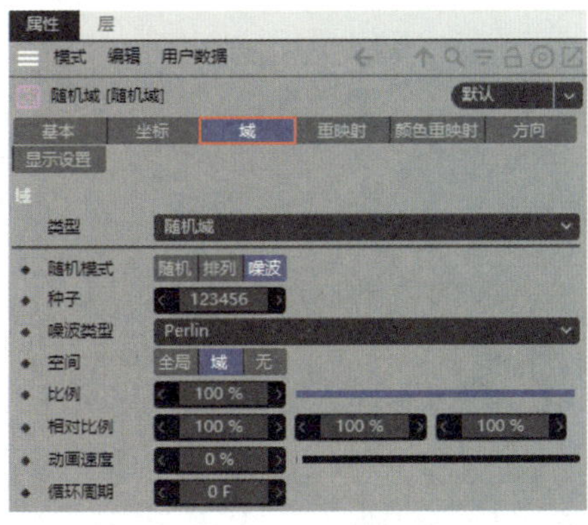

图 8-2-40　**随机域的属性面板**

- **随机模式**：设置运动元素的随机变化模式，包括“随机”“排列”“噪波”3 种。其中，“噪波”是带动画的模式。
- **噪波类型**：设置不同的噪波纹理。
- **空间**：设置域的作用空间。
- **比例**：设置噪波的缩放比例。
- **动画速度**：设置动画的速度，数值越大速度越快。

任务实施 制作声音跳动动画

下面通过制作声音跳动动画（图 8-2-41）来巩固所学知识。

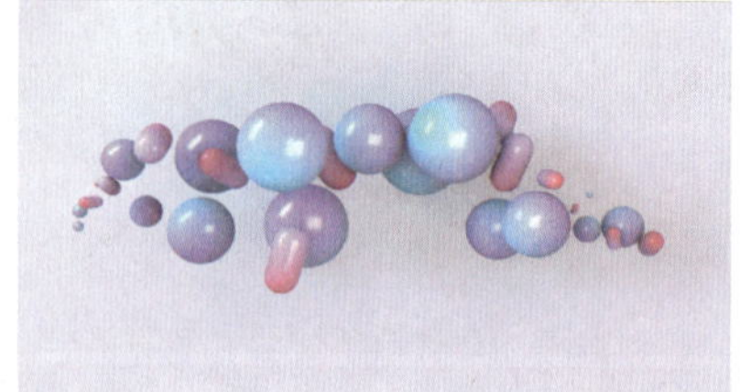

图 8-2-41 声音跳动动画

模型由球体和胶囊构成，从左到右随机排列。中间分布的模型较大、边缘分布的模型较小。首先创建出球体和胶囊，并使用克隆线性复制。添加声音效果器，并导入音乐文件。本案例提供的音频文件时长为 16 s，而 Cinema 4D 默认每秒为 30 帧，因此将时间轴结束帧设置为 480F。调整声音效果器，使球体自然地运动和缩放。克隆元素的大小、位置都是随机的，利用随机效果器制作出随机效果。再利用刚体标签使克隆元素之间减少穿插，并利用延迟效果器为动画添加弹性效果。最后，为声音效果器添加一个球体域，使克隆中间的元素受声音效果器的影响较强、边缘处受声音效果器的影响较弱。

步骤 1 **创建球体、胶囊。**创建一个半径为 50 cm 的球体和一个半径为 20 cm、高度为 80 cm 的胶囊。

步骤 2 **克隆对象。**单击右侧工具栏中的“克隆”图标创建一个克隆生成器。在对象面板中将“球体”“胶囊”设置为“克隆”的子级。在“克隆”属性面板的“对象”选项卡中，将“模式”设为“线性”，将“数量”设为 35，将“位置.X”设为 80 cm，将“位置.Y”设为 0 cm。设置完成后的对象如图 8-2-42 所示。

图 8-2-42 克隆对象

步骤 3 **创建声音效果器。**选中“克隆”，然后长按右侧工具栏中的“简易”图标，在展开的列表中选择“声音”选项，为“克隆”添加一个声音效果器。

步骤 4 **将音频导入声音效果器。**在“声音”属性面板的“效果器”选项卡中单击“音轨”后的箭头按钮，在弹出的快捷菜单中选择“载入声音”。在打开的对话框中选择本书配套素材“素材与实例\项目八\声音跳动动画”中的“节日音乐.wav”文件，并单击“打开”按钮，将音频导入声音效果器。单击动

画面板的“向前播放”图标▶，可以看到模型的跳动动画。

步骤5 调整时间轴。在动画面板中的结束帧编辑框中输入“480”，将结束帧设为480F，如图8-2-43所示。

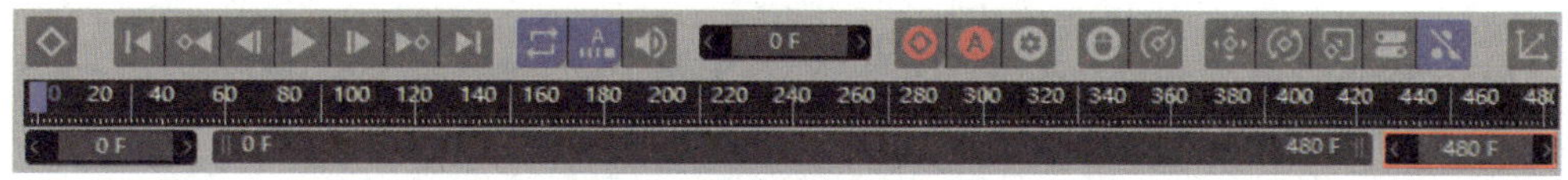

图8-2-43 调整时间轴

步骤6 调整声音效果器。在“声音”属性面板的“参数”选项卡中将“P.Y”设为100 cm，勾选“缩放”“等比缩放”复选框，将“缩放”设为−3，使模型的大小随着音频运动。

步骤7 添加随机效果器。选中“克隆”，然后长按右侧工具栏中的“简易”图标，在展开的列表中选择“随机”选项，为“克隆”添加一个随机效果器。在“随机”属性面板的“参数”选项卡中勾选“缩放”“等比缩放”复选框，将“缩放”设为0.2，使模型有随机的位移、缩放效果，设置完成后的效果如图8-2-44所示。

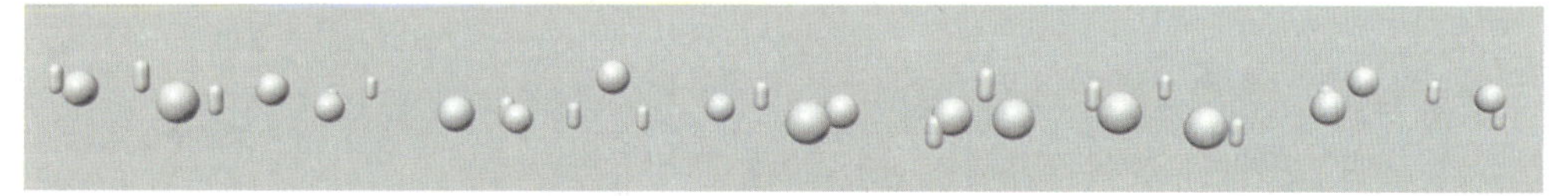

图8-2-44 添加随机效果器

步骤8 调整克隆生成器。球体分布较为集中，所以在“克隆”属性面板的“对象”选项卡中将“位置.X”设为20 cm。调整完成后的效果如图8-2-45所示。

步骤9 添加刚体标签。观察图8-2-45可以发现，模型和模型之间的穿插较为严重。在对象面板中右击“球体”，在弹出的快捷菜单中选择“模拟标签”→“刚体”选项，为球体添加一个刚体标签，并在属性面板的“力”选项卡中，将“跟随位移”设为5，将“跟随旋转”设为5。用同样的方法为“胶囊”添加一个同样的刚体标签，如图8-2-46所示。此时播放动画，可以看到模型基本没有穿插了。

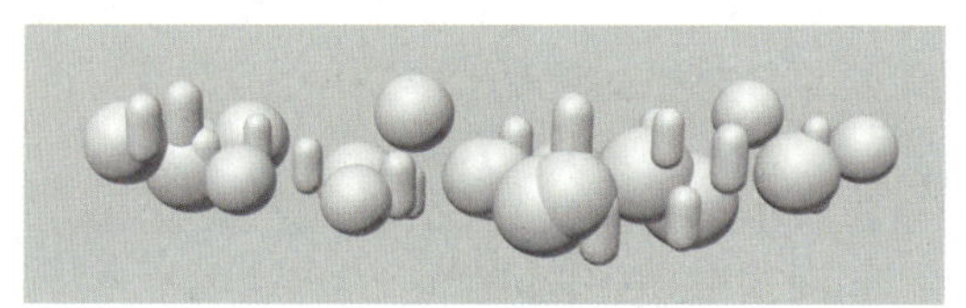

图8-2-45 调整克隆生成器

图8-2-46 添加刚体标签

步骤10 添加延迟效果器。选中“克隆”，然后长按右侧工具栏中的“简易”图标，在展开的列表中选择“延迟”选项，添加一个延迟效果器。在“延迟”属性面板的“效果器”选项卡中将“强度”设为60%，将“模式”设为“弹簧”，使动画更加有弹性。

步骤11 添加球体域。此时，靠近中间的模型较大，靠近边缘的模型较小。同时，在播放动画时靠近中间的模型运动更剧烈，靠近边缘的模型运动更平缓。在“声音”属性面板的“域”选项卡中长按“线性域”按钮，在展开的列表中选择“球体域”选项，为声音效果器添加一个球体域。

步骤12 调整球体域。移动球体域到模型中间，并在属性面板的“域”选项卡中将“尺寸”设为

415 cm；在属性面板的“重映射”选项卡中，将“内部偏移”设为30%，将“最小”设为30%，设置完成后的球体域如图8-2-47所示。至此，声音跳动动画制作完成。

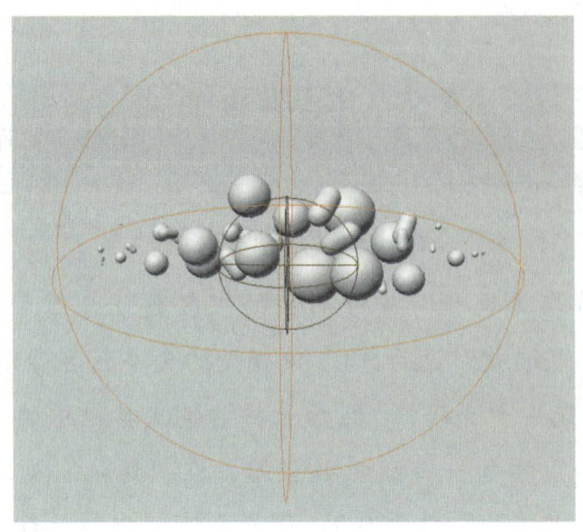

图8-2-47 调整球体域

任务三 认识动力学

任务引入

某日，一个客户委托小马制作一个广告片头。小马利用 Cinema 4D 制作了运动图形动画，并根据客户的意见进行了多次修改，但客户始终不满意。小马将该动画发给朋友，请朋友提意见。朋友看后说："如果为模型加上动力学标签，那么动画将更加真实、生动。"小马恍然大悟，便又一次进行了修改。小马将修改后的动画发给客户，客户十分满意。

想一想：

（1）Cinema 4D 中有哪些动力学标签？它们具有什么样的属性？

（2）利用动力学标签可以制作出哪些动画效果？

理论知识

Cinema 4D 中的动力学功能可以赋予模型现实中物体的物理属性，使其产生更加生动、真实的运动效果。Cinema 4D 中共有 7 种动力学标签，见表 8-3-1。在对象面板中右击模型名称，在弹出的快捷菜单中选择"模拟标签"，在展开的列表中选择相应选项即可为模型添加动力学标签。

表 8-3-1 动力学标签

类型	作用
刚体	用于模拟表面坚硬的对象
柔体	用于模拟表面柔软的对象
碰撞体	用于模拟动力学对象碰撞的对象
检测体	给予刚性对象力的效果，而本身不会产生碰撞效果
布料	用于模拟布料对象
布料碰撞器	用于模拟布料对象产生碰撞的对象
布料绑带	用于模拟布料连接的对象

下面主要介绍 3 种动力学标签。

一、刚体标签

利用刚体标签可以模拟现实中坚硬的物体。添加刚体标签后，物体在碰撞时不会产生形变。刚体的参数可在属性面板中进行设置，刚体标签属性面板的“动力学”选项卡如图 8-3-1 所示，“碰撞”选项卡如图 8-3-2 所示。

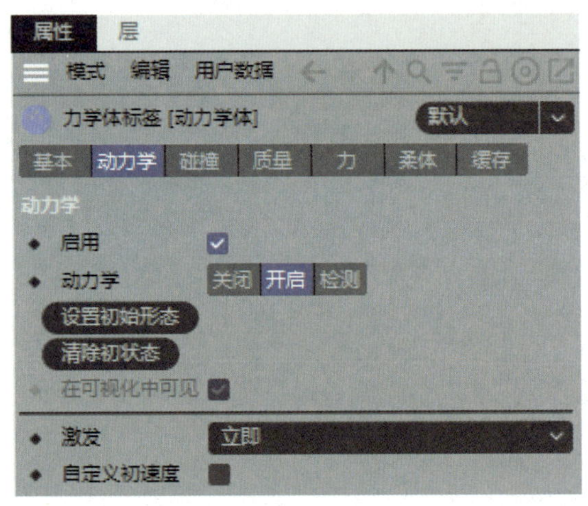

图 8-3-1　刚体标签属性面板的“动力学”选项卡

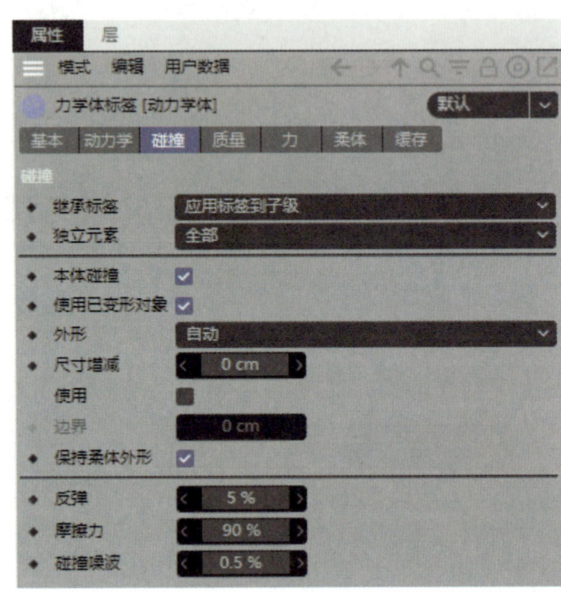

图 8-3-2　刚体标签属性面板的“碰撞”选项卡

- **启用**：勾选后，可启用动力学的相关功能。
- **动力学**：“关闭”为刚体标签效果转换为碰撞体标签效果；“开启”为刚体标签效果；“检测”为刚体标签转换为碰撞体标签。
- **设置初始形态**：将当前帧的动力学状态设置为初始状态。
- **清除初状态**：清除设置的初始状态，恢复到默认状态。
- **激发**：有“立即”“在锋速”“开启碰撞”3 个选项。“立即”表示动力学立即生效；“在锋速”表示物体速度达到顶峰时触发动力学；“开启碰撞”表示与其他物体碰撞时触发动力学。
- **自定义初速度**：勾选后，可以自定义对象的初始线速度和角速度，对象初始速度越快，碰撞力越强。
- **本体碰撞**：勾选后，对象本身会发生碰撞。
- **反弹**：设置刚体的反弹力度，数值越大，反弹力度越大。
- **摩擦力**：设置刚体与碰撞对象的摩擦力，数值越大，摩擦力越大。

刚体标签属性面板的“质量”选项卡如图 8-3-3 所示，“力”选项卡如图 8-3-4 所示。

- **使用**：设置物体的质量和密度，有“全局密度”“自定义密度”“自定义质量”3 个选项。其中，“全局密度”表示所有对象的密度相同。
- **自定义中心**：勾选后，可设置物体的中心坐标。

- 跟随位移、跟随旋转：设置动力学物体恢复为原始位移状态和旋转状态的速度，数值越大，恢复速度越快。
- 线性阻尼、角度阻尼：设置位移和旋转的阻力。

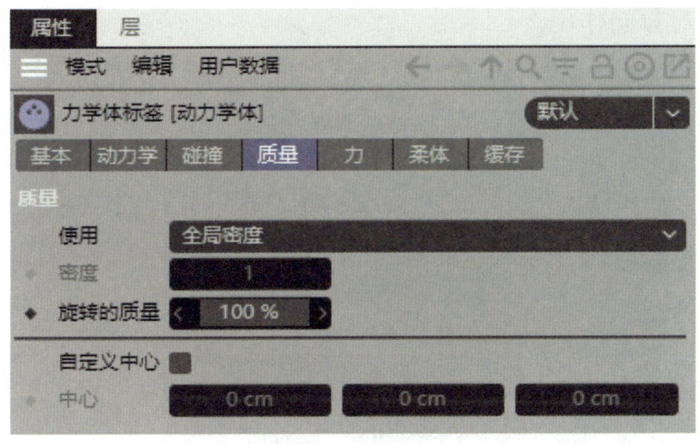

图 8-3-3　刚体标签属性面板的“质量”选项卡

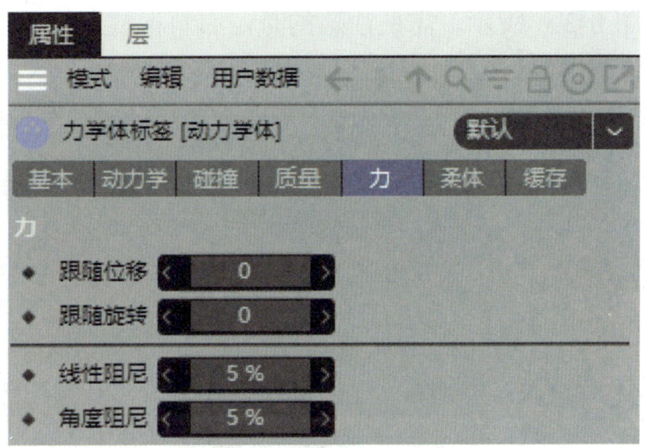

图 8-3-4　刚体标签属性面板的“力”选项卡

二、柔体标签

利用柔体标签可以模拟现实中较为柔软的物体。它在刚体的动力学基础上添加了柔体属性，其参数可在属性面板中进行设置，如图 8-3-5 所示。

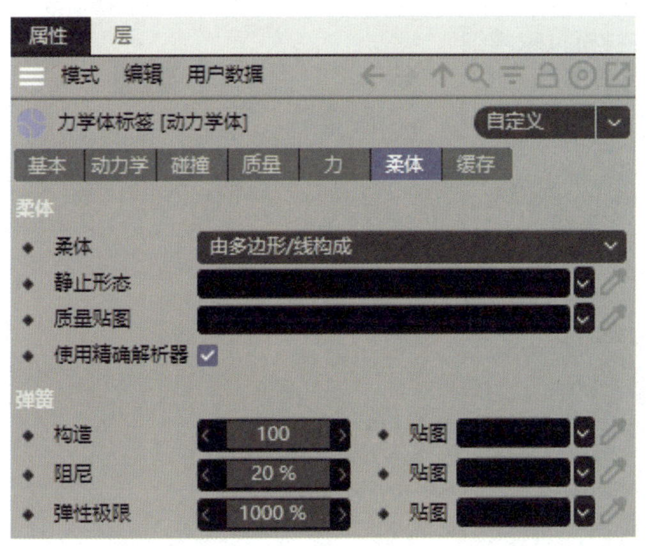

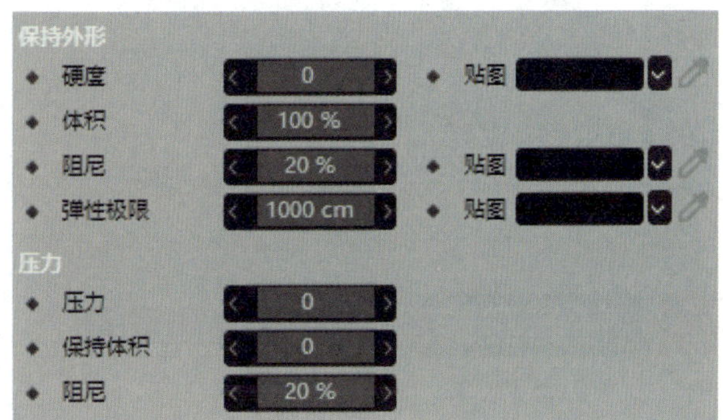

图 8-3-5　柔体标签的属性面板

- 构造：设置柔体对象在碰撞时的变形效果，数值越小，形变越大。
- 硬度：设置柔体对象表面的硬度。
- 弹性极限：设置柔体对象弹力的极限值。
- 压力：设置柔体对象内部的压力。

三、布料标签

利用布料标签可以模拟布料，可与布料碰撞器对象发生碰撞，其参数可在属性面板中进行设置，如图 8-3-6 所示。需要注意的是，布料标签只对可编辑对象起作用。

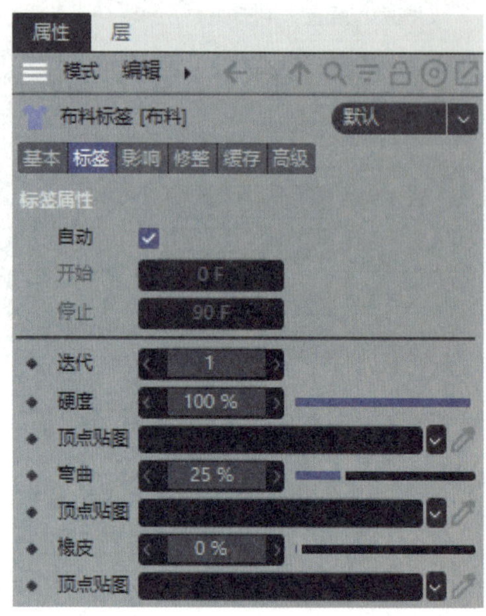

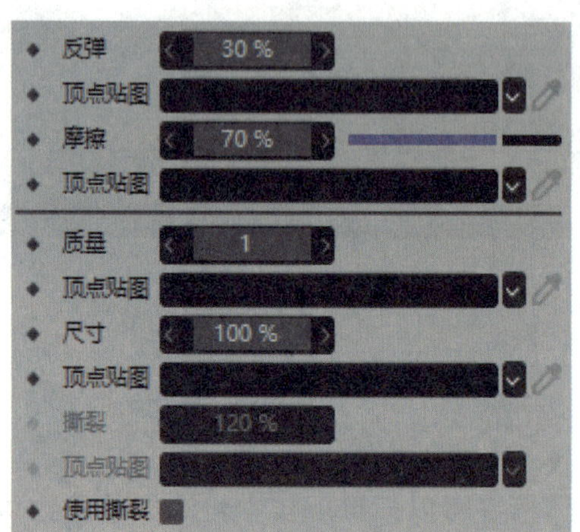

图 8-3-6　布料标签的属性面板

- 迭代：设置布料模拟的精细度，数值越大，布料模拟越精细。
- 硬度：设置布料的硬度。
- 弯曲：设置布料的弯曲效果。
- 橡皮：设置布料的拉伸弹力效果。
- 反弹：设置布料碰撞后的反弹效果。
- 质量：设置布料的质量。
- 使用撕裂：勾选后，布料会拉伸变形为撕裂效果。

任务实施　制作砸金蛋动画

下面通过制作砸金蛋动画（图 8-3-7）来巩固所学知识。

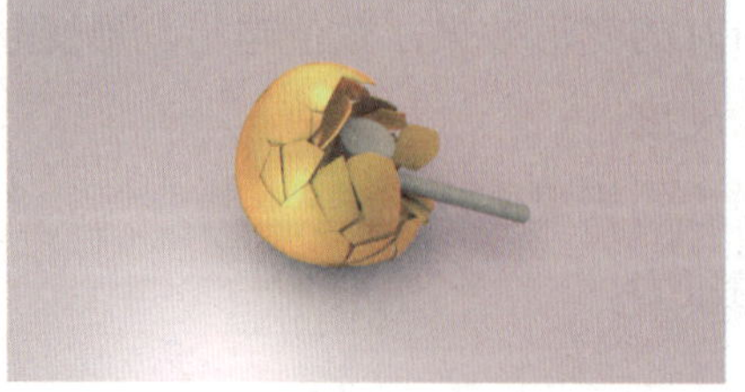

图 8-3-7　砸金蛋动画

制作思路

先制作出蛋壳、地面、锤子的模型，然后利用破碎生成器设置蛋壳的破碎效果，再为地面添加碰撞体标签，为落下的蛋壳托底，阻止蛋壳受重力影响一直下落；为锤子添加碰撞体标签，激发蛋壳破碎效果；为破碎的蛋壳添加刚体标签，使蛋壳受到锤子的作用力之后生成破碎动画。之后调整锤子的轴心位置，因为锤子是以手柄为中心旋转的，所以调整垂直轴心至手柄处。接着制作锤子的关键帧动画，使锤子旋转砸向蛋壳。最后调整刚体标签的设置，并通过记录关键帧解决蛋壳残留在空中的问题。

制作步骤

步骤1 **制作蛋壳**。创建一个半径为 100 cm、分段为 32 的球体。长按右侧工具栏中的“弯曲”图标，在展开的列表中选择“FFD”选项，创建一个 FFD 变形器，并在对象面板中将其设置为“球体”的子级。在“FFD”属性面板中单击“匹配到父级”按钮，将 FFD 大小匹配至球体。单击顶部工具栏中的“点”图标，切换为点模式，利用“框选”“移动”“缩放”工具调整球体外形（图 8-3-8）。调整完成后单击顶部工具栏中的“模型”图标，切换为模型模式。

步骤2 **制作地面**。创建一个 2000 cm×2000 cm 的平面作为地面。

步骤3 **将蛋壳放置到地面上**。选中“球体”，单击左侧工具栏中的“放置”图标，选择“放置”工具。然后拖动“球体”到地面上，此时蛋壳刚好与地面接触，如图 8-3-9 所示。在“球体”属性面板的“坐标”选项卡中将“P.X”“P.Z”均设为 0 cm，调整蛋壳至场景的中间位置。

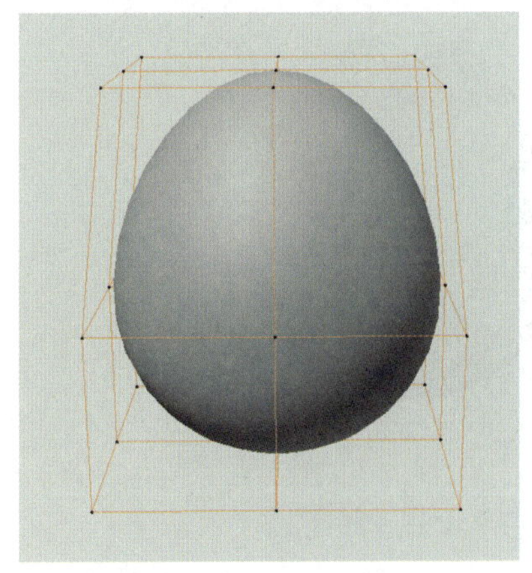

图 8-3-8　制作蛋壳

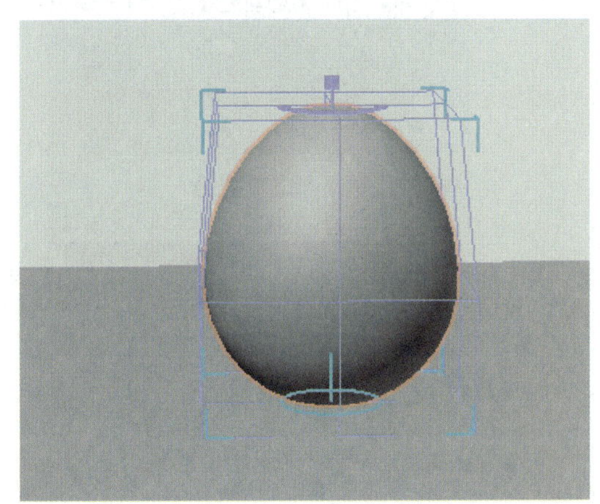

图 8-3-9　将蛋壳放置到地面上

步骤4 **制作锤子**。创建一个圆柱体作为锤子把手，在属性面板的“对象”选项卡中将“半径”设为 10 cm，将“高度”设为 180 cm，勾选“圆角”复选框，将“圆角分段”设为 3，将“圆角半径”设为 3 cm。创建一个圆柱体作为锤子头。在属性面板的“对象”选项卡中将“半径”设为 30 cm，将“高度”设为 100 cm；在“封顶”选项卡中勾选“圆角”复选框，将“分段”设为 3，将“半径”设为 4 cm。将“圆柱体”“圆柱体.1”按照图 8-3-10 组合到一起。在属性面板中同时选中“圆柱体”“圆柱体.1”，按

“Alt+G”组合键将其编组，并将组重命名为“锤子”。移动锤子到蛋壳边上，如图 8-3-11 所示。

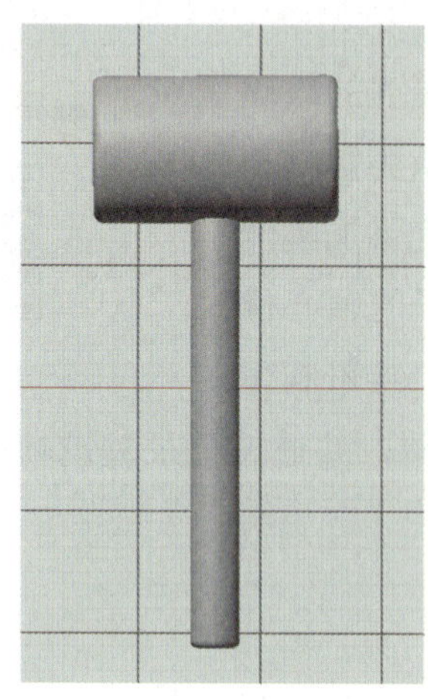

图 8-3-10　制作锤子

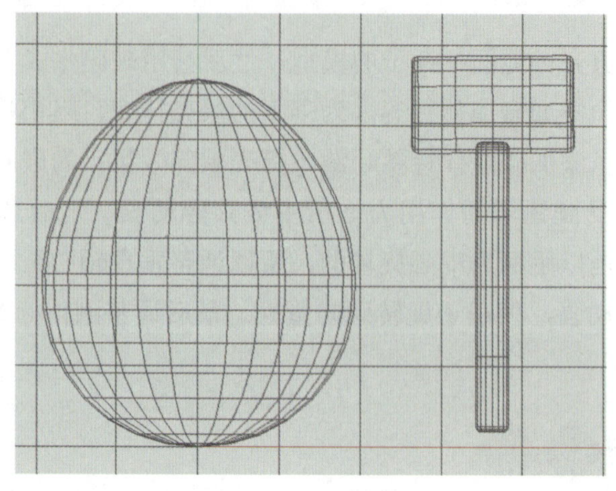

图 8-3-11　锤子的位置

步骤 5　设置蛋壳破碎效果。长按右侧工具栏中的“克隆”图标，在展开的列表中选择“破碎（Voronoi）”选项创建一个破碎生成器，并将其设置为“球体”的父级。在“破碎”属性面板的“对象”选项卡中勾选“仅外壳”复选框，将“厚度”设为 2 cm；在“来源”选项卡中，单击“点生成器 - 分布”选项，然后将“点数量”设为 150，如图 8-3-12 所示。设置完成后的蛋壳如图 8-3-13 所示。

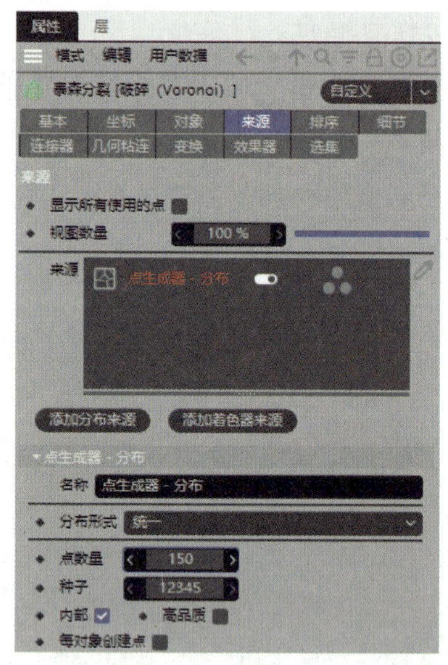

图 8-3-12　“破碎”属性面板

图 8-3-13　蛋壳

步骤 6　为对象添加动力学标签。在对象面板中右击“平面”，在弹出的快捷菜单中选择“模拟标签”→“碰撞体”，为地面添加一个碰撞体标签。使用相同方法为“锤子”添加一个碰撞体标签，为“破碎”添加一个刚体标签，如图 8-3-14 所示。

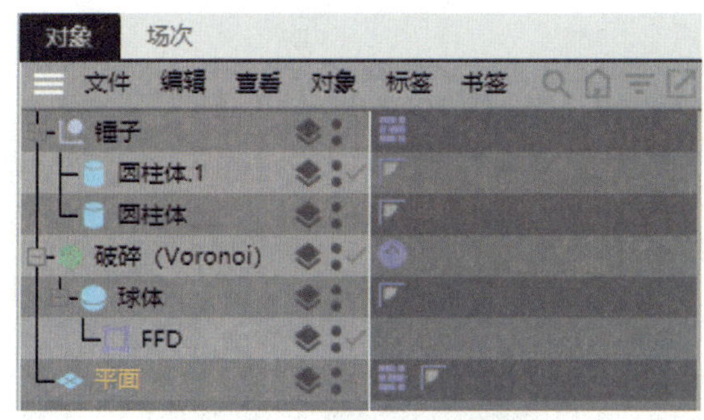

图 8-3-14　为对象添加动力学标签

步骤 7　调整锤子轴心位置。选中“锤子”，单击顶部工具栏中的“启用轴心”图标，使用“移动”工具将轴心移动至锤子手柄靠下部位，如图 8-3-15 所示。

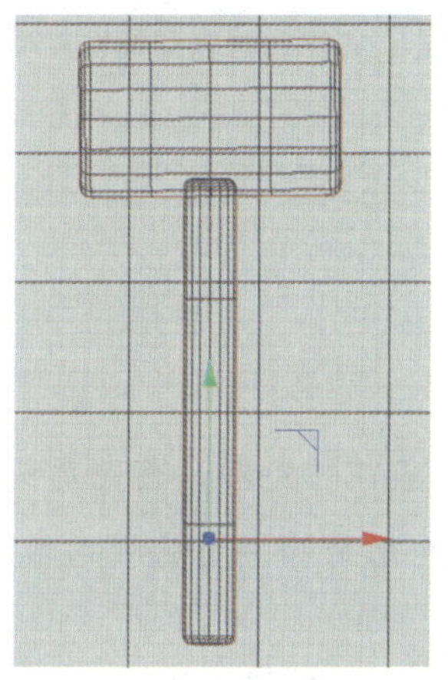

图 8-3-15　调整锤子轴心位置

步骤 8　制作关键帧动画。在“锤子”属性面板的“坐标”选项卡中单击“R.B”前的菱形图标，在时间轴 0F 处记录一个关键帧。在动画面板中拖动时间滑块到 15F 处，然后在“锤子”属性面板的“坐标”选项卡中将“R.B”设为 −90°，再次单击“R.B”前的菱形图标，在 15F 处记录一个关键帧。

步骤 9　调整蛋壳刚体标签设置。单击“向前播放”图标可以看到，蛋壳从 0F 处便破碎了。在对象面板选中“破碎”后的“刚体”标签，在属性面板的“动力学”选项卡中，将“激发”设为“开启碰撞”。这样，蛋壳受到碰撞后才会破碎。

步骤 10　调整砸蛋动画细节。此时单击“向前播放”图标，可以看到锤子锤到蛋壳后触发蛋壳破碎，但有一定概率出现锤子砸过后部分蛋壳仍停留在空中的现象，如图 8-3-16 所示。在动画面板中，将时间滑块拖动至 0F，然后在对象面板中选中“破碎”的“刚体”标签，在属性面板的“动力学”选项卡中单击“激发”前的菱形图标，在 0F 处记录一个关键帧，之后拖动时间滑块到 15F 处，将“激发”设为“立即”，然后再次单击“激发”前的菱形图标，在 15F 处记录一个关键帧。此时，15F 的时候，未被触发的蛋壳碎片将自动掉落。至此，砸金蛋动画制作完成。

图 8-3-16　蛋壳滞留在空中

科技之光

3D 扫描技术让古陶瓷重回“颜值”巅峰

从石器时期的陶器到各朝各代不同窑口的瓷器，无论原先破损得多严重，经过修复师们的双手，都宛如“重生”。瓷器表面的釉彩以一种完整的姿态展现出来，在博物馆柔和的灯光中向人们诉说着历史。

古陶瓷修复技艺是一项以传统手工工艺为表现特征的，综合运用现代有机材料、化学合成材料和模塑成形工具，使残损的古代陶瓷艺术品得以恢复原有神韵的特殊技能。随着时代的发展和修复理念的更新，古陶瓷修复技艺在与时俱进，在尊重文物原有历史文化信息的基础上，以更符合现代文物修复理念的最小干预、可逆性等理念进行保护修复。在修复前利用 3D 扫描技术全面记录文物，从而整理完备的文物档案和制订合理的修复策略。

发掘并研究好中华文明的巨大宝藏不仅需要非遗技艺，也需要 3D 扫描等数字技术。数字技术能让人们更清晰地看到历史的足迹，感受到古老的中华文明。

学习成果检测

习题 1 制作福字动画

利用本项目所学知识制作图 8-3-17 所示的福字动画。

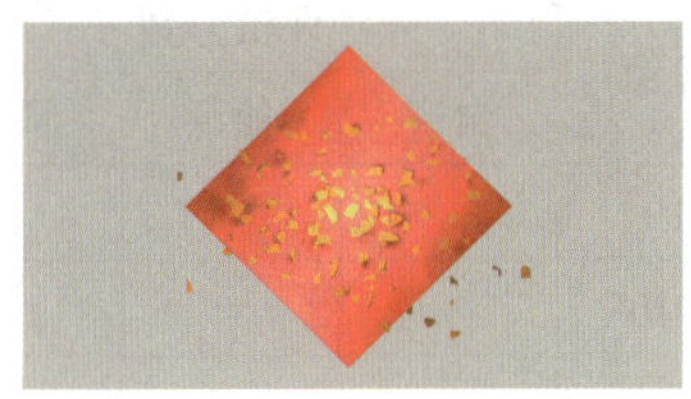

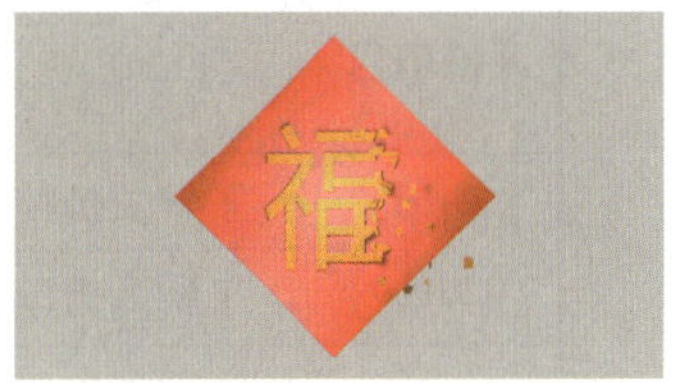

图 8-3-17 福字动画

提示：

（1）创建一个内容为“福”的文本，创建一个平面，并将其组合。

（2）利用破碎生成器将福字分块。

（3）为破碎添加随机效果器，将福字碎片打乱。

（4）为随机效果器添加线性域，并利用线性域制作关键帧动画。

（5）修改结束帧为 40F，并在时间线窗口中将运动设为匀速。

习题 2 制作小球弹跳动画

利用本项目所学知识制作图 8-3-18 所示的小球弹跳动画。

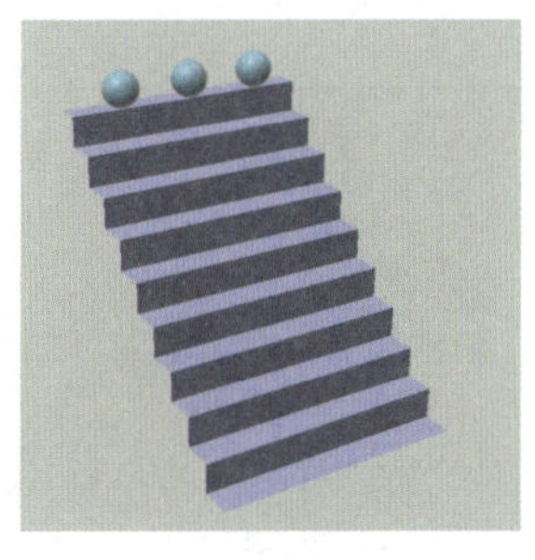

图 8-3-18 小球弹跳动画

提示：

（1）制作一个台阶模型与三个小球。

（2）为第一个小球添加刚体标签。

（3）为第二、第三个小球添加柔体标签。

（4）设置第三个小球的柔体标签，使第三个小球拥有像篮球一样的弹性。

学习成果评价

请进行学习成果评价，并将评价结果填入表 8-3-2 中。

表 8-3-2　学习成果评价表

评价项目	评价内容	分值	评价分数		
			自评	他评	师评
知识（20%）	了解关键帧动画的基本知识	10			
	了解动力学的基本知识	10			
技能（60%）	能够使用运动图形生成器编辑对象	10			
	能够使用运动图形效果器编辑对象	10			
	能够使用域编辑对象	10			
	能够使用刚体标签制作动画	10			
	能够使用柔体标签制作动画	10			
	能够使用布料标签制作动画	10			
素养（20%）	积极参加教学活动，按时完成学习任务	10			
	能够多角度思考问题，灵活使用多种方法制作动画，真正做到学以致用	10			
合计		100			
总评	自评（20%）+他评（20%）+师评（60%）=____________	指导教师（签名）：____________			
自我评价					
教师评价					

项目九 粒子与力场

项目引言

在 Cinema 4D 中，粒子与力场是密不可分、相辅相成的两种工具。粒子用于模拟和创建各种动态效果，如烟雾、火焰、水流等，而力场则可以影响这些粒子的运动。本项目主要讲解粒子与力场的基础知识和基本操作。

知识目标

- 了解粒子的应用。
- 了解力场的应用。
- 认识粒子与力场的关系。

能力目标

- 能够根据需要使用发射器制作动画特效。
- 能够掌握力场的使用方法。

素质目标

- 培养精益求精的工匠精神和良好的职业精神。
- 在实践中不断提高技能水平，树立技能成才、技能报国的人生理想。

任务一　认识粒子

任务引入

小海非常喜欢下雪天气，他想利用 Cinema 4D 制作一个下雪场景。但是小海只会创建雪花模型，于是他开始查找资料。经过学习，小海发现利用粒子中的发射器可以使雪花自然飘落。最终，小海制作出了非常漂亮的下雪场景。小海非常高兴，便接着探索起了粒子的其他应用。

想一想：

（1）粒子可以用来制作什么特效？

（2）如何使用粒子制作特效？

理论知识

一、粒子的应用

利用粒子可以制作处于运动状态、数量庞大、随机分布的颗粒状效果，如影视中的魔法效果、模拟爆炸和碎裂效果、模拟各种天气和自然现象等，如图 9-1-1 所示。

（a）影视中的魔法效果

（b）爆炸效果

（c）自然现象

图 9-1-1　粒子特效示例

二、发射器

使用发射器（又称粒子发射器）可以创建粒子发射效果。具体操作方法如下：在菜单栏中选择“模拟”→“粒子”→“发射器”选项创建一个发射器，然后将模型设置为发射器的子级，即可将模型设置为发射物。发射器的参数可在属性面板中进行设置，如图 9-1-2 所示。

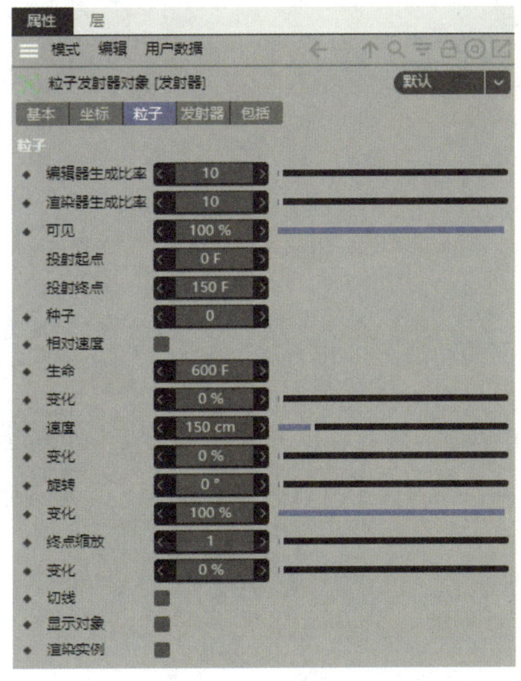

（a）“粒子”选项卡

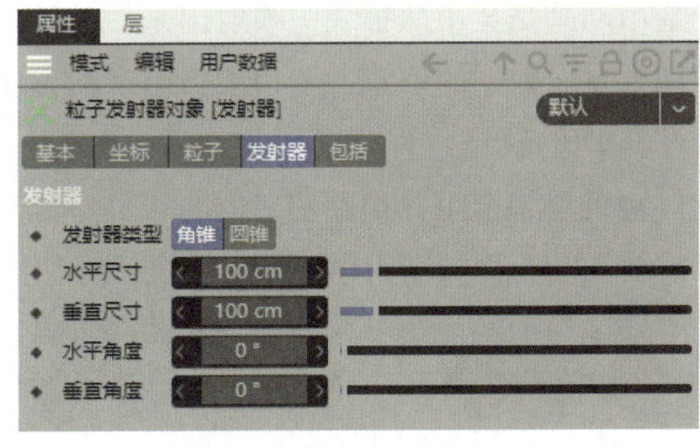

（b）“发射器”选项卡

图 9-1-2　发射器的属性面板

◆ **编辑器生成比率**：设置发射器发射粒子的数量。

◆ **渲染器生成比率**：设置粒子在渲染时生成粒子的数量。

- 可见：设置粒子在视图中显示的百分比。
- 投射起点、投射终点：设置粒子发射的起始帧数和终止帧数。
- 生命、变化：设置粒子的寿命和随机变化值。
- 速度、变化：设置粒子的速度和随机变化值。
- 旋转、变化：设置粒子的旋转角度和随机变化值。
- 终点缩放、变化：设置粒子在运动结束前缩放的比例和随机变化值。
- 切线：勾选后，粒子的方向将与 Z 轴水平对齐。
- 显示对象：勾选后，将在视图中显示替换粒子的对象，即发射器的子级对象。
- 水平尺寸、垂直尺寸：设置发射器的大小。
- 水平角度、垂直角度：设置发射器的角度。

任务实施 制作福袋金币动画

下面通过制作福袋金币动画（图 9-1-3）来巩固所学知识。

图 9-1-3 福袋金币动画

福袋金币动画是金币从福袋中喷射出来后掉落到地面的动画。其中，金币被喷射出来的地方是发射器的位置，金币喷射出来的方向为发射器的朝向，金币运动的轨迹为粒子运动的轨迹。打开素材文件后，创建一个发射器并将其移动至福袋口处，将发射物设置为金币并调整发射器的参数。此时，金币一直向上喷射，并没有落下来，需要为动画添加动力学标签，使金币自然掉落。

步骤 1 **打开素材文件。** 打开本书配套素材“素材与实例\项目九\福袋金币”中的“福袋金币.c4d”文件。

步骤 2 **创建发射器。** 在菜单栏中选择“模拟”→“粒子”→“发射器”选项创建一个发射器。将发射器绕 X 轴按逆时针方向旋转 90°，使其处于 XZ 平面内，并将其移动至福袋口处，如图 9-1-4 所示。

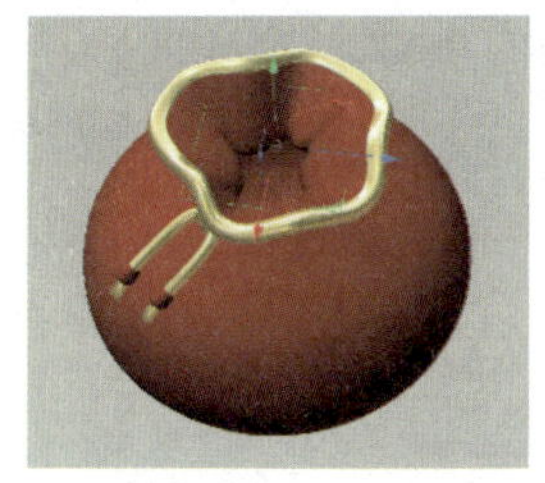

图 9-1-4　创建发射器

步骤 3　将发射物设置为金币。在对象面板中将“金币”设置为“发射器”的子级，将发射物设置为金币。

步骤 4　调整发射器参数。在“发射器”属性面板的“粒子”选项卡中将“编辑器生成比率”设为 15，将“渲染器生成比率”设为 15，将“投射终点”设为 150F，将“速度”设为 500 cm、“速度”的“变化”设为 25%，将“旋转”设为 60°、“旋转”的“变化”设为 100%，勾选“显示对象”复选框。

步骤 5　设置动画属性。在动画面板中，在结束帧编辑框中输入“180”将结束帧设为 180F，如图 9-1-5 所示。单击“向前播放”图标▶可播放当前动画，如图 9-1-6 所示。

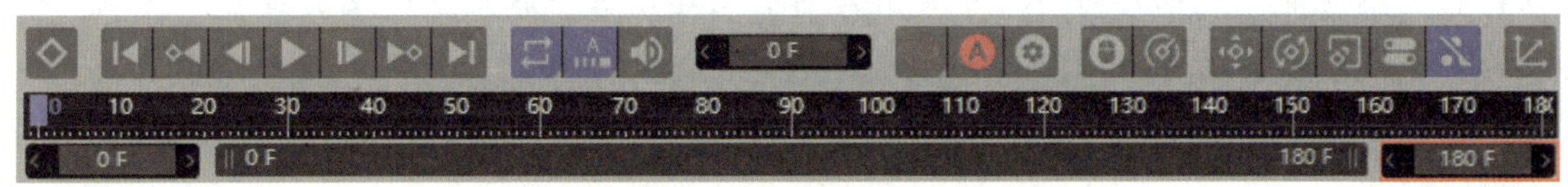

图 9-1-5　修改结束帧

图 9-1-6　动画效果

步骤 6　添加动力学标签。为模型添加动力学标签，让金币喷射后自然掉落到地面上。在对象面板中右击“金币”，在弹出的快捷菜单中选择“模拟标签”→“刚体”，为金币添加刚体标签，然后为“地面”和“福袋”分别添加碰撞体标签。单击“向前播放”图标▶预览动画。至此，福袋金币动画制作完成。

任务二 认识力场

任务引入

小丽打算用 Cinema 4D 制作一个星云的动态海报来参加学校举办的数字艺术设计大赛。星云都是颗粒状、不规则、随机运动的，可利用发射器创建。但小丽设置好发射器后，发现发射器发射出来的粒子都沿一条线运动。“怎么让它发射出去之后再绕一圈呢？”小丽向同学请教。同学听后笑着回答说：“你试试力场吧。”

想一想：

（1）粒子和力场有什么关联？

（2）Cinema 4D 中有哪些力场？它们的作用分别是什么？

理论知识

一、力场的应用

力场是作用于粒子上的外部力量，可以显著改变粒子的运动轨迹和状态。在 Cinema 4D 中通过添加不同的力场，可以使粒子沿着特定路径移动、旋转等。例如，重力场可以模拟地球引力对粒子的影响，使粒子呈现出自然下落的效果；风力场则可以模拟风对粒子运动的影响，创建出随风飘动的烟雾效果。

在场景中添加适当的力场，可以使粒子的运动更加自然和真实，从而增强整个场景的真实感和沉浸感。

二、力场的类型

在 Cinema 4D 中包括 9 类力场，分别为吸引场、偏转场、湍流、风力、破坏场、域力场、摩擦力、旋转、重力场。创建力场的具体操作如下：在菜单栏中选择“模拟”→“力场”，在子菜单中选择相应力场。

（一）吸引场

利用吸引场可以模拟粒子间的吸引与排斥效果，其参数可在属性面板中进行设置，如图 9-2-1 所示。

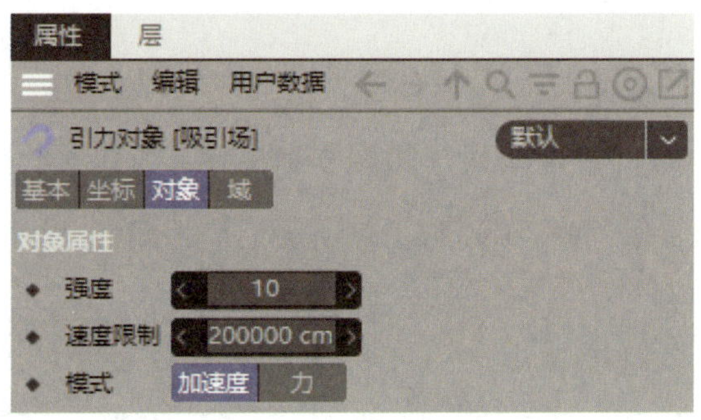

图 9-2-1　吸引场的属性面板

- **强度**：设置粒子的吸引与排斥效果，如图 9-2-2 所示。当参数值为正数时为吸引效果，参数值越大吸引效果越强；当参数值为负值时为排斥效果，参数值越小排斥效果越强。

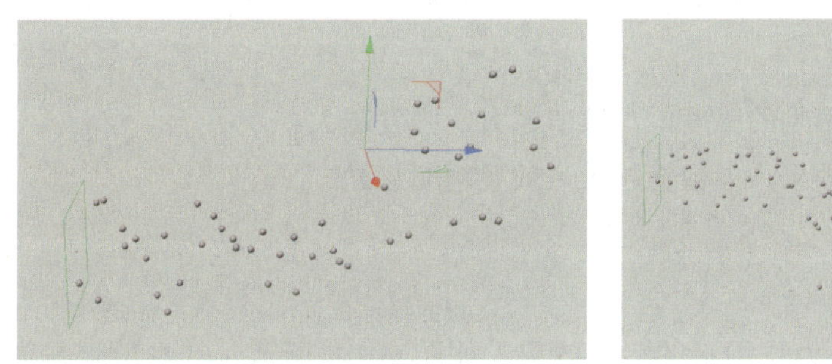

（a）吸引效果　　（b）排斥效果

图 9-2-2　吸引场效果

- **速度限制**：设置粒子与引力之间的距离。参数值越小，粒子与引力产生效果的距离越短。

（二）偏转场

利用偏转场可以模拟粒子碰撞到力场后的反弹效果，如图 9-2-3 所示。其参数可在属性面板中进行设置，如图 9-2-4 所示。

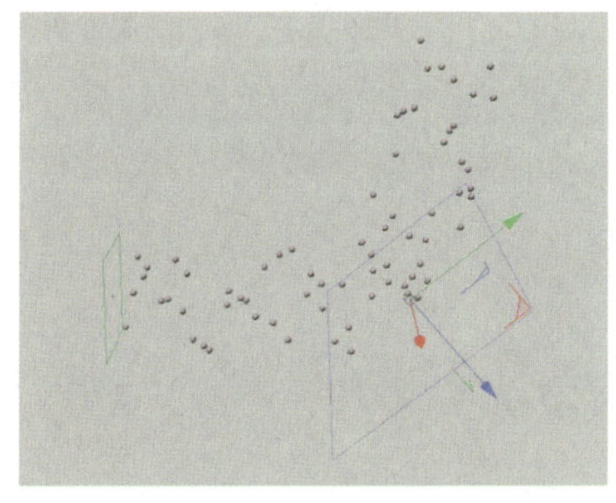

图 9-2-3　偏转场效果

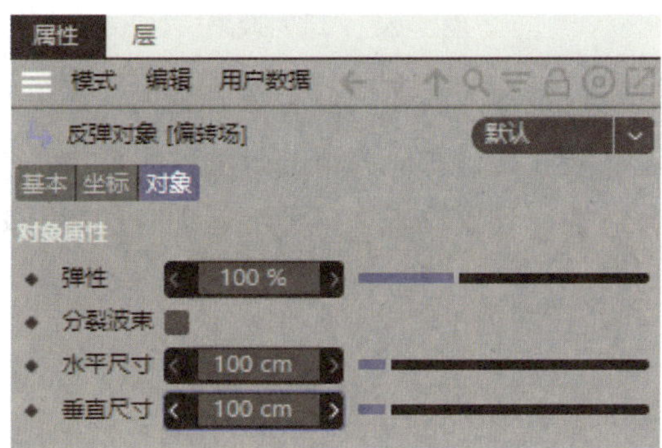

图 9-2-4　偏转场的属性面板

◆ 弹性：设置偏转场的弹力，参数值越大弹力越强。

◆ 分裂波束：勾选后，偏转场只对一部分粒子起弹力作用。

◆ 水平尺寸、垂直尺寸：设置偏转场的尺寸大小。

（三）湍流

利用湍流可以模拟粒子的随机紊乱效果，如图 9-2-5 所示。其参数可在属性面板中进行设置，如图 9-2-6 所示。

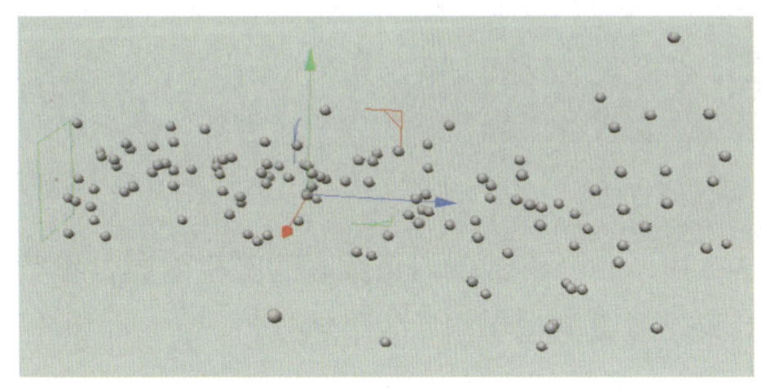

图 9-2-5　湍流效果

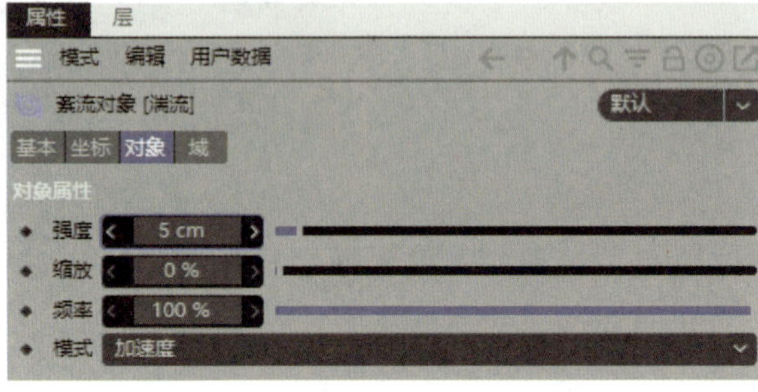

图 9-2-6　湍流的属性面板

◆ 强度：设置湍流对粒子影响的强度，参数值越大，强度越大。

◆ 缩放：设置粒子的散开效果，参数值越大，效果越明显。

（四）风力

利用风力可以模拟粒子在风力作用下的运动效果，如图 9-2-7 所示。其参数可在属性面板中进行设置，如图 9-2-8 所示。

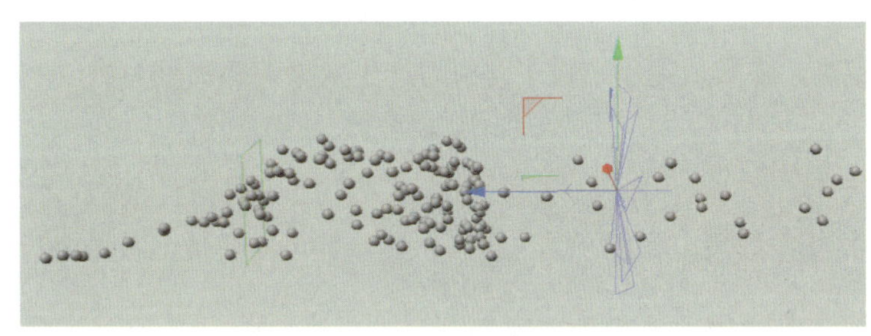

图 9-2-7　风力效果

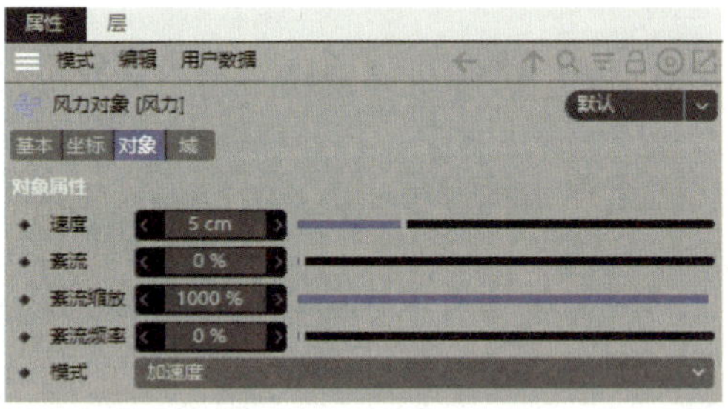

图 9-2-8　风力的属性面板

◆ 速度：设置风力的速度，参数值越大，速度越快。

◆ 紊流：设置粒子在风力下的抖动效果。

◆ 紊流缩放：设置粒子在风力下运动时的散开效果。

（五）其他力场

其他力场的作用及效果见表 9-2-1。

表 9-2-1　其他力场及效果

力场名称	作用	效果
破坏场	模拟粒子消失效果	
域力场	模拟一个可控的区域的力场效果	
摩擦力	模拟粒子间的摩擦效果	
旋转	利用旋转可以模拟粒子的旋转效果	
重力场	模拟粒子受重力的效果	

任务实施　制作鱼群动画

下面通过制作鱼群动画（图 9-2-9）来巩固所学知识。

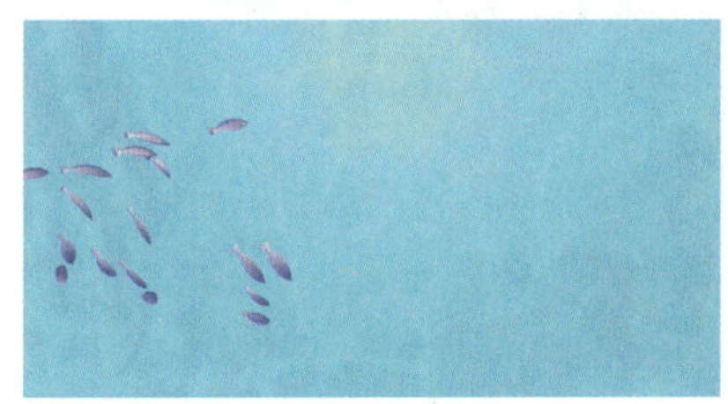
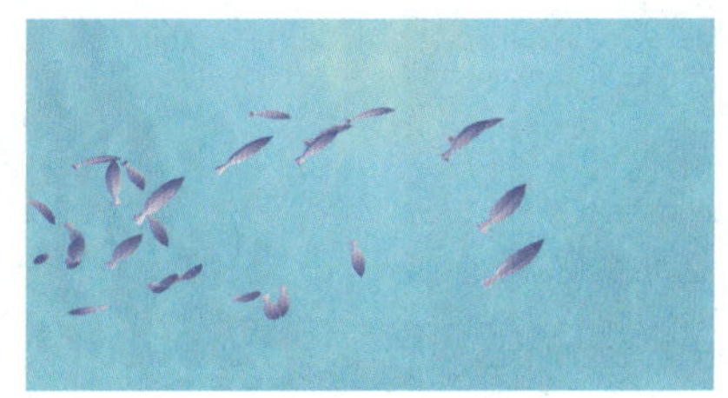

图 9-2-9　鱼群动画

首先创建发射器，利用追踪对象生成器来生成粒子轨迹；接着利用湍流和旋转影响粒子的运动方向，使粒子像鱼群一样旋转游动；然后利用扫描生成器将粒子变为三维模型，制作出小鱼的形状；最后调整动画的时长。

步骤 1 创建发射器。在菜单栏中选择“模拟”→“粒子”→“发射器”选项创建一个发射器。

步骤 2 制作粒子轨迹。在右侧工具栏中长按“克隆”图标，在展开的列表中选择“追踪对象”选项创建一个追踪对象生成器。在“追踪对象”属性面板的“对象”选项卡中，将“限制”设为“从结束”，将“总计”设为 6。单击“向前播放”图标生成粒子轨迹动画，如图 9-2-10 所示。

步骤 3 创建力场。在菜单栏中选择“模拟”→“力场”→“湍流”选项创建一个湍流，在其属性面板的“对象”选项卡中，将“强度”设为 60 cm，将“缩放”设为 25%。在菜单栏中选择“模拟”→“力场”→“旋转”选项创建一个旋转。在其属性面板的“对象”选项卡中将“角速度”设为 40。

步骤 4 将粒子变为三维模型。长按右侧工具栏中的“细分曲面”图标，在展开的列表中选择“扫描”选项创建一个扫描生成器。长按右侧工具栏中的“矩形”图标，在展开的列表中选择“圆环”选项创建一个圆环。在“圆环”属性面板的“对象”选项卡中勾选“椭圆”复选框，将第一个“半径”设为 4 cm，将第二个“半径”设为 8 cm。在对象面板中，将“圆环”与“追踪对象”分别设置为“扫描”的第一个和第二个子级。单击“向前播放”图标，生成的模型如图 9-2-11 所示。

图 9-2-10　粒子轨迹动画

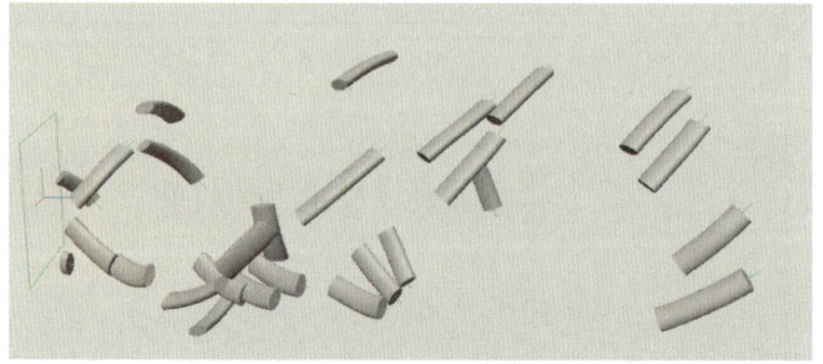

图 9-2-11　模型

步骤 5 制作小鱼。在“扫描”属性面板的“对象”选项卡中单击“细节”前的三角箭头展开列表，按照图 9-2-12 调整缩放曲线。设置完成后的模型如图 9-2-13 所示。

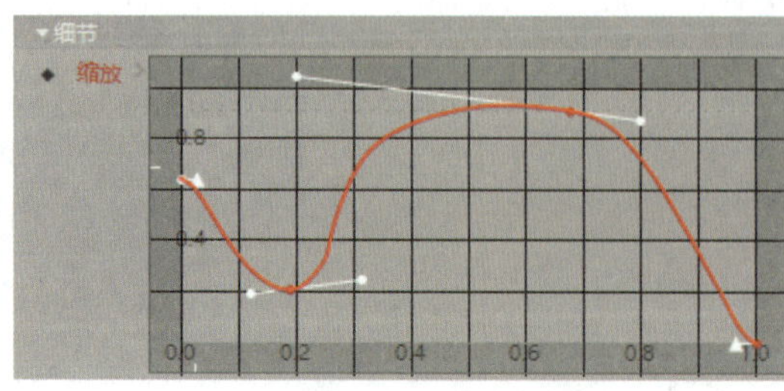

图 9-2-12　缩放曲线

图 9-2-13　小鱼模型

步骤 6 调整动画细节。在动画面板中，在结束帧编辑框中输入“180”将结束帧设置为 180F。单击“向前播放”图标▶查看动画。至此，鱼群动画制作完成。

学习成果检测

习题 1 制作水晶球下雪动画

利用本项目所学知识，结合本书配套素材“素材与实例\项目九\水晶球”中的“水晶球.c4d”文件，制作水晶球下雪动画，如图 9-2-14 所示。

图 9-2-14　水晶球下雪动画

提示：

（1）创建一个发射器，并将发射物设置为球体。

（2）利用破坏场消除落到地面的雪球。

（3）利用旋转使雪旋转落下。

习题 2 制作泡泡机动画

利用本项目所学知识，结合本书配套素材“素材与实例\项目九\泡泡机”中的“泡泡机.c4d”文件，制作泡泡机动画，如图 9-2-15 所示。

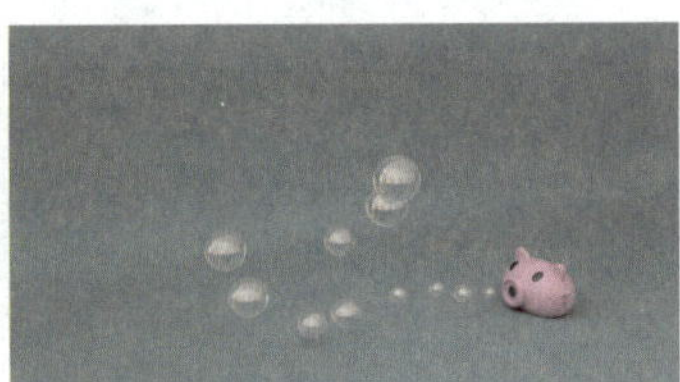
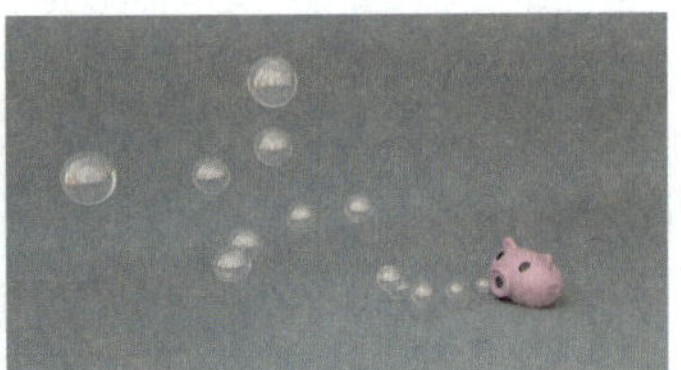

图 9-2-15　泡泡机动画

提示：

（1）创建一个发射器。

（2）利用发射器制作泡泡出来后变大到消失的效果。

（3）利用湍流制作泡泡随机运动效果。

（4）利用风力制作泡泡向上运动效果。

学习成果评价

请进行学习成果评价，并将评价结果填入表 9-2-2 中。

表 9-2-2　学习成果评价表

评价项目	评价内容	分值	评价分数		
			自评	他评	师评
知识（20%）	了解粒子的应用	10			
	了解力场的应用	10			
技能（60%）	能够使用发射器制作动画	10			
	能够使用吸引场制作动画	10			
	能够使用偏转场制作动画	10			
	能够使用旋转制作动画	10			
	能够使用湍流制作动画	10			
	能够使用风力制作动画	10			
素养（20%）	积极参加教学活动，按时完成学习任务	10			
	具备良好的艺术审美能力，能够综合利用粒子和力场制作精美的特效动画	10			
合计		100			
总评	自评（20%）+他评（20%）+师评（60%）=__________	指导教师（签名）：__________			
自我评价					
教师评价					

项目十 综合案例

项目引言

本项目通过制作闹钟模型和鸭鸭屋动画两个综合案例来练习 Cinema 4D 的基本操作。闹钟模型案例主要用来练习基本体与样条建模、生成器建模、变形器建模、多边形建模、材质与灯光、摄像机与渲染器的操作；鸭鸭屋动画案例主要用来练习动画、粒子与力场的操作。

知识目标

- 掌握制作模型的全流程。
- 掌握制作运动图形动画的全流程。

能力目标

- 能够综合运用多种建模方式制作模型。
- 能够制作多种动作组合的复杂动画。

素质目标

- 在实践中锻炼耐心和毅力，能够坚持不懈地投入到复杂的工作中去。
- 能够把握动画的节奏，创作出生动、有趣且富有感染力的动画作品。

任务一　制作闹钟模型

任务引入

本任务通过制作闹钟模型（图 10-1-1）来综合练习基本体与样条建模、生成器建模、变形器建模、多边形建模、材质与灯光、摄像机与渲染器的操作。

图 10-1-1　闹钟模型渲染图

任务分析

本任务分为制作模型、赋予材质、布置摄像机、调整渲染设置、布置灯光、渲染保存图像 6 个部分。其中，闹钟模型由壳体、表盘、响铃、铁丝、指针、支柱 6 个部分组成。

（1）**壳体**。壳体整体是一个圆柱的形状，上面有一些凸出的细节。首先创建一个圆柱体并将其转换为可编辑多边形，然后利用多边形建模工具制作出壳体的细节，再利用倒角变形器进行卡线，最后用细分曲面生成器将其细分。

（2）**表盘**。表盘由纸面和刻度两部分组成。首先复制壳体的面制作纸面；然后创建两种形状的立方体，并利用克隆生成器制作刻度。

（3）响铃。响铃由响铃壳和响铃柱组成。响铃壳为一个半球体，下方有一圈凸出的边。首先创建一个球体，将其“类型”设置为半球体，并利用布料曲面生成器为其增加厚度；然后利用多边形工具制作出响铃壳的细节；最后利用倒角变形器对其进行卡线后利用细分曲面生成器将其细分。响铃柱由球体和两个圆柱体组成，创建出相应的基本体并将其组合起来。

（4）铁丝。首先使用“样条画笔”工具绘制出铁丝样条，然后利用对称生成器使绘制的样条左右对称，最后利用扫描生成器将样条转换为三维模型。

（5）指针。指针由时针、分针、秒针组成。指针和表盘连接处为圆形。创建三个圆盘并将其转换为可编辑对象，然后利用多边形工具将时针、分针、秒针制作出来，最后利用布料曲面生成器为其添加厚度。

（6）支柱。支柱由球体、圆台和棱柱组成。创建一个球体、两个圆柱体并调整参数，然后将它们组合起来。

任务实施　制作闹钟模型

步骤1 创建圆柱体。长按右侧工具栏中的“立方体”图标，在展开的列表中选择“圆柱体”选项，创建一个圆柱体。在“圆柱体”属性面板的“对象”选项卡中将“半径”设为 80 cm，将“高度”设为 60 cm，将“高度分段”设为 1，将“旋转分段”设为 24，将“方向”设为+*Z*。在对象面板中选中“圆柱体”，将其重命名为“壳体”，并按“C”键将其转换为可编辑对象。

步骤2 制作壳体侧面细节。单击顶部工具栏中的“多边形”图标切换为面模式。单击左侧工具栏中的“循环选择”图标，在视图窗口中框选壳体的一圈侧面，如图 10-1-2（a）所示。在视图窗口中右击，在弹出的快捷菜单中选择“嵌入”选项切换为“嵌入”工具，在视图窗口中拖动鼠标，在选中面中间嵌入面，如图 10-1-2（b）所示。按“T”键切换为“缩放”工具，按住“Ctrl”键的同时在视图窗口中拖动鼠标，将选中面沿 *XY* 平面均匀缩小，如图 10-1-2（c）所示。

（a）框选面

（b）嵌入面

（c）均匀缩小面

图 10-1-2　制作壳体侧面细节

步骤3 制作壳体正面细节。单击左侧工具栏中的“循环选择”图标，选择图 10-1-3（a）所示的面。在视图窗口中右击，在弹出的快捷菜单中选择“嵌入”选项切换为“嵌入”工具，在视图窗口中拖动鼠标，在选中面中间嵌入面，如图 10-1-3（b）所示。按“E”键切换为“移动”工具，按住“Ctrl”键的同时，向外拖动 *Z* 轴挤出选中面，如图 10-1-3（c）所示。

（a）选择面

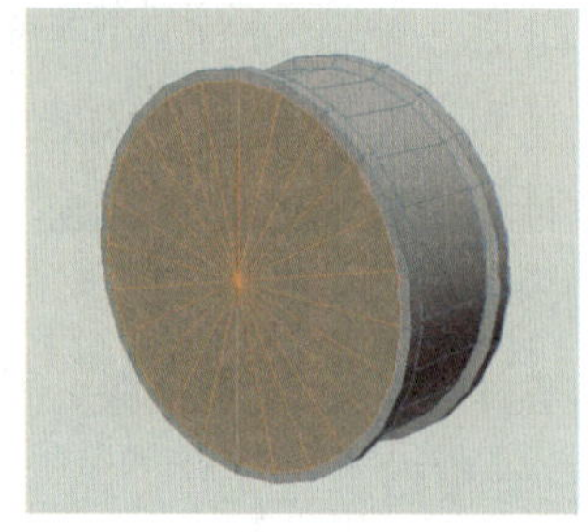

（b）嵌入面

（c）挤出面

图 10-1-3　制作壳体正面细节

步骤 4　制作表盘纸面。在视图窗口中右击，在弹出的快捷菜单中选择“嵌入”选项切换为“嵌入”工具，在视图窗口中拖动鼠标，嵌入选中面，如图 10-1-4（a）所示。按“E”键切换为“移动”工具，按住“Ctrl”键的同时拖动移动 Gizmo 的 Z 轴向后移动，挤压出表盘的凹陷面，如图 10-1-4（b）和图 10-1-4（c）所示。在视图窗口中右击，在弹出的快捷菜单中选择“分裂”选项，将选中面复制为一个新对象，并将其重命名为“纸面”。将其略微移动至表盘凹陷面的前方，如图 10-1-5 所示。

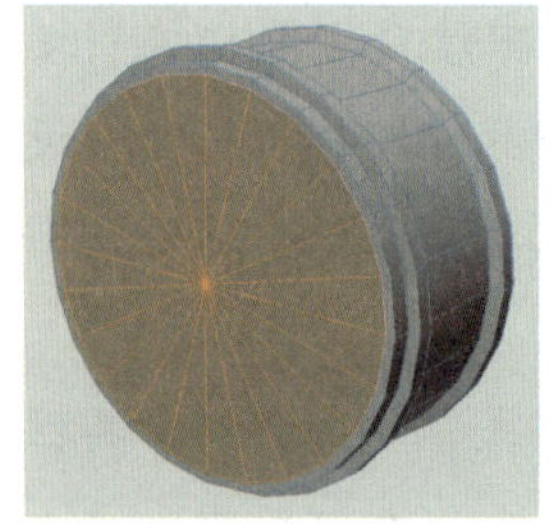

（a）嵌入面

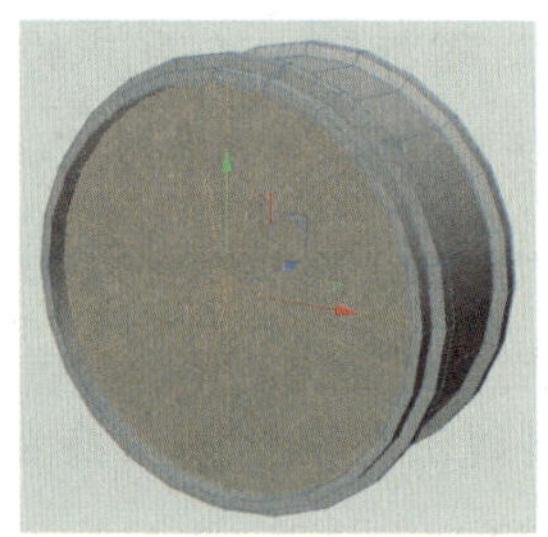

（b）拖动移动 Gizmo 的 Z 轴

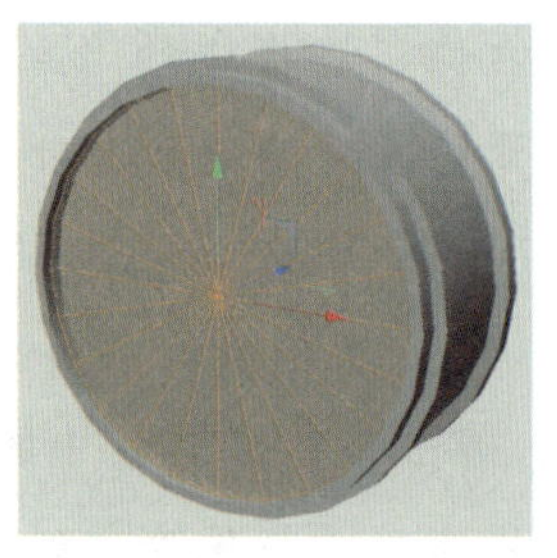

（c）挤压出表盘的凹陷面

图 10-1-4　制作表盘凹陷结构

图 10-1-5　制作表盘纸面

步骤 5　制作玻璃片。在视图窗口中右击，在弹出的快捷菜单中选择“分裂”选项，将选中面单独复制为一个对象，并将其重命名为“玻璃片”。按“E”键切换为“移动”工具，拖动移动 Gizmo 的 Z 轴向前移动至合适的位置。在对象面板中单击两次“玻璃片”后的第一个圆形按钮，将“玻璃片”隐藏显示。

小贴士

表盘纸面和玻璃片之间有刻度、时针、分针和秒针，因此要留有足够的间距。

步骤 6　制作表盘大刻度。创建一个 3 cm×12 cm×2 cm 的立方体。单击右侧工具栏中的“克隆”图标，创建一个克隆生成器，并将其命名为“大刻度”。在对象面板中将“立方体”设置为“大刻度”的子级。在“大刻度”属性面板的“对象”选项卡中将“模式”设为“放射”，将“数量”设为 12，将“半径”设为 62 cm，将“平面”设为 *XY*。设置完成后，移动“大刻度”到表盘纸面上，如图 10-1-6 所示。

步骤 7　制作表盘小刻度。在对象面板中选中“大刻度”，按“Ctrl+C”组合键复制，再按“Ctrl+V”组合键粘贴，并将“大刻度.1”重命名为“小刻度”。在“小刻度”属性面板的“对象”选项卡中将“偏移”设为 15°。在“小刻度”子级“立方体”属性面板的“对象”选项卡中将“尺寸.X”设为 2 cm，将

“尺寸.Y”设为 6 cm。设置完成后的模型如图 10-1-7 所示。

图 10-1-6　制作表盘大刻度

图 10-1-7　制作表盘小刻度

步骤 8 **制作响铃壳。**创建一个球体，将“半径”设为 30 cm，将“类型”设为半球体，并重命名为“响铃壳”。单击顶部工具栏中的“视窗独显”图标将响铃壳单独显示。长按右侧工具栏中的“细分曲面”图标，在展开的列表中选择“布料曲面”选项，创建一个布料曲面生成器，并将“响铃壳”设为“布料曲面”的子级。在“布料曲面”属性面板的“对象”选项卡中将“细分数”设为 0，将“厚度”设为 2 cm，制作出响铃壳的厚度。在对象面板中右击“布料曲面”，在弹出的快捷菜单中选择“连接对象+删除”，将其转换为一个新的可编辑对象。

步骤 9 **制作响铃壳细节。**选中“响铃壳”，单击顶部工具栏中的“边”图标切换为边模式。在视图窗口中右击，在弹出的快捷菜单中选择“循环/路径切割”选项切换为“循环/路径切割”工具。在响铃壳上增加一条线，如图 10-1-8（a）所示。单击顶部工具栏中的“多边形”图标切换为面模式。利用“循环选择”工具选中图 10-1-8（b）所示一圈的面，按“T”键切换为“缩放”工具，按住“Ctrl”键的同时拖动鼠标，将选中面挤出，如图 10-1-8（c）所示。单击顶部工具栏中的“边”图标再次切换为边模式，选中图 10-1-8（d）所示的一条线，按“Ctrl+Delete”组合键将其删除。

（a）增加线

（b）选中面

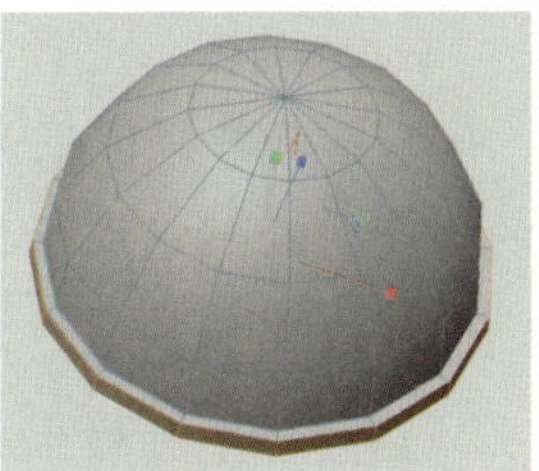

（c）挤出面

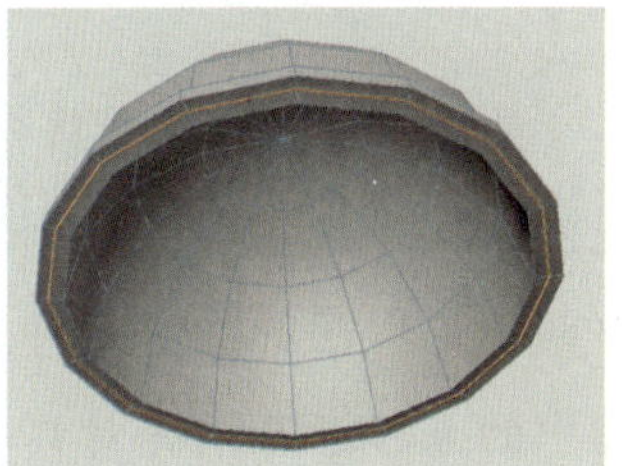

（d）选中线

图 10-1-8　制作响铃壳细节

步骤 10 **制作响铃。**创建一个圆柱体，将“半径”设为 1.5 cm，将“高度”设为 45 cm，将“高度分段”设为 1；创建一个球体，将“半径”设为 6 cm；创建一个圆柱体，将“半径”设为 4 cm，将“高度”设为 7 cm，将“高度分段”设为 1，将“旋转分段”设为 6。按照图 10-1-9 调整其位置，然后选中“圆柱体”“圆柱体.1”“球体”“响铃壳”，按“Alt+G”组合键将其编组，并将组重命名为“响铃”。

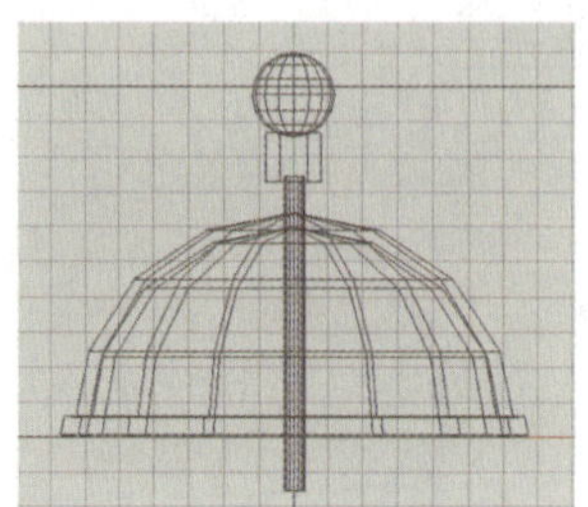

图 10-1-9　制作响铃

步骤11 安装响铃。单击顶部工具栏中的“视窗独显”图标退出独显模式。移动响铃至图 10-1-10 所示的位置。选中“响铃”，单击顶部工具栏中的“启用轴心”图标进入调整轴心模式。在菜单栏中选择“窗口”→“坐标管理器 ...”选项打开坐标管理器。在坐标管理器中“Y”的第一个编辑框中输入“0”，将轴心移动到原点上。再次单击顶部工具栏中的“启用轴心”图标退出调整轴心模式。拖动“响铃”Z 轴旋转 35°。长按右侧工具栏中的“细分曲面”图标，在展开的列表中选择“对称”选项，创建一个对称生成器。将“响铃”设置为“对称”的子级。安装响铃后的模型如图 10-1-11 所示。

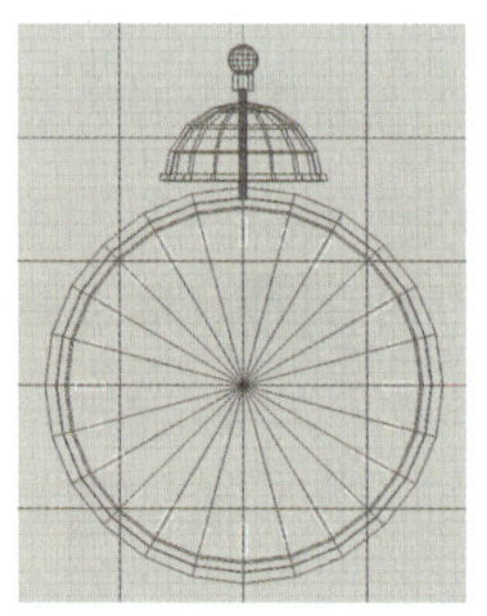

图 10-1-10　移动响铃

图 10-1-11　安装响铃后的模型

步骤12 制作铁丝样条。在左侧工具栏中单击“样条画笔”图标切换为“样条画笔”工具。在正视图中绘制图 10-1-12 所示的样条，绘制完成后按“Esc”键结束绘制。选中“样条”，单击顶部工具栏中的“点”图标，选中图 10-1-13 所示的点，在坐标管理器中“X”的第一个编辑框中输入“0”，将选中的点移动至闹铃对称轴上。创建一个对称生成器，在对象面板中将“样条”设为“对称.1”的子级。在对象面板中右击“对称.1”，在弹出的快捷菜单中选择“连接对象+删除”，将其转换为一个新的可编辑对象。

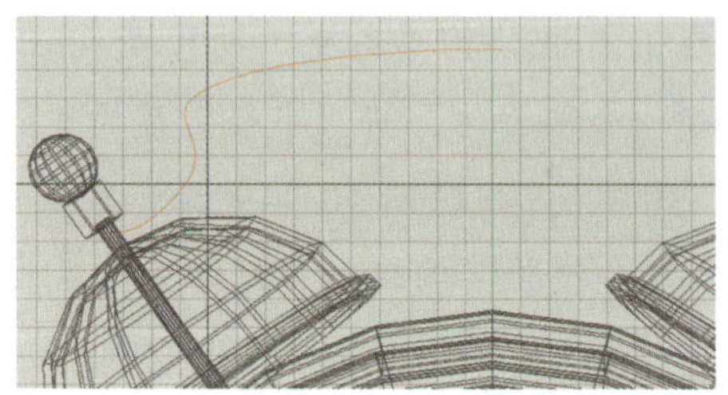

图 10-1-12　绘制样条

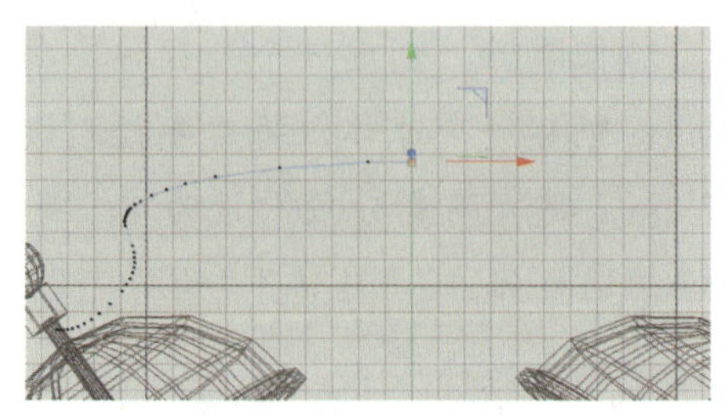

图 10-1-13　选中点

步骤13 **制作铁丝模型**。长按右侧工具栏中的“细分曲面”图标，在展开的列表中选择“扫描”选项，创建一个扫描生成器，创建一个半径为 1 cm 的圆环。在对象面板中将“圆环”设置为“扫描”的第一个子级、“样条”设为“扫描”的第二个子级。制作完成后的模型如图 10-1-14 所示。

图 10-1-14　制作铁丝模型

步骤14 **制作时针**。创建一个圆盘，并将其重命名为“时针”，在属性面板的“对象”选项卡中将“外部半径”设为 5 cm，将“方向”设为+*Z*。设置完成后，按“C”键将其转换为可编辑多边形。移动“时针”到表盘纸面前方。在正视图中选中图 10-1-15（a）所示的边，按“E”键切换为“移动”工具，按住“Ctrl”键的同时向上拖动选中的边，将其挤出。重复此操作再挤出两次，挤出后的模型如图 10-1-15（b）所示。选中最上面一排的边，在视图窗口中右击，在弹出的快捷菜单中单击“坍塌”选项，将选中的边合为一点。单击左侧工具栏中的“循环选择”图标，选中第三排的边，按“T”键切换为“缩放”工具，使其沿 *XY* 平面均匀缩小。调整后的时针形状如图 10-1-15（c）所示。

（a）选中边

（b）挤出边

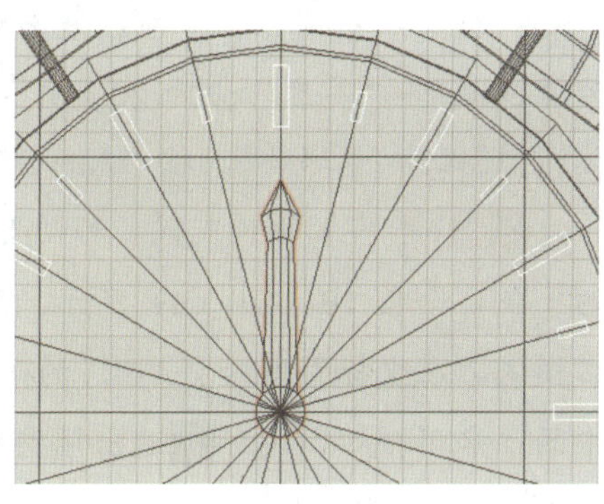

（c）时针的形状

图 10-1-15　制作时针

步骤15 **制作分针**。创建一个圆盘，并将其重命名为“分针”，在属性面板的“对象”选项卡中将“外部半径”设为 5 cm，将“方向”设为+*Z*。设置完成后，按“C”键将其转换为可编辑多边形。移动“分针”到时针的前方。在正视图选中图 10-1-16（a）所示的边，按“E”键切换为“移动”工具，按住

“Ctrl”键的同时向上拖动选中的边，将其挤出。使用制作时针的方法制作出图 10-1-16（b）所示的分针。

步骤16 制作秒针。创建一个圆盘，并将其重命名为“秒针”，在属性面板的“对象”选项卡中将“外部半径”设为 3 cm，将“方向”设为+Z。设置完成后，按“C”键将其转换为可编辑多边形，移动“秒针”到分针的前方。制作出图 10-1-17 所示的秒针。

步骤17 为指针增加厚度。创建一个布料曲面生成器，并将其重命名为“指针”。在对象面板中将“时针”“分针”“秒针”设置为“指针”的子级。在“指针”属性面板的“对象”选项卡中将“细分数”设为 0，将“厚度”设为 1 cm。调整时针、分针、秒针的前后位置，由前到后依次为秒针、分针、时针，图 10-1-18（a）所示。旋转指针至图 10-1-18（b）所示的位置。

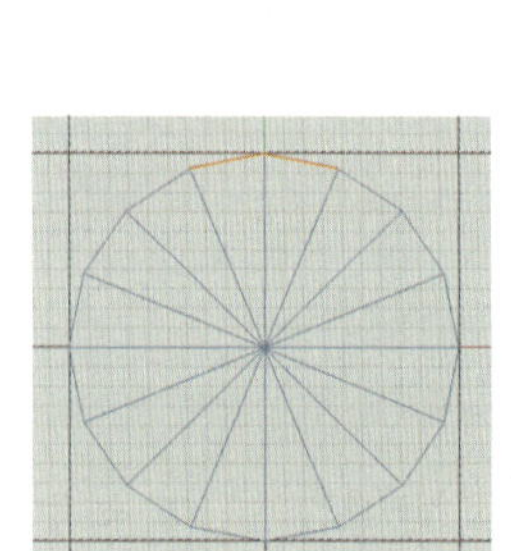

（a）选中边

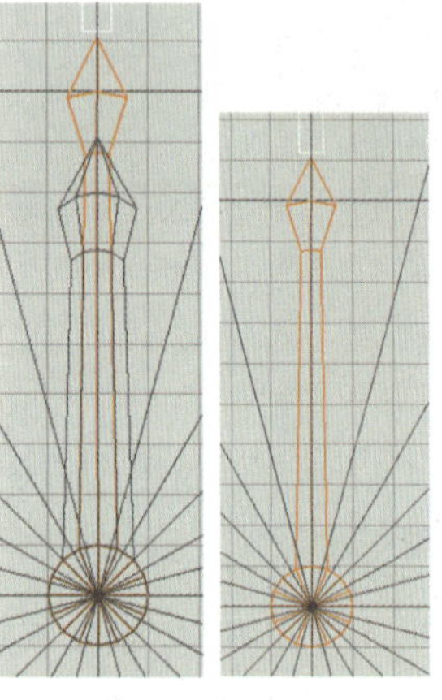

（b）分针的形状

图 10-1-16　制作分针

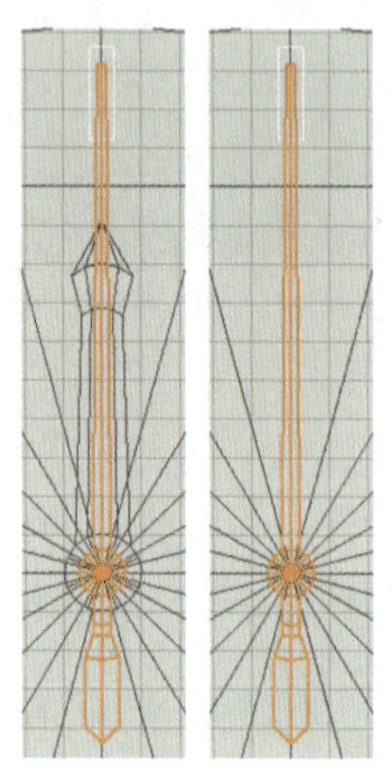

图 10-1-17　制作秒针

（a）指针的前后位置　（b）指针的指向位置

图 10-1-18　调整指针位置

步骤18 为玻璃片增加厚度。创建一个布料曲面生成器，将“玻璃片”设置为“布料曲面”的子级，在其属性面板的“对象”选项卡中将“厚度”设为 1 cm。

步骤19 制作支柱。创建一个圆柱体，在属性面板的“对象”选项卡中将“半径”设为 10 cm，将“高度”设为 10 cm，将“高度分段”设为 1，将“旋转分段”设为 6；创建一个球体，将“半径”设为 7 cm；创建一个圆锥体，在属性面板的“对象”选项卡中将“顶部半径”设为 8 cm，将“底部半径”设为 4 cm，将“高度”设为 20 cm，将“高度分段”设为 1。按照图 10-1-19 调整位置，然后选中“圆柱体”“圆锥体”“球体”，按“Alt+G”组合键将其编组，并将组重命名为“支柱”。

步骤20 安装闹钟支柱。移动支柱到壳体底部，如图 10-1-20（a）所示。再将其移动至壳体靠近表盘的一侧，如图 10-1-20（b）所示。选中“支柱”，单击顶部工具栏中的“启用轴心”图标进入调整轴心模式。在坐标管理器中“Y”的第一个编辑框中输入“0”，将轴心移动到 Z 轴上。再次单击顶部工具栏中的“启用轴心”图标退出调整轴心模式。拖动“支柱”Z 轴旋转 35°。长按右侧工具栏中的“细分曲面”图标，在展开的列表中选择“对称”选项，创建一个对称生成器。将“支柱”设置为“对称”的子级。选中当前所有对象，旋转 Y 轴约 −15°，让闹钟支柱和壳体在同一平面上，如图 10-1-20（c）所示。

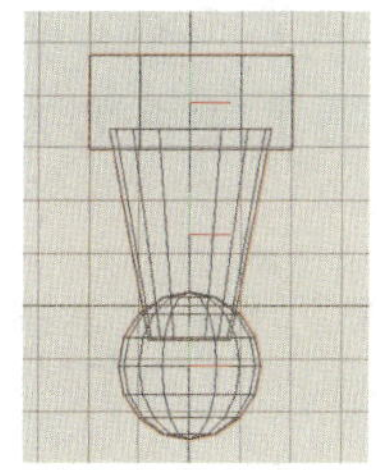
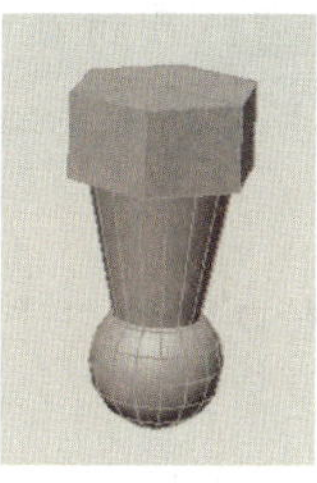

图 10-1-19　制作支柱

（a）支柱的上下位置

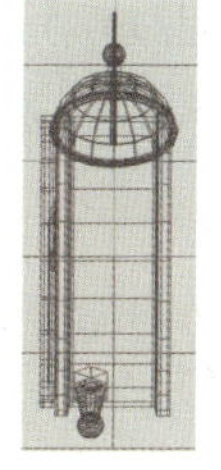
（b）支柱的前后位置

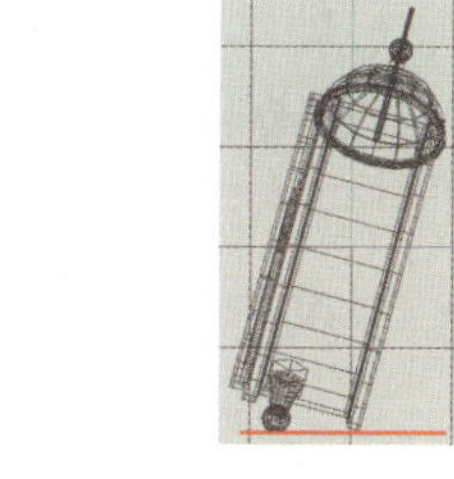
（c）闹钟和支柱在同一平面上

图 10-1-20　组合闹钟零件

小贴士

若旋转 −15° 后闹钟支柱和壳体不在同一平面上，可适当调整旋转角度或者调整支柱的长度。

步骤21　对壳体进行卡线。 长按右侧工具栏中的“弯曲”图标，在展开的列表中选择“倒角”选项创建一个倒角变形器，在对象面板中将其设置为“壳体”的子级。在“倒角”属性面板的“选项”选项卡中将“倒角模式”设为“实体”，将“偏移”设为 1.5 cm。

步骤22　对闹铃进行卡线。 长按右侧工具栏中的“弯曲”图标，在展开的列表中选择“倒角”选项创建一个倒角变形器，在对象面板中将其设置为“响铃壳”的子级。在“倒角”属性面板的“选项”选项卡中将“倒角模式”设为“实体”，将“偏移”设为 1 cm。

步骤23　细分壳体、闹铃和纸面。 单击右侧工具栏中的“细分曲面”图标，创建一个细分曲面生成器，在对象面板中将其设为“壳体”的父级。单击右侧工具栏中的“细分曲面”图标，再创建一个细分曲面生成器，在对象面板中将其设为“响铃壳”的父级。单击右侧工具栏中的“细分曲面”图标，再创建一个细分曲面生成器，在对象面板中将其设为“纸面”的父级。细分后的模型如图 10-1-21 所示。

步骤24　制作背景。 创建一个 1500 cm×1000 cm 的平面，并将其移动到闹钟的底部，按“C”键将其转换为可编辑对象。单击左侧工具栏中的“循环选择”图标，选中平面最后一排的边，按“E”键切换为“移动”工具，按住“Ctrl”键向上挤出最后一排的边，如图 10-1-22（a）所示。单击右侧工具栏中的“细分曲面”图标，创建一个细分曲面生成器，将其设为“平面”的父级。制作完成的背景如图 10-1-22（b）所示。

图 10-1-21　细分

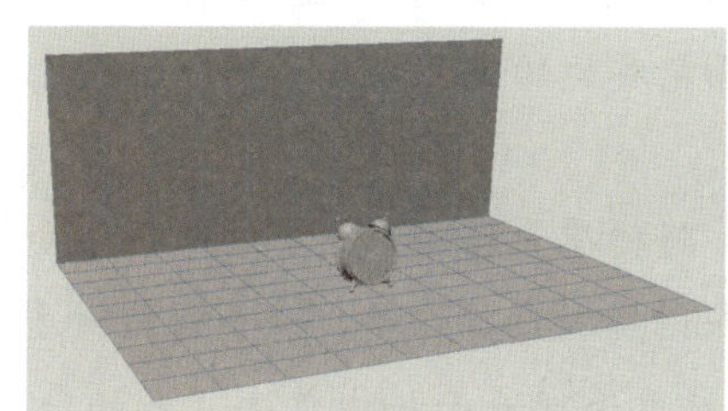
（a）挤出边

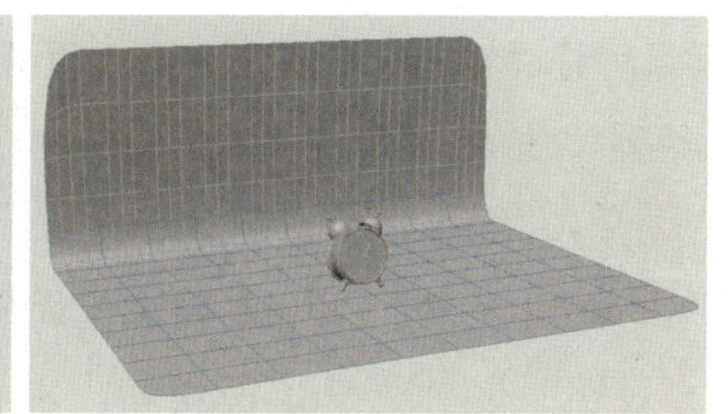
（b）完成效果

图 10-1-22　制作背景

步骤25 **创建背景材质**。单击顶部工具栏中的“材质管理器 ...”图标打开材质管理器面板。单击材质管理器面板中的“新的默认材质”图标，创建一个新材质，双击该材质，并将其重命名为“背景”。

步骤26 **赋予背景材质**。拖动材质管理器面板中的“背景”选项至视图窗口中的“平面”上，赋予模型材质。

步骤27 **制作背景材质**。在材质管理器面板中双击“背景”材质球，打开“材质编辑器”窗口。在“颜色”选项中单击“RGB”图标R，并将“R”“G”“B”分别设为140、140、160，将颜色设置为蓝灰色，将“模型”设为“Oren-Nayar”。取消勾选“反射”复选框。设置完成后的背景材质球如图10-1-23所示。设置完毕后关闭“材质编辑器”窗口。

步骤28 **制作玻璃材质**。在材质管理器面板中单击“新的默认材质”图标创建一个新材质，双击该材质，并将其重命名为“玻璃”。双击“玻璃”材质球打开“材质编辑器”窗口，在“材质编辑器”窗口中取消勾选“颜色”复选框，勾选“透明”复选框。在“透明”选项中单击“颜色”后的矩形框，在弹出的“颜色选择器”窗口中将“R”“G”“B”均设为235，让玻璃略显浅灰色，使玻璃效果更加真实；将“折射率预设”设为“有机玻璃”。在“反射”选项的“透明度”选项卡中，将“粗糙度”设为5。设置完成后的玻璃材质球如图10-1-24所示。设置完毕后关闭“材质编辑器”窗口。

图10-1-23　背景材质球

图10-1-24　玻璃材质球

步骤29 **赋予模型玻璃材质**。将材质管理器面板中的“玻璃”材质拖动至对象面板中的“玻璃片”上，出现向下箭头时释放鼠标左键，赋予模型材质。

步骤30 **制作银色金属材质**。单击顶部工具栏中的“材质管理器 ...”图标打开材质管理器面板，然后单击“新的默认材质”图标创建一个新材质，双击该材质，并将其重命名为“银色金属”。双击“银色金属”材质球打开“材质编辑器”窗口，取消勾选“颜色”复选框。在“反射”选项中单击“添加 ...”按钮，在展开的列表中选择“GGX”选项，添加一个“GGX”反射层，然后将“粗糙度”设为5%，将“反射强度”设为90%；在“层颜色”栏中单击颜色矩形框，在弹出的“颜色选择器”窗口中将“R”“G”“B”均设为245，将颜色设为浅灰色。单击“层菲涅耳”栏展开隐藏列表，将“菲涅耳”设为“导体”，将“预置”设为“钢”。设置完成后的银色金属材质球如图10-1-25所示。设置完毕后关闭“材质编辑器”窗口。

步骤31 **赋予模型银色金属材质**。将材质管理器面板中的“银色金属”材质拖动至对象面板中的“支柱”“扫描”“响铃”上，出现向下箭头时释放鼠标左键，赋予模型材质。

步骤32 **制作外壳漆面材质**。在材质管理器面板中单击“新的默认材质”图标创建一个新材质，双击该材质，并将其重命名为“漆面”。双击“漆面”材质球打开“材质编辑器”窗口，在“颜色”选项

卡中单击颜色矩形框，在弹出的“颜色选择器”窗口中将“颜色”的“R”“G”“B”分别设为150、200、245，设置完成后关闭窗口。在“反射”选项中单击“添加...”按钮，在展开的列表中选择“GGX”选项，添加一个“GGX”反射层，将“粗糙度”设为10%；在“层颜色”栏中单击颜色矩形框，在弹出的“颜色选择器”窗口中将“颜色”的“R”“G”“B”分别设为240、245、255。单击“层菲涅耳”前面的三角箭头图标展开隐藏列表，并将“菲涅耳”设为“绝缘体”，将“预置”设为“聚酯”。设置完成后的漆面材质球如图10-1-26所示。设置完毕后关闭“材质编辑器”窗口。

图10-1-25　银色金属材质球

图10-1-26　漆面材质球

步骤33 **赋予模型外壳漆面材质。**将材质管理器面板中的“漆面”材质拖动至对象面板中的“壳体”“响铃壳”上，出现向下箭头时释放鼠标左键，赋予模型材质。

步骤34 **制作黑色塑料材质。**在材质管理器面板中单击“新的默认材质”图标创建一个新材质，双击该材质，并将其重命名为“塑料”。双击“塑料”材质球打开“材质编辑器”窗口，在“颜色”选项中单击颜色矩形框，在弹出的“颜色选择器”窗口中将“颜色”的“R”“G”“B”均设为30；在“反射”选项中单击“添加...”按钮，在展开的列表中选择“GGX”选项，添加一个“GGX”反射层，将“粗糙度”设为15%，将“高光强度”设为40%。在“层颜色”栏中将“颜色”的“R”“G”“B”均设为180。单击“层菲涅耳”栏展开隐藏列表，将“菲涅耳”设为“绝缘体”，将“预置”设为“聚酯”。设置完成后的黑色塑料材质球如图10-1-27所示。设置完毕后关闭“材质编辑器”窗口。

步骤35 **赋予模型黑色塑料材质。**将材质管理器面板中的“塑料”材质拖动至对象面板中的“大刻度”“时针”“分针”上，出现向下箭头时释放鼠标左键，赋予模型材质。

步骤36 **制作红色塑料材质。**在材质管理器面板中选中“塑料”，按“Ctrl+C”组合键复制，再按“Ctrl+V”组合键粘贴，复制一个塑料材质。双击“塑料.1”材质球打开“材质编辑器”窗口，在“颜色”选项中单击颜色矩形框，在弹出的“颜色选择器”窗口中将“颜色”的“R”“G”“B”分别设为255、55、55。在“层颜色”栏中将“颜色”的“R”“G”“B”均设为245。设置完成后的红色塑料材质球如图10-1-28所示。设置完毕后关闭“材质编辑器”窗口。

步骤37 **赋予模型红色塑料材质。**将材质管理器面板中的“塑料”材质拖动至对象面板中的“秒针”上，出现向下箭头时释放鼠标左键，赋予模型材质。

步骤38 **制作紫色塑料材质。**在材质管理器面板中选中“塑料”，按“Ctrl+C”组合键复制，再按“Ctrl+V”组合键粘贴，复制一个塑料材质。双击“塑料.2”材质球打开“材质编辑器”窗口，在“颜色”选项中单击颜色矩形框，在弹出的“颜色选择器”窗口中将“颜色”的“R”“G”“B”分别设为145、65、255。在“层颜色”栏中将“颜色”的“R”“G”“B”均设为245。设置完成后的紫色塑料材质球如图10-1-29所示。设置完毕后关闭“材质编辑器”窗口。

图 10-1-27　黑色塑料材质球

图 10-1-28　红色塑料材质球

图 10-1-29　紫色塑料材质球

步骤39　赋予模型紫色塑料材质。将材质管理器面板中的“塑料.2”材质拖动至对象面板中的“小刻度”上，出现向下箭头时释放鼠标左键，赋予模型材质。

步骤40　制作纸质材质。在材质管理器面板中单击“新的默认材质”图标创建一个新材质，双击该材质，并将其重命名为“纸”。双击“纸”材质球打开“材质编辑器”窗口，在“颜色”选项中单击颜色矩形框，在弹出的“颜色选择器”窗口中将“颜色”的“R”“G”“B”分别设为230、220、255；在“反射”选项中单击“添加…”按钮，在展开的列表中选择“Beckmann”选项添加一个“Beckmann”反射层，将“粗糙度”设为15%，将“反射强度”设为100%，将“高光强度”设为20%。单击“层菲涅耳”栏展开隐藏列表，将“菲涅耳”设为“绝缘体”。设置完成后的纸质材质球如图10-1-30所示。设置完毕后关闭“材质编辑器”窗口。

图 10-1-30　纸质材质球

步骤41　赋予模型纸质材质。将材质管理器面板中的“纸”材质拖动至对象面板中的“纸面”上，出现向下箭头时释放鼠标左键，赋予模型材质。

步骤42　布置摄像机。在透视视图中，单击右侧工具栏中的“摄像机”图标创建一个摄像机。在“摄像机”属性面板的“对象”选项卡中将“焦距”设为80 mm。单击对象面板中“摄像机”后的图标切换为摄像机视图，并按照图10-1-31调整视图。在“摄像机”属性面板的“对象”选项卡中单击“目标距离”后的吸管图标，之后在视图窗口中单击闹铃，将焦点聚焦在闹铃上。

图 10-1-31　调整摄像机视图

步骤43 调整视图。按鼠标中键切换为4个视图显示，将第二个视图设置为透视视图（光影着色），将第三个视图设置为顶视图，如图10-1-32所示。

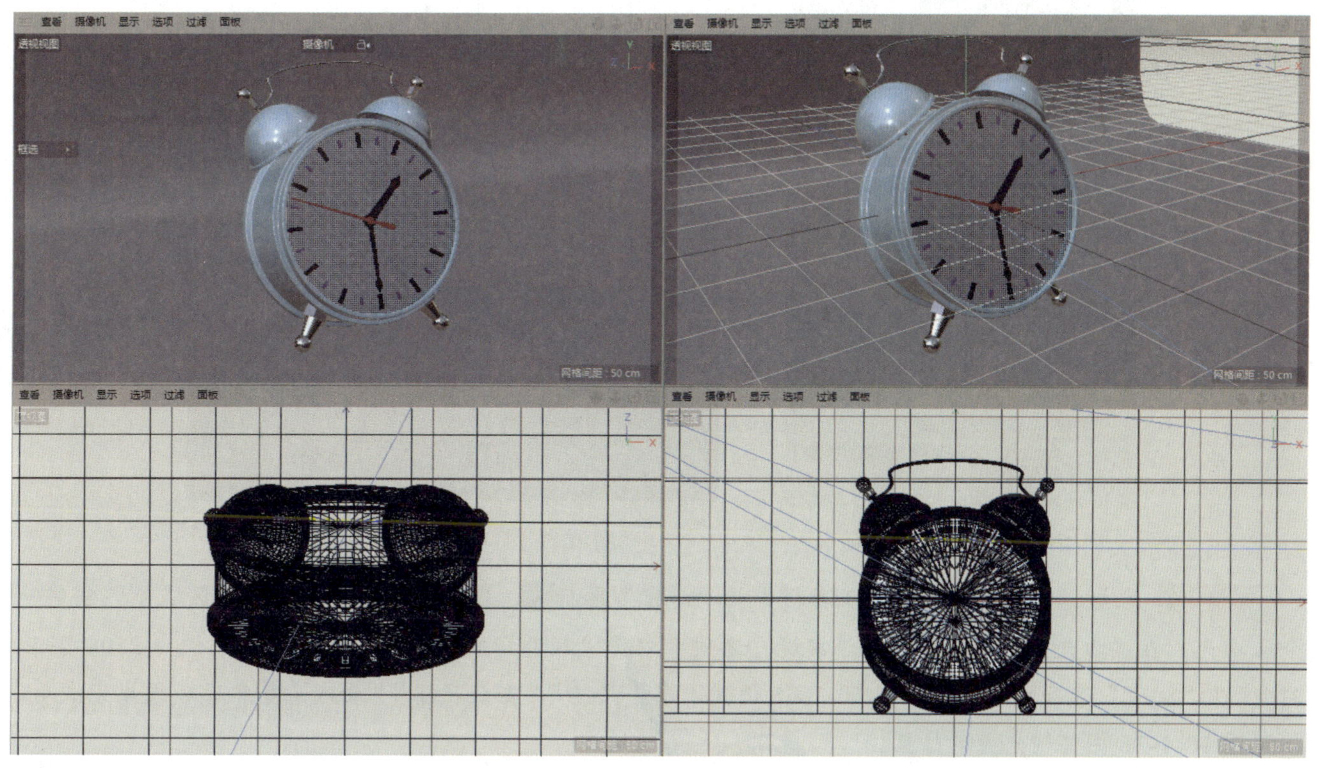

图10-1-32　调整视图

步骤44 调整渲染设置。单击顶部工具栏中的“编辑渲染设置...”图标打开“渲染设置”窗口。在“渲染设置”窗口中单击“效果...”按钮，在展开的列表中选择“全局光照”选项；在“抗锯齿”选项中将“抗锯齿”设为“最佳”，将“最小级别”设为2×2，将“最大级别”设为4×4；在“保存”选项中，将“格式”设为PNG。

步骤45 创建天空。单击右侧工具栏中的“天空”图标在对象面板中创建一个天空。

步骤46 为天空赋予材质。单击顶部工具栏中的“材质管理器...”图标，在展开的面板中单击“新的默认材质”图标创建一个新材质，并双击材质将其命名为“HDR”。拖动材质管理器面板中的“HDR”材质拖动至对象面板中的“天空”，赋予天空材质。双击该材质球打开“材质编辑器”窗口，取消勾选“颜色”“反射”复选框，勾选“发光”复选框。然后在“发光”栏中单击“纹理”后的箭头，在展开的列表中选择“加载图像...”选项，在弹出的对话框中选择本书配套素材“素材与实例\项目十\闹钟”中的“Studio.hdr”文件，导入HDR贴图。

步骤47 布置主光源。长按右侧工具栏中的“灯光”图标，在展开的列表中选择“区域光”创建一个区域光。在“灯光”属性面板的“常规”选项卡中将“颜色”的“R”“G”“B”分别设为230、250、255，将“投影”设为“区域”；在“细节”选项卡中按照图10-1-33设置“水平尺寸”“垂直尺寸”“衰减”等参数。设置完成后，按照图10-1-34调整主光源的位置。

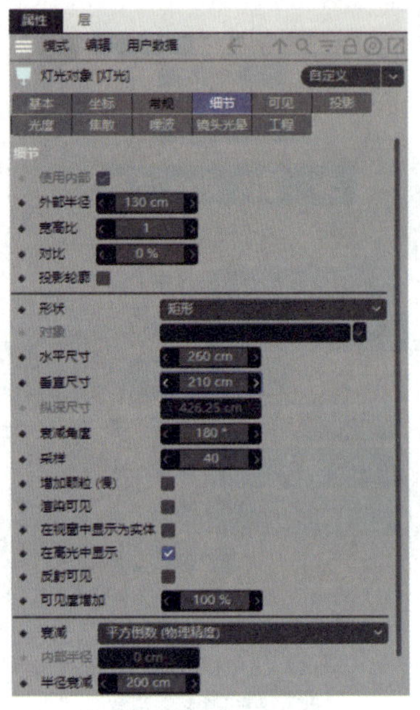

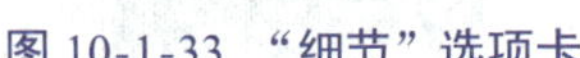
图 10-1-33 “细节”选项卡

图 10-1-34 调整主光源的位置

步骤48 **布置辅光源**。长按右侧工具栏中的“灯光”图标，在展开的列表中选择“区域光”创建一个区域光。在“灯光.1”属性面板的“常规”选项卡中将“颜色”的“R”“G”“B”分别设为 250、235、210；在“细节”选项卡中，按照图 10-1-35 设置“水平尺寸”“垂直尺寸”“衰减”等参数。设置完成后，按照图 10-1-36 调整辅光源的位置。

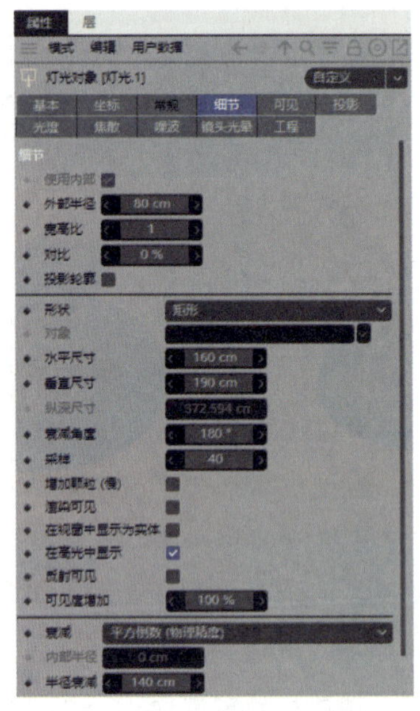

图 10-1-35 “细节”选项卡

图 10-1-36 调整辅光源的位置

步骤49 **渲染并保存**。单击顶部工具栏中的“渲染到图像查看器”图标，打开“图像查看器”窗口并开始渲染。待渲染完毕后，在图像查看器窗口单击顶部工具栏中的“将图像另存为 ...”图标，在打开的“保存”对话框中单击“确定”按钮，在弹出的“保存对话”对话框中选择文件路径并输入文件名，最后单击“确定”按钮保存图像。

任务二　制作鸭鸭屋动画

任务引入

本任务通过制作鸭鸭屋动画（图 10-2-1）来练习动画、材质与灯光、摄像机与渲染器的操作。

图 10-2-1　鸭鸭屋动画

任务分析

本任务分为制作动画、赋予材质、布置摄像机、调整渲染设置、布置灯光、渲染保存视频 6 个部分。其中，鸭鸭屋动画由 10 个小动画组成，分别为地板放大动画、围墙出现动画、树放大动画、鸭鸭屋向上弹出动画、二楼房间移动动画、鸭鸭嘴长出动画、鸭鸭屋部分掉落动画、饰品旋转动画、小鸭子掉落动画、栏杆出现动画。

（1）**地板放大动画**。地板是从地板的一侧的中间放大的（图 10-2-2），所以应先将地板的轴心调整到地板的一侧，再制作地板放大的关键帧动画。

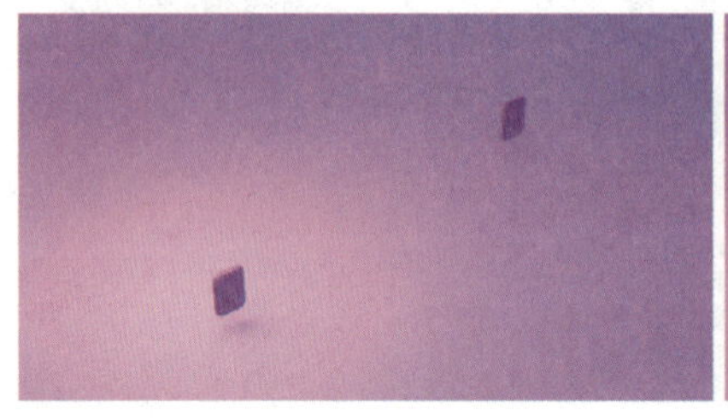

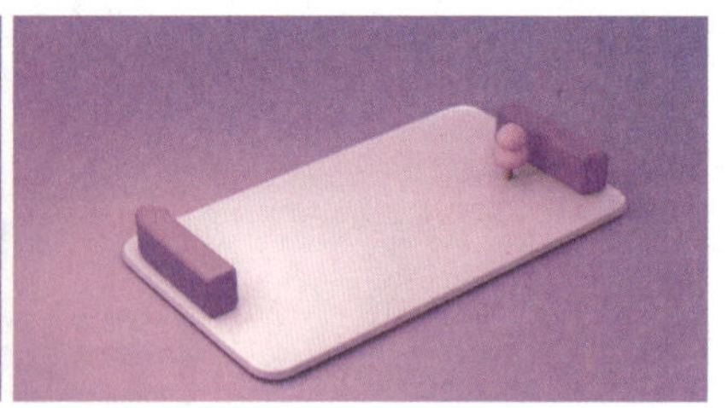

图 10-2-2 地板放大动画

（2）**围墙出现动画**。围墙分两段围住了鸭鸭屋，整体轮廓和地板边缘平行，所以可以将地板的分段线提取为样条，再利用扫描生成器将围墙制作出来，并通过扫描生成器制作出围墙出现动画。

（3）**树放大动画**。树是从树干底部放大的（图 10-2-3），所以应先将树的轴心调整到树干底部的位置，再制作树的关键帧动画。

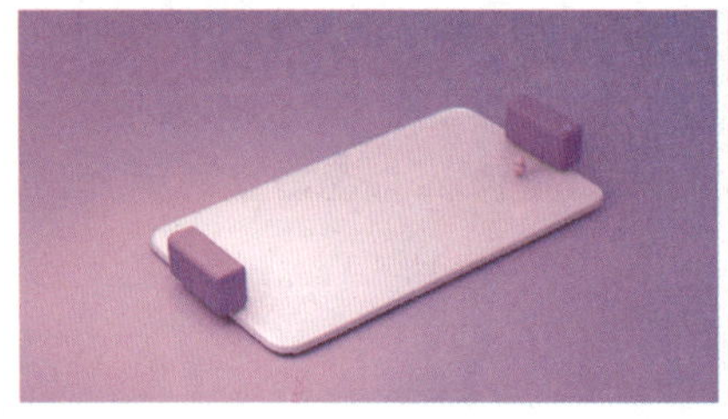

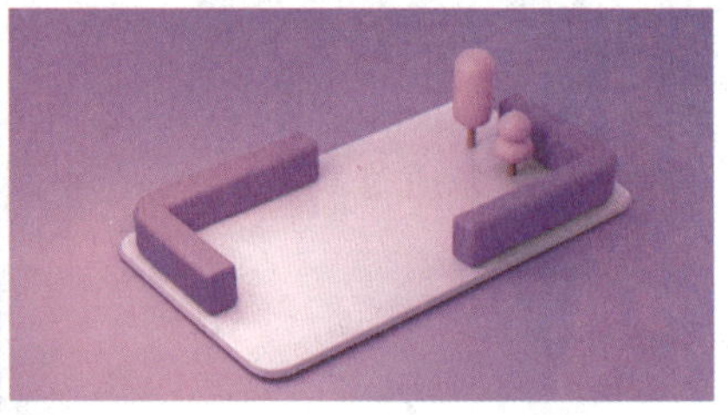

图 10-2-3 树放大动画

（4）**鸭鸭屋向上弹出动画**。台阶、一楼、二层楼板等从下向上一个个弹出。首先使用分裂生成器，将鸭鸭屋弹出的部分组合在一起；然后使用简易效果器把模型移动到地面以下隐藏起来；接着为简易效果器创建一个线性域，并制作线性域移动的关键帧动画，使模型一个一个上升到地面上方；最后为分裂生成器添加一个延迟效果器，制作出模型的弹性效果。

（5）**二楼房间移动动画**。在鸭鸭屋向上弹出时，二楼房间从地面下移动到上面，利用坐标制作出二楼房间移动动画。

（6）**鸭鸭嘴长出动画**。鸭鸭嘴在鸭鸭屋上升后，从墙面向前长出（图 10-2-4），所以调整鸭鸭嘴的轴心到鸭鸭嘴的底部，然后调整缩放比例制作鸭鸭嘴长出动画，并利用时间线调整长出动画细节。

图 10-2-4 鸭鸭嘴长出动画

（7）**鸭鸭屋部分掉落动画**。头箍、二楼栏杆等从上向下一个个掉落。首先使用分裂生成器，将鸭鸭屋掉落的部分组合在一起；接着使用简易效果器把模型移动到鸭鸭屋上方隐藏起来；然后为简易效果器创建一个线性域，并制作线性域移动的关键帧动画，使模型一个一个掉落到相应的位置上；最后为分裂生成器添加一个延迟效果器，制作出模型的弹性效果。需要注意的是，头箍分为头环和饰品两个部分，

如果将头环和饰品直接作为分裂的子级，那么头环和饰品将分开掉落下来，所以需要将头环和饰品编组，并将组作为分裂的子级。

（8）**饰品旋转动画**。饰品旋转是以饰品和头环连接的中间部位为中心的（图 10-2-5），所以先将轴心调整到该处，再利用旋转制作饰品旋转动画。

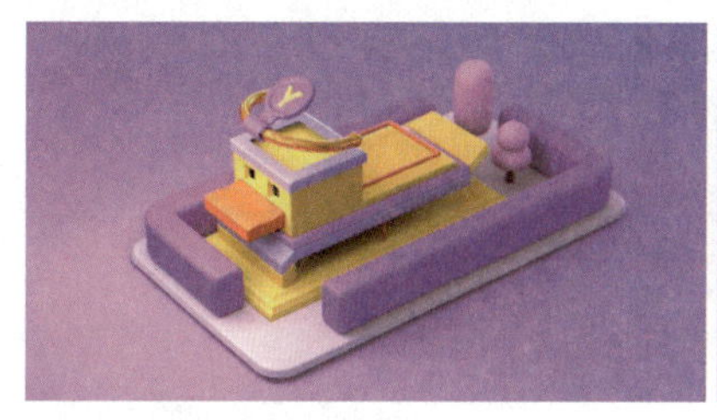
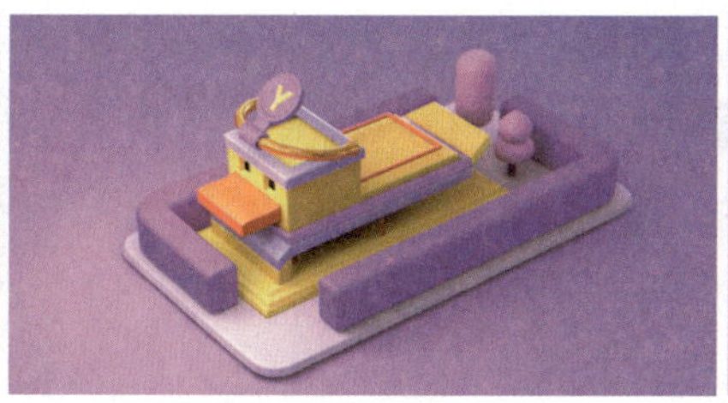

图 10-2-5　饰品旋转动画

（9）**小鸭子掉落动画**。在二楼栏杆掉落后，几只小鸭子随机掉落到二楼平台上。首先利用发射器，将小鸭子在二楼栏杆掉落后发射出来；然后为小鸭子添加刚体标签，使发射后的小鸭子自然掉落；最后为二楼和小鸭子接触的部分添加碰撞体标签，接住掉落的小鸭子。

（10）**栏杆出现动画**。栏杆从左到右按路径一个一个出现（图 10-2-6），所以需要利用克隆生成器复制栏杆。首先绘制克隆栏杆的路径，并利用克隆生成器将栏杆按照路径复制出来；接着为克隆生成器添加一个简易效果器，并为简易效果器添加 3 个立方体域，利用这 3 个立方体域制作鸭鸭屋左侧栏杆、后排栏杆、右侧栏杆出现的动画；然后调整立方体域时间线，使栏杆匀速出现；最后为克隆生成器添加一个延迟效果器，制作出栏杆的弹性出现效果。

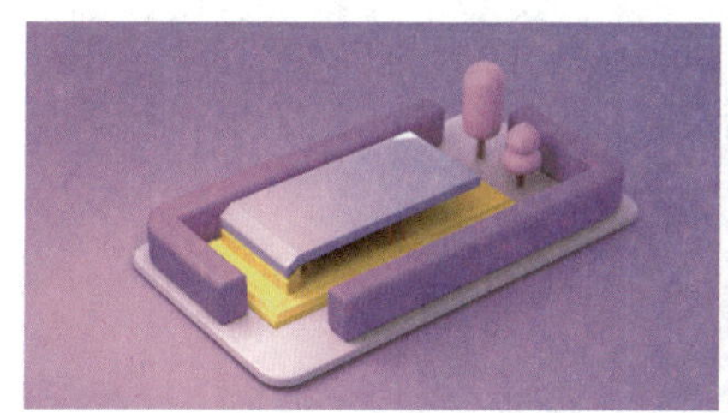

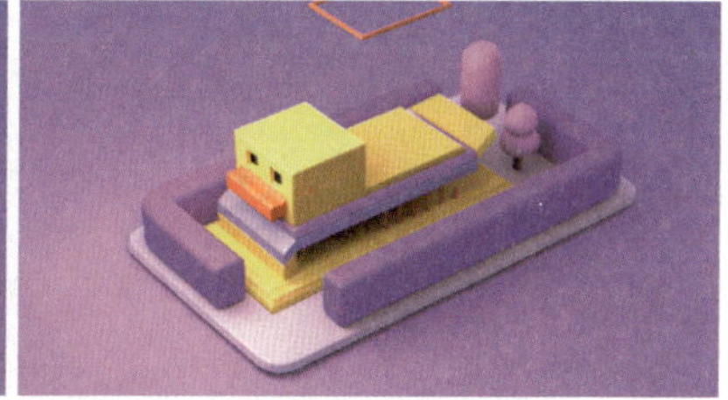

图 10-2-6　栏杆出现动画

任务实施　制作鸭鸭屋动画

步骤 1　打开素材文件。打开本书配套素材“素材与实例\项目十\鸭鸭屋动画”中的“鸭鸭屋.c4d”文件。

步骤 2　调整地板轴心。选中“地板”，单击顶部工具栏中的“启用轴心”图标进入调整轴心模式，然后拖动 Z 轴，将轴心移动至图 10-2-7 所示的位置，再次单击“启用轴心”图标退出调整轴心模式。

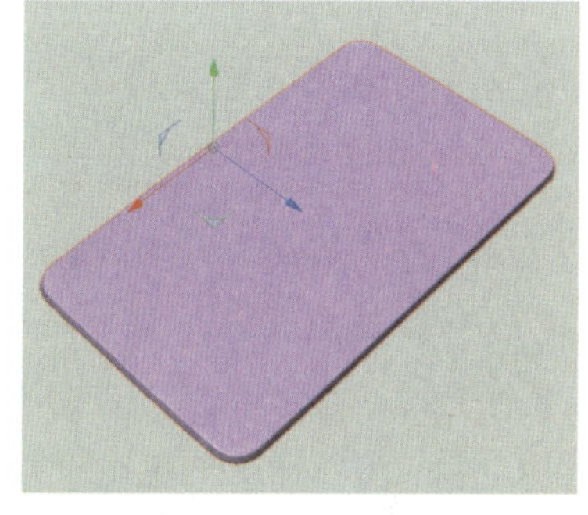

图 10-2-7　调整地板轴心

步骤 3　制作地板放大动画。在“地板”属性面板的“坐标”选项卡中将“S.X”“S.Y”“S.Z”均设为 0，确保时间滑块在 0F 处，分别单击

“S.X”“S.Y”“S.Z”前的菱形图标◆，在0F处记录一个关键帧。拖动时间滑块至15F处，在“地板”属性面板的“坐标”选项卡中将“S.X”“S.Y”“S.Z”均设为1，分别单击“S.X”“S.Y”“S.Z”前的菱形图标◆，在15F处记录一个关键帧。

步骤4 调整树的轴心位置。选中“树1”，单击顶部工具栏中的“启用轴心”图标进入调整轴心模式，将轴心移动至树干底部，如图10-2-8所示。再次单击“启用轴心”图标退出调整轴心模式。使用同样的操作方法将“树2”的轴心调整至树干底部。

图10-2-8 调整“树1”轴心位置

步骤5 制作树放大动画。拖动时间滑块至8F处，在“树1”属性面板的“坐标”选项卡中将“S.X”“S.Y”“S.Z”均设为0，分别单击“S.X”“S.Y”“S.Z”前的菱形图标◆，在8F处记录一个关键帧；拖动时间滑块至18F处，将“S.X”“S.Y”“S.Z”均设为1，分别单击“S.X”“S.Y”“S.Z”前的菱形图标◆，在18F处记录一个关键帧。

拖动时间滑块至19F处，在“树2”属性面板的“坐标”选项卡中将“S.X”“S.Y”“S.Z”均设为0，分别单击“S.X”“S.Y”“S.Z”前的菱形图标◆，在19F处记录一个关键帧；拖动时间滑块至29F处，将“S.X”“S.Y”“S.Z”均设为1，分别单击“S.X”“S.Y”“S.Z”前的菱形图标◆，在29F处记录一个关键帧。

步骤6 制作围墙路径。选中“地板”，单击顶部工具栏中的“边”图标进入边模式，选中地板内侧的一条线，如图10-2-9（a）所示。在视图窗口中右击，在弹出的快捷菜单中选择“提取样条”选项，将选中的边提取为单独的样条对象。在对象面板中选中“地板.样条”，单击顶部工具栏中的“模型”图标进入模型模式，在菜单栏中选择“工具”→“轴心”→“轴居中到对象”选项，在顶视图将其缩小至图10-2-9（b）所示大小，制作出围墙的路径。

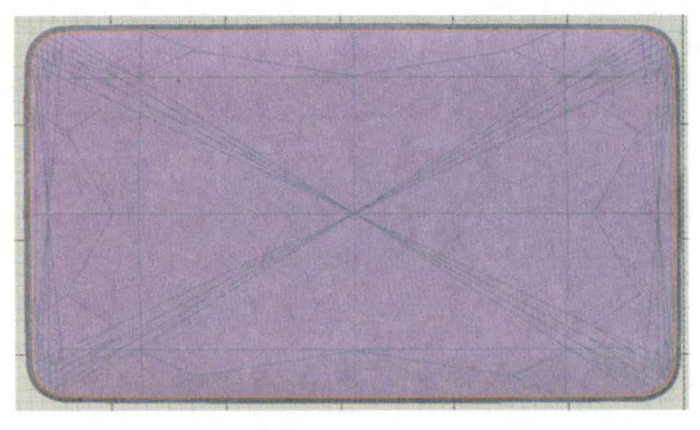

（a）提取样条

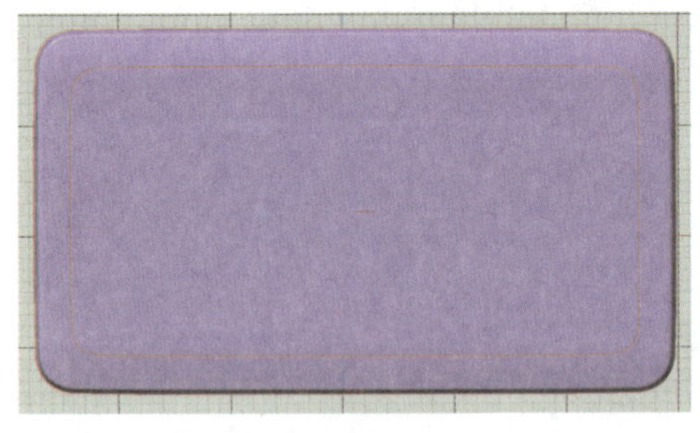

（b）调整样条

图10-2-9 制作围墙路径

步骤7 制作围墙模型。创建一个矩形样条，在属性面板的“对象”选项卡中，将“宽度”设为2 cm，将“高度”设为3 cm，勾选“圆角”复选框并将“半径”设为0.5 cm，将“平面”设为*XY*。创建一个扫描生成器，将“矩形”设置为“扫描”的第一个子级，将“地板.样条”设置为“扫描”的第二个子级。将“扫描”移动至地板的上方，在“扫描”属性面板的“封盖”选项卡中，将“尺寸”设为0.3 cm；在“对象”选项卡中，将“开始生长”设为92%，将“结束生长”设为53%。

选中“扫描”，按“Ctrl+C”组合键复制，再按“Ctrl+V”组合键粘贴。在“扫描.1”属性面板的“对

象”选项卡中将“开始生长”设为2%，将“结束生长”设为42%。制作完成后的围墙模型如图10-2-10所示。

图10-2-10 制作围墙模型

步骤8 制作围墙出现动画。拖动时间滑块到0F处，在“扫描”属性面板的“对象”选项卡中将“开始生长”设为53%，单击“开始生长”前的菱形图标◆，在0F处记录一个关键帧；拖动时间滑块到47F处，将“开始生长”设为92%，单击“开始生长”前的菱形图标◆，在47F处记录一个关键帧。

拖动时间滑块到0F处，在“扫描.1”属性面板的“对象”选项卡中将“结束生长”设为2%，单击“结束生长”前的菱形图标◆，在0F处记录一个关键帧；拖动时间滑块到47F处，将“结束生长”设为42%，单击“结束生长”前的菱形图标◆，在47F处记录一个关键帧。

步骤9 创建分裂生成器。长按右侧工具栏中的“克隆”图标，在展开的列表中选择“分裂”选项创建一个分裂生成器。在对象面板中将“台阶”“一楼”“尾巴”“二层楼板1”“二层楼板2”“二层楼板3”设置为“分裂”的子级。

步骤10 添加简易效果器。选中“分裂”，单击右侧工具栏中的“简易”图标，为“分裂”增加一个简易效果器。在“简易”属性面板的“参数”选项卡中将“P.Y”设为0 cm，将“P.Z”设为12 cm；在“坐标”选项卡中将“P.Y”设为 −1 cm。

步骤11 添加线性域。单击右侧工具栏中的“线性域”按钮，创建一个线性域。在“线性域”属性面板的“域”选项卡中将“长度”设为1 cm，将“方向”设为*Y*+，如图10-2-11所示。

步骤12 制作鸭鸭屋向上弹出动画。拖动时间滑块到22F处，在“域”属性面板的“坐标”选项卡中将“P.Y”设为2 cm，单击“P.Y”前的菱形图标◆，在22F处记录一个关键帧；拖动时间滑块到60F处，将“P.Y”设为7 cm，在60F处记录一个关键帧。

步骤13 为向上弹出动画添加弹性效果。选中“分裂”，长按右侧工具栏中的“简易”图标，在展开的列表中选择“延迟”选项，为“分裂”添加一个延迟效果器，如图10-2-12所示。在“延迟”属性面板的“效果器”选项卡中，将“强度”设为30%，将“模式”设为“弹簧”。

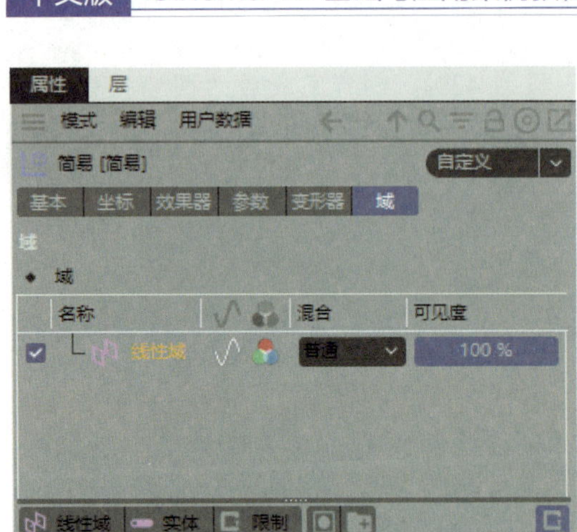

图 10-2-11　创建线性域

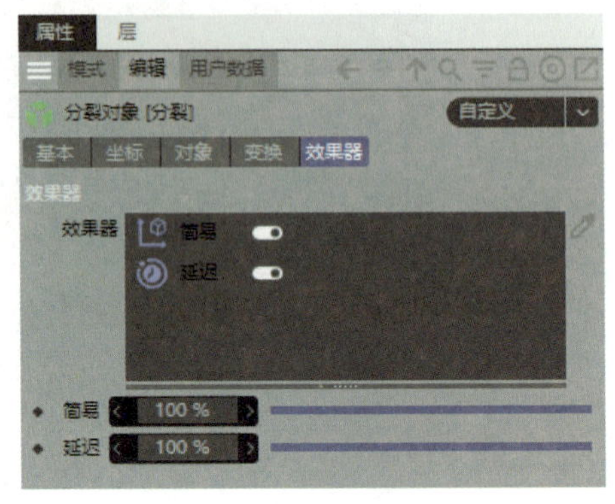

图 10-2-12　添加延迟效果器

步骤14 **将向上弹出动画编组。**在对象面板中选中“分裂”“简易”“延迟”，按“Alt+G”组合键将其编组，并重命名为“向上弹出”。

步骤15 **制作二楼房屋移动动画。**拖动时间滑块至 61F 处，在“二楼房间”属性面板的“坐标”选项卡中单击“P.Y”前的菱形图标，在 61F 处记录一个关键帧；拖动时间滑块至 38F 处，将“P.Y”设为 −6 cm，单击“P.Y”前的菱形图标，在 38F 处记录一个关键帧。

步骤16 **调整鸭鸭嘴轴心。**选中“鸭鸭嘴”，单击顶部工具栏中的“启用轴心”图标进入调整轴心模式。将轴心移动至鸭鸭嘴的底部，如图 10-2-13 所示。再次单击“启用轴心”图标退出调整轴心模式。

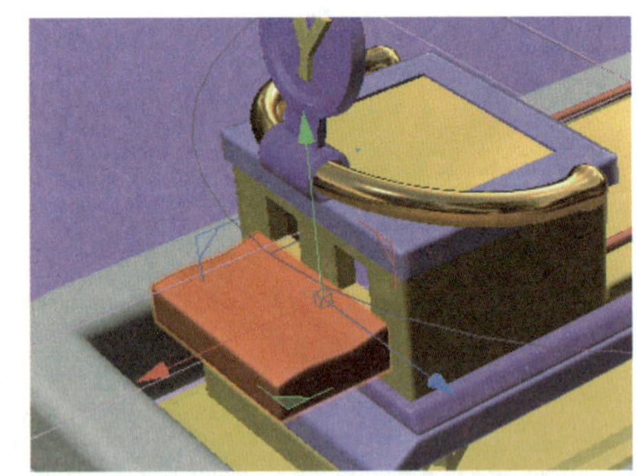
图 10-2-13　调整鸭鸭嘴轴心

步骤17 **制作鸭鸭嘴长出动画。**拖动时间滑块至 57F 处，在“鸭鸭嘴”属性面板的“坐标”选项卡中将“S.X”“S.Y”“S.Z”均设为 0，分别单击“S.X”“S.Y”“S.Z”前的菱形图标，在 57F 处记录一个关键帧；拖动时间滑块至 59F 处，将“S.Y”“S.Z”均设为 1，分别单击“S.Y”“S.Z”前的菱形图标，在 59F 处记录一个关键帧；拖动时间滑块至 74F 处，将“S.X”设为 1，单击“S.X”前的菱形图标，在 74F 处记录一个关键帧。

步骤18 **调整鸭鸭嘴时间线。**单击时间面板中的“时间线窗口（摄影表）”图标打开时间线窗口，在时间线窗口中选中“鸭鸭嘴”，然后在时间线窗口中单击“函数曲线模式”图标切换为函数曲线模式。根据图 10-2-14 调整函数曲线，使运动在开始时缓入，中间加速，最后缓出。再次单击时间面板中的“时间线窗口（摄影表）”图标，关闭时间线窗口。

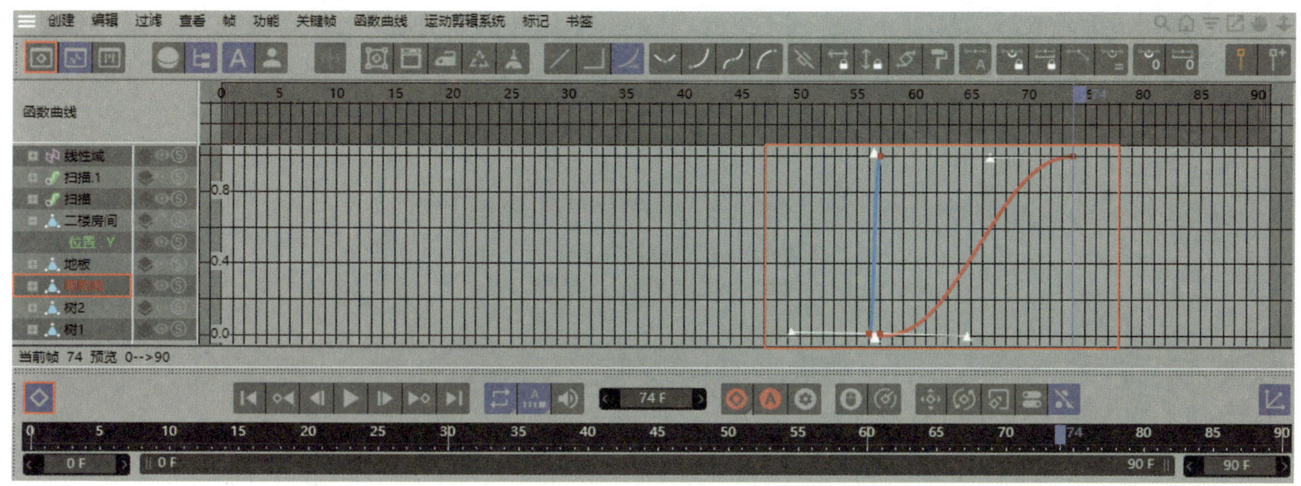

图 10-2-14　调整时间线

步骤19 添加分裂生成器。长按右侧工具栏中的“克隆”图标，在展开的列表中选择“分裂”选项创建一个分裂生成器，并将其重命名为“分裂.1”。在对象面板中将“环”“饰品”“二楼房边”“二楼栏杆”设置为“分裂.1”的子级。

步骤20 添加简易效果器。选中“分裂.1”，单击右侧工具栏中的“简易”图标，为“分裂.1”增加一个简易效果器。在“简易”属性面板的“参数”选项卡中，将“P.Z”设为 −20 cm。

步骤21 调整饰品轴心并将其编组。选中“饰品”，单击顶部工具栏中的“启用轴心”图标进入调整轴心模式。在菜单栏中选择“窗口”→“坐标管理器 ...”选项打开坐标管理器，在“Y”的第二个编辑框中输入“−90”，如图 10-2-15 所示。再次单击顶部工具栏中的“启用轴心”图标退出调整轴心模式。选中“饰品”“环”，按“Alt+G”组合键将其编组，并将组重命名为“头箍”。

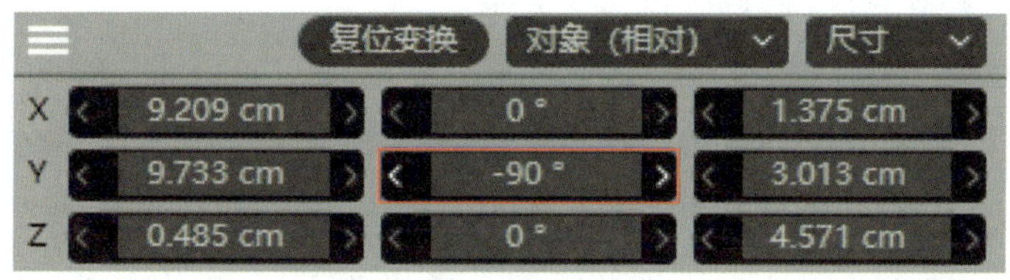

图 10-2-15　坐标管理器

步骤22 添加线性域。在“简易”属性面板的“域”选项卡中单击“线性域”按钮，创建一个线性域；在“线性域”属性面板的“域”选项卡中将“长度”设为 1 cm，将“方向”设为 *Y*+。

步骤23 制作向下掉落动画。拖动时间滑块到 15F 处，在“简易”的“线性域”属性面板的“坐标”选项卡中单击“P.Y”前的菱形图标，在 15F 处记录一个关键帧；拖动时间滑块到 76F 处，将“P.Y”设为 11 cm，单击“P.Y”前的菱形图标，在 76F 处记录一个关键帧。

步骤24 调整线性域时间线。选中“线性域”，单击时间面板中的“时间线窗口（摄影表）”图标打开时间线窗口。在时间线窗口中单击“函数曲线模式”图标切换为函数曲线模式。在时间线窗口中选中曲线全部锚点，单击“线性”图标将其设置为一条直线。按住“Ctrl”键在直线上单击，增加一个锚点，在其属性面板中将“关键帧时间”设为 67F，将“关键帧数值”设为 6 cm，如图 10-2-16 所示。调整完成后的时间线如图 10-2-17 所示。

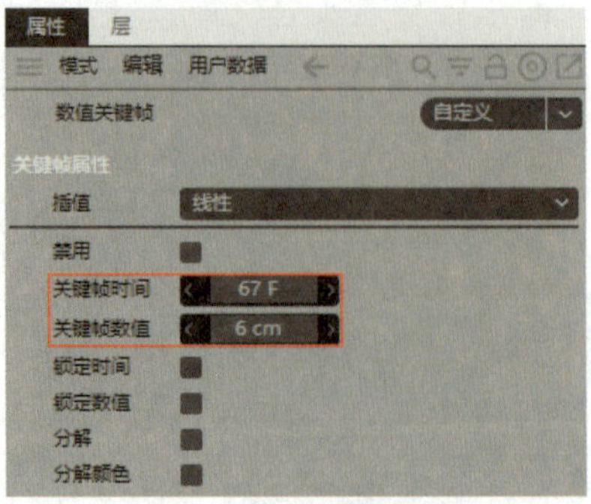

图 10-2-16　调整关键帧数值

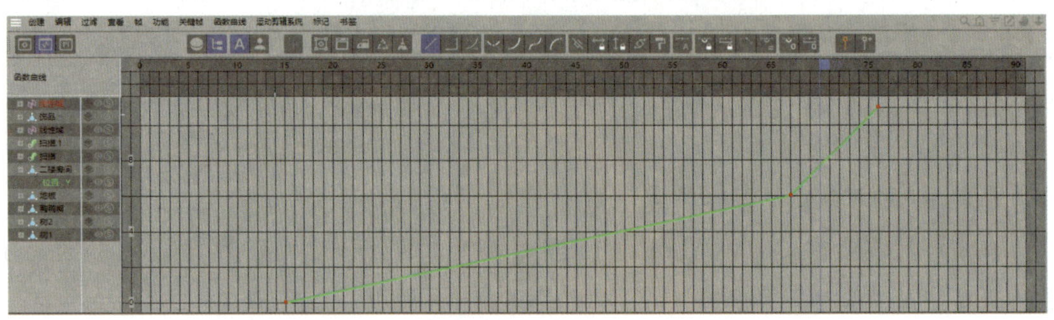

图 10-2-17　线性域时间线

步骤25　为向下掉落动画添加弹簧效果。选中“分裂.1”，在右侧工具栏中长按“简易”图标，在展开的列表中选择“延迟”选项，为“分裂”添加一个延迟效果器。在“延迟”属性面板的“效果器”选项卡中将“强度”设为 30%，将“模式”设为“弹簧”。

步骤26　将向下掉落动画编组。在对象面板中选中“分裂.1”“简易”“延迟”，按“Alt+G”组合键将其编组，并重命名为“向下掉落”。

步骤27　调整饰品轴心。选中“饰品”，单击顶部工具栏中的“启用轴心”图标进入调整轴心模式。在正视图中移动坐标轴至图 10-2-18 所示的位置。再次单击顶部工具栏中的“启用轴心”图标退出调整轴心模式。

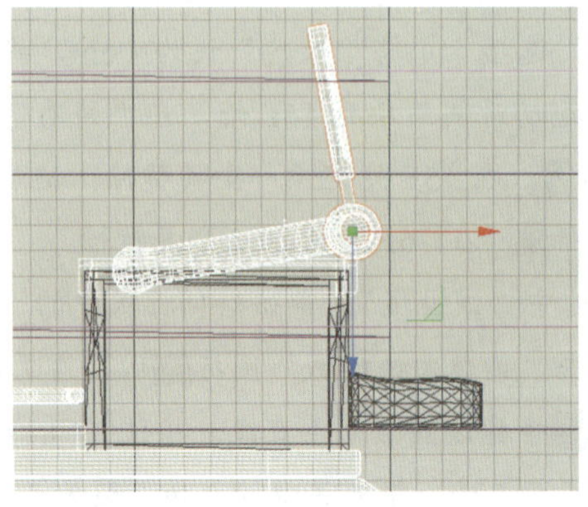

图 10-2-18　调整饰品轴心

步骤28 **制作饰品旋转动画。**拖动时间滑块至70F处，在“饰品”属性面板的“坐标”选项卡中将“R.H”设为−90°，单击“R.H”前的菱形图标◆，在70F处记录一个关键帧；拖动时间滑块至79F处，在“饰品”属性面板的“坐标”选项卡中将“R.H”设为0°，单击“R.H”前的菱形图标◆，在79F处记录一个关键帧。

步骤29 **制作小鸭子掉落动画。**在菜单栏中选择“模拟”→“粒子”→“发射器”选项，创建一个发射器，并将小鸭子设置为发射器的子级。在“发射器”属性面板的“坐标”选项卡中将“P.Y”设为15 cm，将“R.P”设为−90°；在“粒子”选项卡中按照图10-2-19设置“编辑器生成比率”“渲染器生成比率”“速度”等参数；在“发射器”选项卡中将“水平尺寸”“垂直尺寸”均设为2 cm。设置完成后，将发射器移动到如图10-2-20所示的位置。

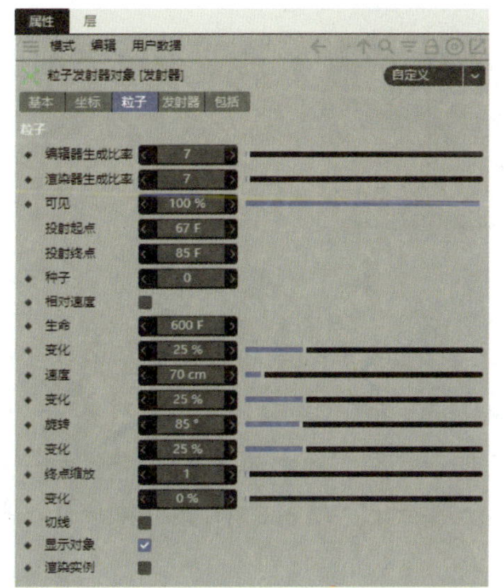

图 10-2-19　发射器属性面板的“粒子”选项卡

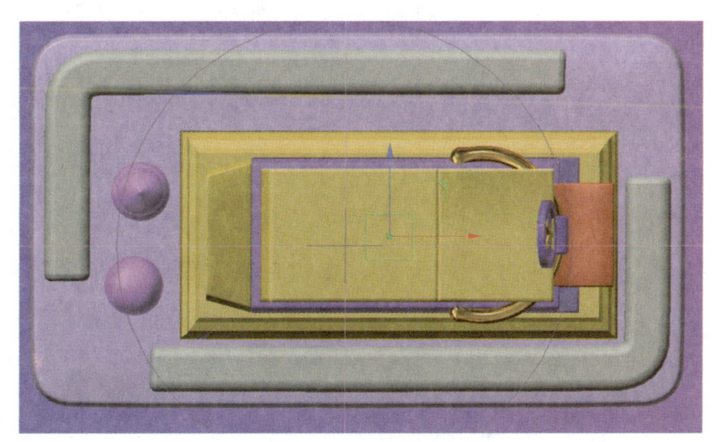

图 10-2-20　发射器位置

步骤30 **添加动力学标签。**在对象面板中右击“小鸭子”，在弹出的快捷菜单中选择“模拟标签”→“刚体”选项，为小鸭子添加一个刚体标签。在对象面板中右击“二楼栏杆”，在弹出的快捷菜单中选择“模拟标签”→“碰撞体”选项，为二楼栏杆添加碰撞体标签。使用同样的操作为“二层楼板1”“二层楼板2”“二层楼板3”“尾巴”添加碰撞体标签。添加完成后如图10-2-21所示。

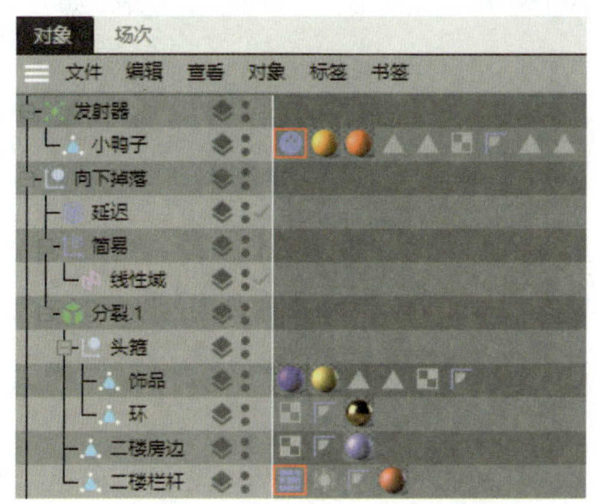

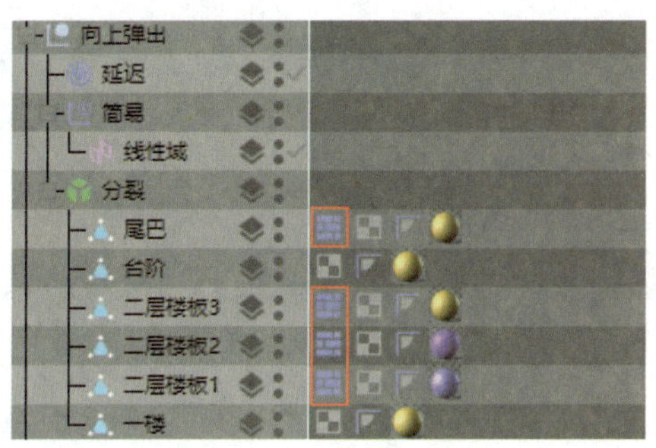

图 10-2-21　添加动力学标签

步骤31 绘制克隆的路径样条。在对象面板中，将“二层楼板 2”从“分裂”子级中移出，然后单击顶部工具栏中的“视窗独显”图标将其单独显示。单击左侧工具栏中的“样条画笔”图标切换为“样条画笔”工具。单击顶部工具栏中的“建模设置”图标，在打开的“捕捉”选项卡中勾选“捕捉”“样条线”复选框。使用“样条画笔”工具在顶视图中按照图 10-2-22 所示路径绘制样条，然后按“Esc”键结束绘制。选中刚刚绘制的样条，在对象面板中将其重命名为“路径”。再次单击顶部工具栏中的“视窗独显”图标退出独显模式。在对象面板中将“二层楼板 2”重新设为“分裂”的子级。

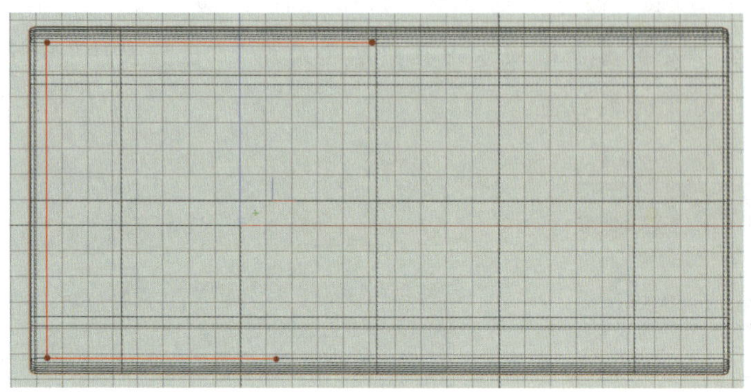

图 10-2-22 绘制克隆的路径样条

步骤32 克隆栏杆。单击右侧工具栏中的“克隆”图标创建一个克隆生成器，并在对象面板中将“栏杆”设为“克隆”的子级。在“克隆”属性面板的“对象”选项卡中将“模式”设为“对象”；将对象面板中的“路径”拖动至“克隆”属性面板“对象”选项卡中的“对象”矩形框中，将“分布”设为“平均”，将“数量”设为 16。调整“路径”样条，使两个栏杆分别位于“路径”样条的转折处，如图 10-2-23 所示。

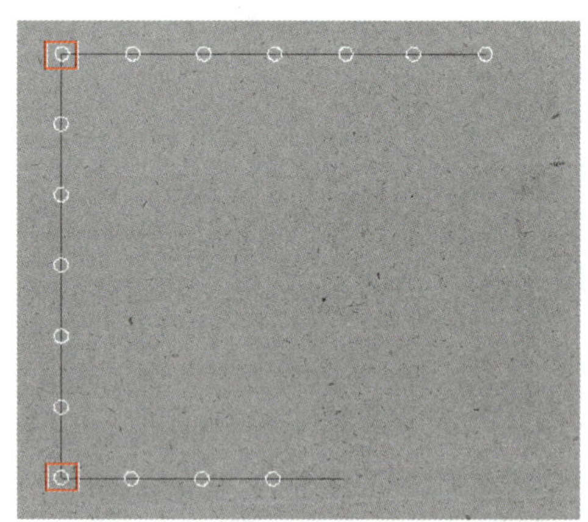

图 10-2-23 克隆栏杆

步骤33 添加简易效果器。选中“克隆”，单击右侧工具栏中的“简易”图标，为“克隆”添加一个简易效果器。在“简易”属性面板的“参数”选项卡中将“P.Y”设为 10 cm；在“坐标”选项卡中将“P.X”设为 −3 cm，将“P.Z”设为 −2 cm。

步骤34 添加立方体域。在“简易”属性面板的“域”选项卡中长按“线性域”按钮，在展开的列表中选择“立方体”选项，添加一个立方体域。在“立方体域”属性面板的“域”选项卡中将“尺寸.X”

设为 7 cm，将“尺寸 Y”设为 2 cm，将“尺寸 Z”设为 1 cm；在“坐标”选项卡中将“P.Y”设为 1 cm，将“P.Z”设为 5.5 cm，将左侧栏杆隐藏，如图 10-2-24（a）所示。

在“简易”属性面板的“域”选项卡中单击“立方体域”按钮，再添加一个立方体域。在“立方体域.2”属性面板的“域”选项卡中将“尺寸.X”设为 3 cm，将“尺寸 Y”设为 3 cm，将“尺寸 Z”设为 3.5 cm；在“坐标”选项卡中将“P.X”设为 −3 cm，将“P.Y”设为 1 cm，将“P.Z”设为 2 cm，将后侧栏杆隐藏，如图 10-2-24（b）所示。

在“简易”属性面板的“域”选项卡中单击“立方体域”按钮，再添加一个立方体域。在“立方体域.1”属性面板的“域”选项卡中将“尺寸.X”“尺寸 Y”“尺寸 Z”均设为 3 cm；在“坐标”选项卡中将“P.X”设为 3 cm，将右侧栏杆隐藏，如图 10-2-24（c）所示。

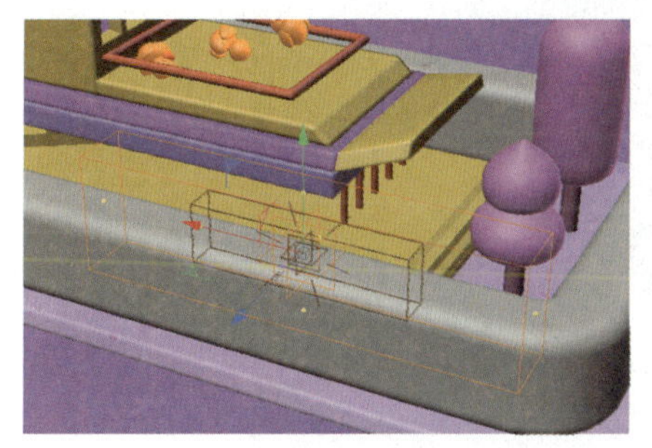

（a）将左侧栏杆隐藏

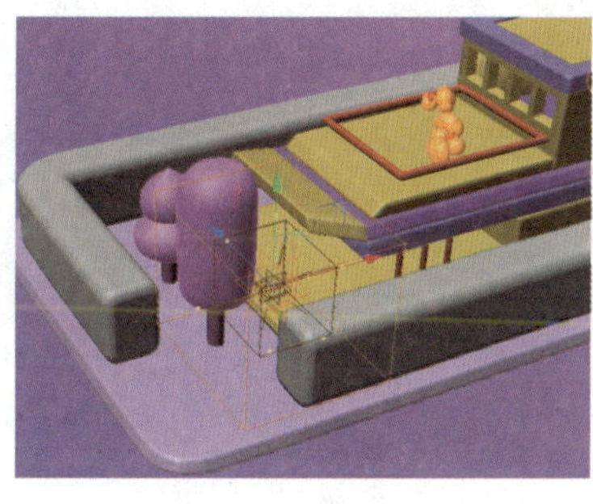

（b）将后侧栏杆隐藏

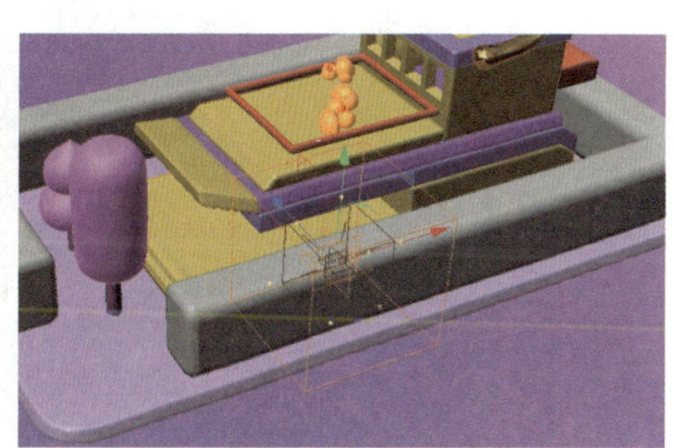

（c）将右侧栏杆隐藏

图 10-2-24 添加立方体域

步骤35 制作栏杆出现动画。拖动时间滑块至 36F 处，在“立方体域”属性面板的“坐标”选项卡中单击“P.X”前的菱形图标◆，在 36F 处记录一个关键帧；拖动时间滑块至 72F 处，将“P.X”设为 −8 cm，单击“P.X”前的菱形图标◆，在 72F 处记录一个关键帧。

拖动时间滑块至 70F 处，在“立方体域.1”属性面板的“坐标”选项卡中单击“P.X”前的菱形图标◆，在 70F 处记录一个关键帧；拖动时间滑块至 85F 处，将“P.X”设为 −5 cm，单击“P.X”前的菱形图标◆，在 85F 处记录一个关键帧。

拖动时间滑块至 80F 处，在“立方体域.2”属性面板的“坐标”选项卡中单击“P.X”前的菱形图标◆，在 80F 处记录一个关键帧；拖动时间滑块至 88F 处，将“P.X”设为 6 cm，单击“P.X”前的菱形图标◆，在 88F 处记录一个关键帧。

步骤36 调整立方体域时间线。选中“立方体域”，单击时间面板中的“时间线窗口（摄影表）”图标◇打开时间线窗口。在时间线窗口中单击“函数曲线模式”图标切换为函数曲线模式。在时间线窗口中选中曲线全部锚点，单击“线性”图标，将其设置为一条直线。使用同样的方法将“立方体域.1”“立方体域.2”的时间线均设为直线。

步骤37 为栏杆出现动画添加弹性效果。选中“克隆”生成器，在右侧工具栏中长按“简易”图标，在展开的列表中选择“延迟”选项，创建一个延迟效果器。在“延迟”属性面板的“效果器”选项卡中将“强度”设为 55%，将“模式”设为“弹簧”，为克隆动画添加弹性效果。

步骤38 将栏杆出现动画编组。在对象面板中选择“延迟”“简易”“路径”“克隆”，按“Alt+G”组合键将其编组，并重命名为“栏杆出现动画”。

步骤39 赋予围墙材质。单击顶部工具栏中的“材质管理器...”图标打开材质管理器，将“材质.15”拖动到围墙上，赋予围墙材质。

步骤40 布置摄像机。在透视视图中，单击右侧工具栏中的“摄像机”图标创建一个摄像机。在“摄像机”属性面板的“对象”选项卡中将“焦距”设为80 mm。单击对象面板中“摄像机”后的图标切换为摄像机视图，按照图10-2-25调整视图。在“摄像机”属性面板的“对象”选项卡中单击“目标距离”后的吸管图标，之后在视图窗口中单击鸭鸭屋的二楼房间，将焦点聚焦在鸭鸭屋上。

图 10-2-25　调整摄像机视图

步骤41 调整视图窗口显示。按鼠标中键切换为4个视图显示，将第二个视图设置为透视视图（光影着色），将第三个视图设置为顶视图，如图10-2-26所示。

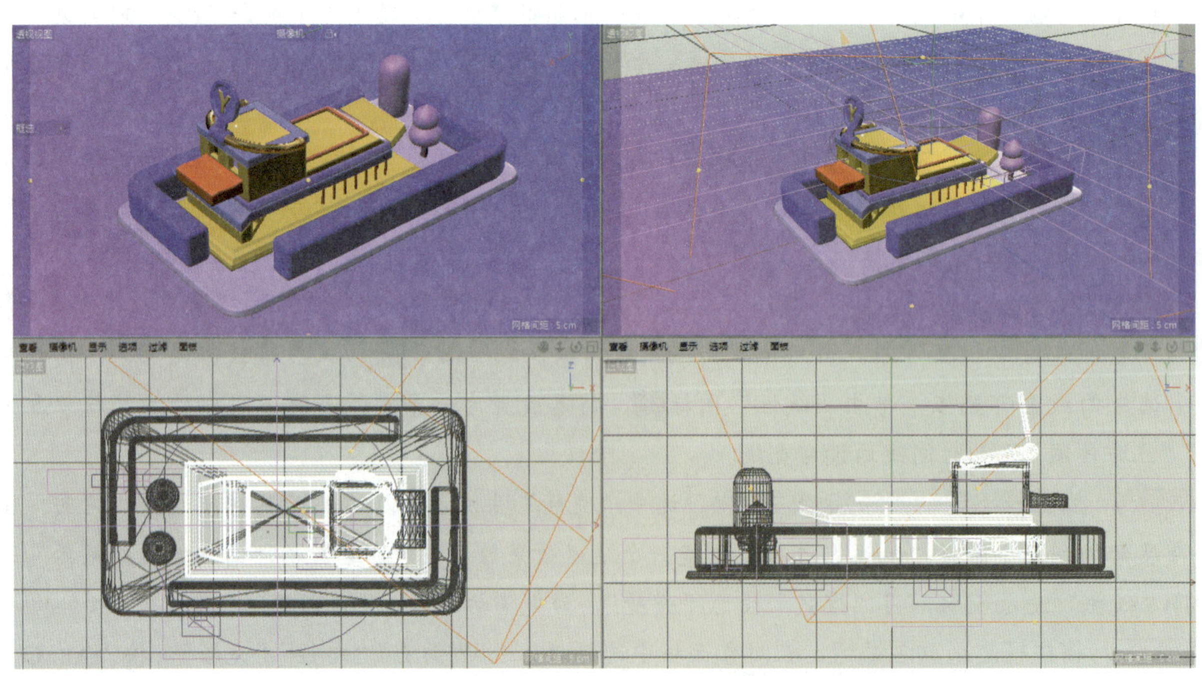

图 10-2-26　调整视图窗口显示

步骤42 **调整渲染设置**。单击顶部工具栏中的“编辑渲染设置 ...”图标打开“渲染设置”窗口。在“渲染设置”窗口中将“渲染器”设为“物理”，并在“物理”选项中勾选“景深”复选框，添加景深效果。单击“效果 ...”按钮，在展开的列表中选择“全局光照”选项；在“输出”选项中，将“帧范围”设为“预览范围”，如图 10-2-27 所示。

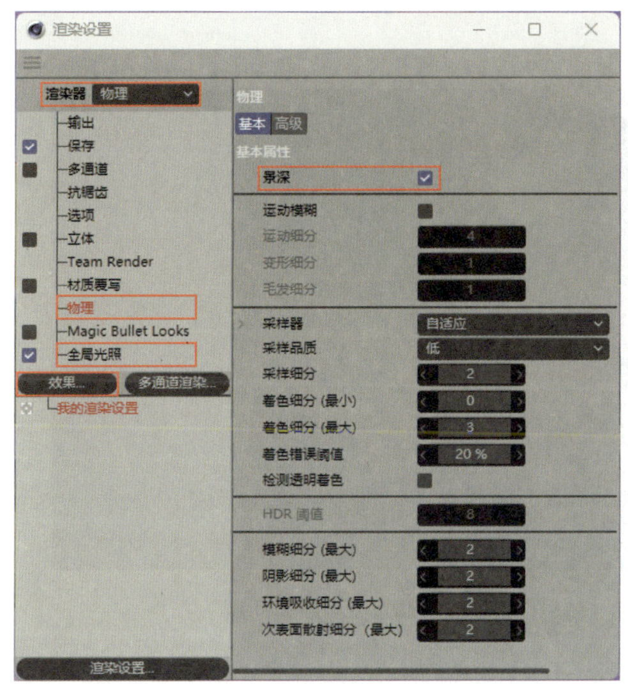

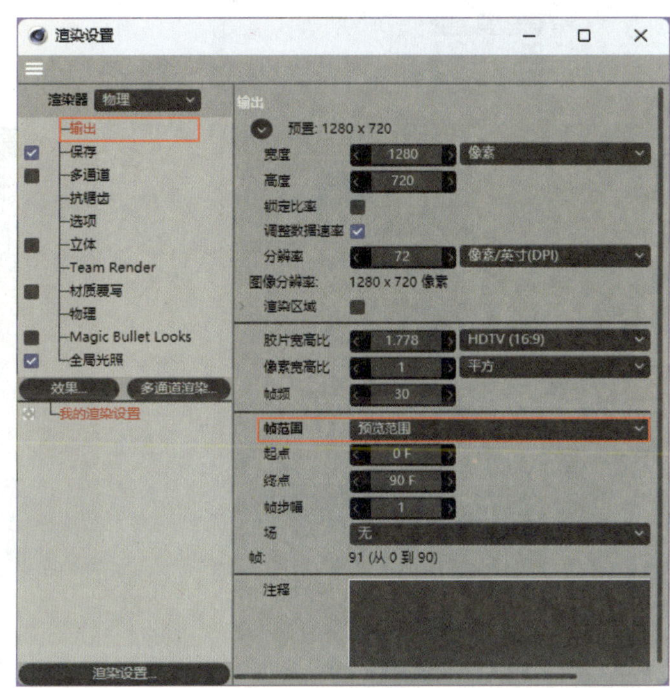

图 10-2-27　调整渲染设置

步骤43 **创建天空**。单击右侧工具栏中的“天空”图标，在对象面板中创建一个天空。

步骤44 **为天空赋予材质**。单击顶部工具栏中的“材质管理器 ...”图标，在展开的面板中单击“新的默认材质”图标创建一个新材质，并双击材质名称将其命名为“HDR”。将材质管理器面板中的“HDR”材质拖动至对象面板中的“天空”选项，赋予天空材质。双击“HDR”材质球打开“材质编辑器”窗口，取消勾选“颜色”“反射”复选框，勾选“发光”复选框。然后在“发光”栏中单击“纹理”后的箭头，在展开的列表中选择“加载图像 ...”选项，在弹出的对话框中选择本书配套素材“素材与实例\项目十\鸭鸭屋”中的“Studio.hdr”文件，导入 HDR 贴图。设置完毕后关闭“材质编辑器”窗口。

步骤45 **布置主光源**。长按右侧工具栏中的“灯光”图标，在展开的列表中选择“区域光”，创建一个区域光。在“灯光”属性面板的“常规”选项卡中将“颜色”的“R”“G”“B”分别设为 255、244、214，将“投影”设为“区域”；在“细节”选项卡中，按照图 10-2-28 设置“水平尺寸”“垂直尺寸”“衰减”等参数。设置完成后，按照图 10-2-29 调整主光源的位置。

步骤46 **布置辅光源**。长按右侧工具栏中的“灯光”图标，在展开的列表中选择“区域光”，创建一个区域光。在“灯光.1”属性面板的“常规”选项卡中将“颜色”的“R”“G”“B”分别设为 255、193、177，将“投影”设为“区域”；在“细节”选项卡中，按照图 10-2-30 设置“水平尺寸”“垂直尺寸”“衰减”等参数。设置完成后，按照图 10-2-31 调整辅光源的位置。

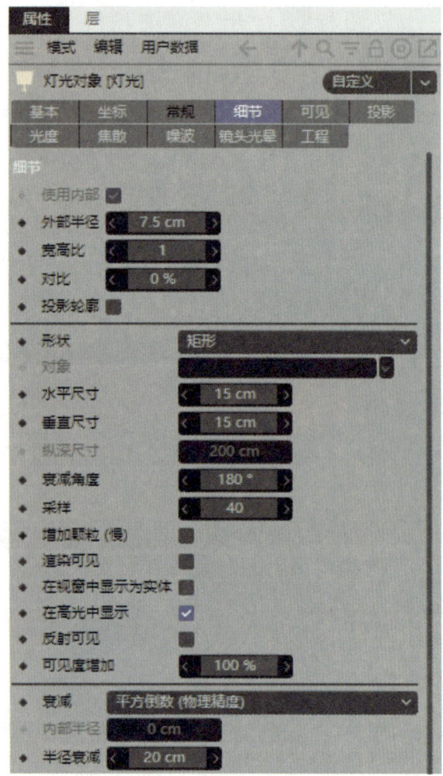

图 10-2-28 “细节”选项卡

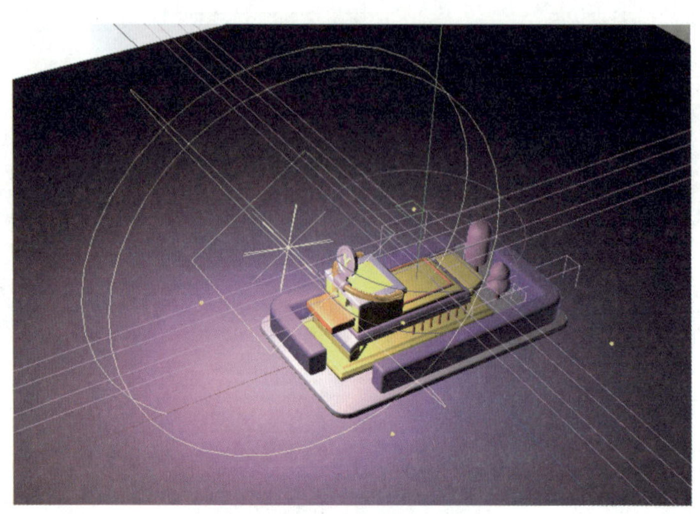

图 10-2-29 调整主光源的位置

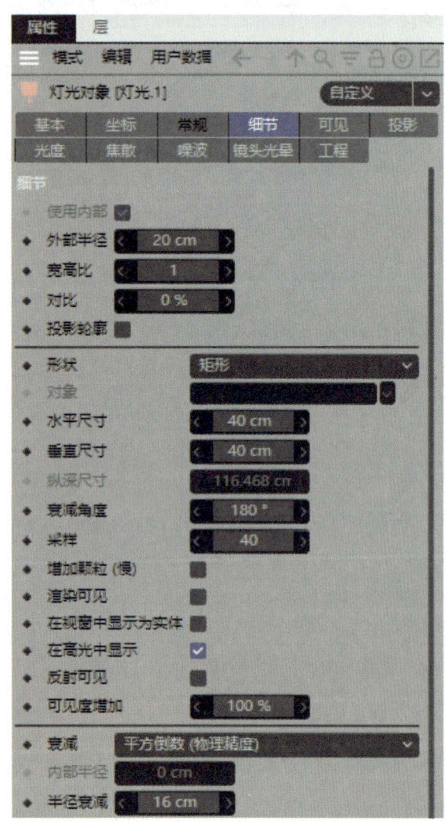

图 10-2-30 “灯光.1”的“细节”选项卡

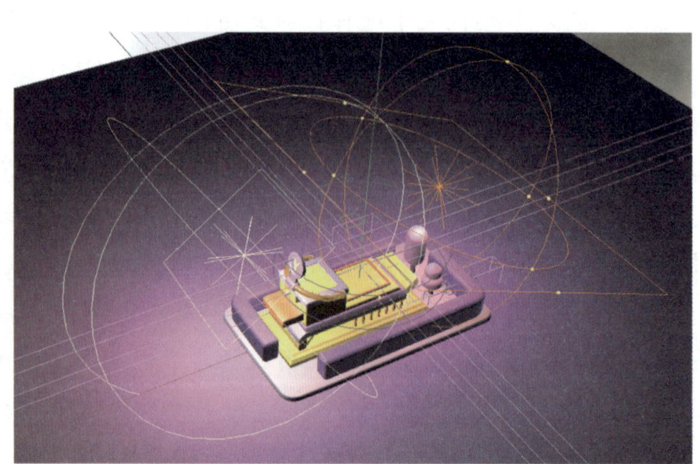

图 10-2-31 调整辅光源的位置

步骤47 渲染动画。单击顶部工具栏中的“渲染到图像查看器”图标，渲染活动场景到图像查看器。

步骤48 导出动画。渲染完成后，单击“图像查看器”窗口中的“将图像另存为 ...”图标，在弹出的“保存”窗口中，将“类型”设为“动画”，将“格式”设为“AVI”，单击“确定”按钮将其保存。

参考文献

［1］靳太然，孙瑶．Cinema 4D 从入门到精通：微视频版［M］．北京：清华大学出版社，2023．

［2］白无常．Cinema 4D R25 学习手册［M］．北京：人民邮电出版社，2022．

［3］唯美世界，曹茂鹏．中文版 Cinema 4D R25 从入门到精通：微课视频全彩版·唯美［M］．北京：中国水利水电出版社，2022．

［4］张优优．做 C4D Cinema 4D 电商视觉设计教程［M］．2 版．北京：电子工业出版社，2022．